ASP.NET Core + Vue.js 全栈开发

训练营

南荣相如 编著

清华大学出版社
北京

内 容 简 介

本书旨在为读者提供一个全面、实用的学习资源，以掌握使用 ASP.NET Core 7 和 Vue.js 3 构建功能丰富、高效的 Web 应用程序的技能。本书分为 3 部分。第 1 部分（第 1~9 章）主要介绍 ASP.NET Core 的相关内容，包括基础知识、数据访问、远程过程调用、实时通信、安全、性能、测试和部署，这些是构建强大 Web 应用程序的必要知识。第 2 部分（第 10~17 章）主要介绍 Vue.js 3 的相关内容，包括基础知识、组件开发、路由、状态管理、与服务器通信、测试和调试以及部署；Vue.js 3 是一种流行的前端框架，能够构建交互性强大的用户界面。第 3 部分（第 18~20 章）是结合 ASP.NET Core 和 Vue.js 3，创建实际的 Web 应用程序案例，包括博客网站、通用权限系统和 ERP 系统。

本书内容全面、示例丰富，对 ASP.NET Core+Vue.js 3 框架的初学者来说，是一本简明易懂的入门书和工具书；对从事 Web 前端开发的读者来说，也是一本难得的参考手册。同时本书也适合作为高等院校和培训机构计算机相关专业的教材。

图书在版编目（CIP）数据

ASP.NET Core+Vue.js全栈开发训练营/南荣相如编著.—北京：清华大学出版社，2024.1

ISBN 978-7-302-65103-1

Ⅰ.①A… Ⅱ.①南… Ⅲ.①网页制作工具－程序设计 Ⅳ.①TP393.092.2

中国国家版本馆CIP数据核字（2023）第 245945 号

责任编辑：王金柱
封面设计：王 翔
责任校对：闫秀华
责任印制：宋 林

出版发行：清华大学出版社
   网 址：https://www.tup.com.cn，https://www.wqxuetang.com
   地 址：北京清华大学学研大厦 A 座   邮 编：100084
   社 总 机：010-83470000   邮 购：010-62786544
   投稿与读者服务：010-62776969，c-service@tup.tsinghua.edu.cn
   质 量 反 馈：010-62772015，zhiliang@tup.tsinghua.edu.cn

印 装 者：大厂回族自治县彩虹印刷有限公司
经 销：全国新华书店
开 本：190mm×260mm   印 张：22.25   字 数：600 千字
版 次：2024 年 1 月第 1 版   印 次：2024 年 1 月第 1 次印刷
定 价：99.00 元

产品编号：093201-01

前　言

ASP.NET Core 7 作为微软新一代的 Web 开发框架，以其强大的功能和灵活性，深受开发者的喜爱。Vue.js 3（本书简称为 Vue 3）作为前端开发框架的佼佼者，以其简洁、灵活和高效的特点，吸引了大量的开发者。越来越多的开发者选择使用 ASP.NET Core 7 和 Vue.js 3 来构建现代、高性能的 Web 应用程序，原因不仅是这两种技术的流行和强大，更是因为它们可以相互配合，发挥出更大的优势。使用 ASP.NET Core 7 作为后端框架，可以提供强大的数据处理和 API 接口服务，而使用 Vue.js 3 作为前端框架，可以提供流畅的用户交互界面和体验。这样的组合可以使得 Web 应用程序既具有高效的后端处理能力，又具有出色的前端用户体验。基于这个前提，笔者编写了本书，旨在为读者提供一个全面、实用的学习资源，以掌握使用 ASP.NET Core 7 和 Vue.js 3 构建功能丰富、高效的 Web 应用程序的技能。

内容概述：

本书分为 3 部分。

第 1 部分（第 1~9 章）将带领读者深入了解 ASP.NET Core，包括基础知识、数据访问、远程过程调用、实时通信、安全、性能、测试和部署，使读者具备构建强大 Web 应用程序的必要技能。

第 2 部分（第 10~17 章）将引导读者进入 Vue 3 的世界，包括基础知识、组件开发、路由、状态管理、与服务器通信、测试和调试，以及部署。Vue 3 是一种流行的前端框架，能够构建交互性强大的用户界面。

第 3 部分（第 18~20 章）将结合 ASP.NET Core 和 Vue 3，创建实际的 Web 应用程序案例，包括博客网站、通用权限系统和 ERP 系统。每个案例都将展示如何将 ASP.NET Core 和 Vue 3 相互整合以满足不同需求。

本书特色：

内容全面：本书覆盖了 ASP.NET Core 7 和 Vue 3 的各个方面，包括基础知识、数据访问、远程过程调用、实时通信、组件开发、路由、状态管理、安全、性能、测试、部署等，帮助读者快速构建功能丰富、高效的 Web 应用程序。

示例丰富：每一章都提供了具体的示例，帮助读者理解和应用所学的知识。这些示例都基于实际场景，有助于读着将概念转化为实际应用。

项目实战：本书提供了博客网站、通用权限系统和 ERP 系统 3 个商业实战项目，可以有效提升读者的项目开发能力和实战技能。

面向的读者：

无论是初学者还是有一定经验的开发者，本书都适用。本书从基础知识出发，逐步深入，使每位读者都能够找到适合自己的内容。

提供的资源：

本书提供了全部示例代码，读者可扫描下方二维码下载。

如果下载有问题，请联系 booksaga@126.com，邮件主题为 "ASP.NET Core+Vue.js 全栈开发训练营"。

本书的目标是帮助读者成为一名优秀的 Web 应用程序开发者，随着 ASP.NET Core 7 和 Vue 3 在业界的持续流行，相信掌握这两者将对读者的职业生涯有所帮助。

编　者

2023 年 11 月

目　录

第 1 章

概　览

欢迎来到第1章，本章将介绍ASP.NET Core及其安装和设置开发环境，让读者对这个强大的Web开发框架有一个全面的了解。

1.1　ASP.NET Core 简介

ASP.NET Core是一个强大而灵活的Web应用程序开发框架，它为开发人员提供了丰富的功能和工具，帮助他们构建高性能、可扩展的Web应用程序。ASP.NET Core具有许多令人激动的特性和优势，让我们一起来看看吧。

1.1.1　为什么选择 ASP.NET Core

首先，ASP.NET Core是跨平台的，这意味着可以在不同的操作系统上运行应用程序，如Windows、macOS和Linux。这为我们提供了更大的灵活性和可扩展性，使得应用程序可以在多个平台上运行而无须重写代码。这是一个非常重要的特性，尤其是在现代的多平台世界中。

其次，ASP.NET Core是开源的，这意味着我们可以访问它的源代码并参与到框架的开发和改进中。开源社区为ASP.NET Core提供了丰富的资源和支持，我们可以从中获得宝贵的知识和经验，并与其他开发人员进行交流和合作。这使得ASP.NET Core成为一个活跃且充满活力的开发生态系统。

1.1.2　ASP.NET Core 的核心特性

ASP.NET Core具有许多令人印象深刻的核心特性，下面是其中一些重要的特性：

（1）高性能：ASP.NET Core经过优化，具有出色的性能表现。它采用了一些先进的技术和策略，如异步编程模型和内存管理，来提供高吞吐量和低延迟的响应。

（2）可扩展性：ASP.NET Core提供了强大的可扩展性，使得应用程序能够应对不断增长的用户需求。我们可以轻松地扩展应用程序，以适应高流量和大规模的用户访问。

（3）依赖关系注入：ASP.NET Core内置了依赖关系注入（Dependency Injection）容器，帮助我们管理和解耦应用程序中的各个组件。依赖关系注入可以提高代码的可测试性和可维护性，使得开发和维护应用程序变得更加轻松。

（4）轻量级和模块化：ASP.NET Core的设计理念是轻量级和模块化，它避免了不必要的复杂性和冗余。我们可以根据需求选择和使用需要的组件，以构建精简且高效的应用程序。

（5）安全性：ASP.NET Core提供了许多内置的安全功能，帮助我们保护应用程序免受常见的安全威胁。它支持身份验证、授权、数据保护等关键安全功能，使得我们可以构建安全可靠的应用程序。

这些仅仅是ASP.NET Core的一些核心特性，它还有许多其他强大的功能等待我们去探索和应用。无论是构建简单的网站还是复杂的企业级应用程序，ASP.NET Core都能满足需求。

1.1.3　ASP.NET Core 的架构

ASP.NET Core的架构采用了模块化的设计，由许多不同的组件和模块组成。核心组件包括：

（1）HTTP服务器：ASP.NET Core可以使用各种HTTP服务器来处理HTTP请求和响应。常用的HTTP服务器包括Kestrel、IIS（Internet Information Services）等。

（2）Web主机：Web主机是一个宿主环境，用于启动和运行ASP.NET Core应用程序。它负责处理应用程序的生命周期、配置和管理。

（3）中间件：中间件是ASP.NET Core的一个重要概念，它是请求处理管道中的一个组件。中间件可以对请求和响应进行处理，并将它们传递给下一个中间件或终端处理程序。

（4）路由：路由是决定如何将请求映射到处理程序的机制。ASP.NET Core提供了灵活而强大的路由系统，使得我们可以自定义路由规则。

（5）控制器和视图：控制器是处理用户请求的核心组件，它接收请求并生成相应的响应。视图负责呈现用户界面，并与控制器进行交互。

这些组件共同工作，使得ASP.NET Core能够处理请求、生成响应，并构建出完整的Web应用程序。

1.1.4　ASP.NET Core 的应用场景

ASP.NET Core适用于各种应用场景。无论是构建简单的静态网站还是复杂的企业级应用程序，ASP.NET Core都能胜任。

以下是一些适合使用ASP.NET Core的应用场景的示例：

（1）Web应用程序：ASP.NET Core可以用于构建各种类型的Web应用程序，如电子商务网站、社交媒体平台、新闻门户等。

（2）API服务：ASP.NET Core提供了强大的Web API功能，可以用于构建RESTful API服务，供其他应用程序和移动应用程序使用。

（3）实时通信：ASP.NET Core具有实时通信的功能，可以用于构建聊天应用程序、实时协作工具等。

（4）微服务：ASP.NET Core适合构建微服务架构，将应用程序拆分为小而自治的服务单元，以提高可扩展性和灵活性。

（5）云原生应用程序：ASP.NET Core可以在云环境中部署和运行，如Microsoft Azure、Amazon Web Services等。

这只是ASP.NET Core的一些应用场景示例，读者可以根据自己的需求和项目要求，选择合适的方式来应用ASP.NET Core。

1.2　ASP.NET Core 的演变历程

ASP.NET Core是一个不断演变和发展的Web应用程序开发框架。它的演变历程是一个精心设计和不断改进的过程，让我们一起来了解一下吧！

1.2.1　早期的 ASP.NET 框架

要了解ASP.NET Core的演变历程，首先要回顾一下早期的ASP.NET框架。ASP.NET框架是从ASP（Active Server Pages）技术发展而来的，它在Web开发领域起到了一定的革命性作用。

ASP.NET框架的出现使得Web开发更加简单和高效。它引入了Web Forms，这是一种基于事件模型的编程方式，使得开发人员可以通过拖放控件和编写事件处理程序来构建Web应用程序。Web Forms提供了一种类似于Windows Forms的开发体验，使得开发人员可以更轻松地构建交互性强、功能丰富的Web应用程序。

然而，随着时间的推移，ASP.NET框架也暴露出一些不足之处，其中一些问题包括复杂的页面生命周期、大量的视图状态数据、对前端技术的限制等。此外，ASP.NET框架在某种程度上与特定的操作系统和Web服务器绑定，限制了它在不同平台上的应用。

1.2.2　ASP.NET Core 的诞生

为了应对上述问题和新的需求，微软决定重新设计和重构ASP.NET，于是ASP.NET Core诞生了。ASP.NET Core的目标是提供一个现代化、跨平台和高性能的Web应用程序开发框架。

ASP.NET Core在设计上采用了模块化和轻量级的原则，摒弃了一些旧有的概念和依赖。它经过精心设计，以满足当今Web开发的需求。下面是ASP.NET Core的一些重要特点和改进：

（1）跨平台支持：ASP.NET Core可以在多个操作系统上运行，包括Windows、macOS和Linux。这使得开发人员可以在不同的平台上使用相同的代码和技术栈开发应用程序。

（2）高性能：ASP.NET Core经过优化，具有出色的性能表现。它采用了异步编程模型和新的处理管道，以提供高吞吐量和低延迟的响应。

（3）模块化和灵活性：ASP.NET Core采用了模块化的设计，我们可以选择性地使用和配置需要的组件和功能。这样可以使应用程序变得更轻巧、更高效，并且可以更好地满足特定需求。

（4）开源和社区支持：ASP.NET Core是开源的，拥有一个活跃的开源社区。开源社区提供了丰富的资源、工具和支持，使得ASP.NET Core变得更强大和可靠。

（5）支持新的前端技术：ASP.NET Core对前端技术提供了更好的支持，如支持使用现代的JavaScript框架、前端构建工具和RESTful API等。

通过不断改进和演变，ASP.NET Core成为一个先进、灵活且功能丰富的Web应用程序开发框架。它提供了强大的工具和功能，使得开发人员能够构建出高性能、可扩展的Web应用程序，并在不同的平台上运行。

1.2.3 迁移到 ASP.NET Core

如果读者目前正在使用早期版本的ASP.NET框架，或者使用其他的Web开发框架，那么可以考虑迁移到ASP.NET Core。迁移到ASP.NET Core有许多好处，包括跨平台支持、更好的性能、更灵活的开发体验等。

在迁移到ASP.NET Core之前，需要评估应用程序和相关依赖，了解迁移的复杂性和可能的挑战。微软提供了详细的迁移指南和工具，可以帮助我们顺利地将应用程序迁移到ASP.NET Core。

1.3 安装和设置开发环境

在开始使用ASP.NET Core之前，需要进行一些安装和设置工作，这样才能确保我们能够顺利地进行ASP.NET Core应用程序的开发和调试。本节就让我们一起来了解如何安装和设置开发环境吧！

1.3.1 安装.NET Core SDK

首先，需要安装.NET Core SDK（Software Development Kit）。SDK是用于开发和运行ASP.NET Core应用程序所需的工具和资源。我们可以按照以下步骤来安装.NET Core SDK：

步骤01 访问.NET 官方网站（https://dotnet.microsoft.com/download），如图 1-1 所示。

图 1-1 下载.NET 页面

步骤 02 选择适合我们操作系统的.NET Core SDK 版本，通常可以选择最新的稳定版本，如图 1-2 所示。

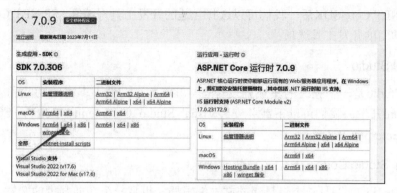

图 1-2　选择版本页面

步骤 03 下载并运行安装程序，按照安装程序的指示完成安装过程，如图 1-3 所示。

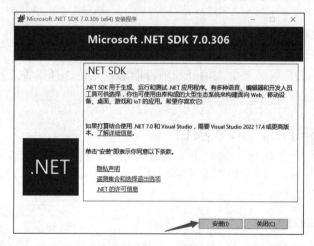

图 1-3　安装程序

步骤 04 安装完成后，在命令行中运行"dotnet –version"命令，以验证.NET Core SDK 是否成功安装并可用，如图 1-4 所示。

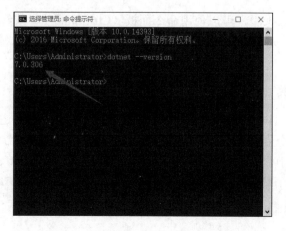

图 1-4　检查.NET Core SDK 是否可用

1.3.2 选择开发工具

安装了.NET Core SDK后，我们可以选择合适的开发工具来编写ASP.NET Core应用程序。以下是一些常用的开发工具选项：

1. Visual Studio

Visual Studio是一个强大的集成开发环境（IDE），提供了丰富的功能和工具，适用于ASP.NET Core开发。我们可以下载并安装Visual Studio Community Edition（免费版本）或Professional/Enterprise Edition。

2. Visual Studio Code

Visual Studio Code是一个轻量级的文本编辑器，也是一个功能强大的开发工具。它支持ASP.NET Core开发，并提供了许多有用的扩展和插件。

3. 命令行工具

如果读者喜欢使用命令行进行开发，那么可以使用.NET Core CLI（命令行界面）。CLI提供了许多命令，用于创建、构建和运行ASP.NET Core应用程序。

选择合适的开发工具取决于个人偏好和项目需求。无论选择哪种工具，都可以顺利地进行ASP.NET Core开发。

1.3.3 创建 ASP.NET Core 项目

安装了开发工具后，可以开始创建ASP.NET Core项目了。一些常见的创建一个新的ASP.NET Core项目的方法如下：

1. 使用 Visual Studio

打开Visual Studio，选择创建新项目（New Project）选项。在项目模板中选择ASP.NET Core Web应用程序，然后按照向导的指示进行项目设置和配置。

2. 使用 Visual Studio Code

在Visual Studio Code中，可以使用命令面板（Ctrl+Shift+P）或终端（Terminal）来创建ASP.NET Core项目。首先使用dotnet new命令创建一个新的项目模板，然后使用dotnet run命令来运行应用程序。

3. 使用命令行工具

如果使用命令行工具进行开发，可以使用.NET Core CLI来创建和运行ASP.NET Core项目。首先使用dotnet new命令创建一个新的项目模板，然后使用dotnet run命令来运行应用程序。

创建项目时，我们可以选择不同的项目模板，如Web API、MVC、Razor Pages等。选择适合需求的项目模板，并根据需要进行配置和设置。

1.3.4　运行和调试应用程序

创建了ASP.NET Core项目后，就可以运行和调试应用程序了。以下是一些常用的运行和调试方式：

1. Visual Studio

在Visual Studio中，可以通过单击"开始调试"（Start Debugging）按钮或按F5键来运行和调试应用程序。还可以设置断点、监视变量，并使用调试工具来查找和修复代码中的问题。

2. Visual Studio Code

在Visual Studio Code中，可以使用调试面板（Debug Panel）来配置和运行调试会话。还可以设置断点、启动调试会话，并使用调试工具来检查应用程序的运行情况。

3. 命令行工具

如果使用命令行工具进行开发，那么可以使用.NET Core CLI提供的命令来构建和运行应用程序。使用dotnet build命令构建项目，使用dotnet run命令运行应用程序。

通过运行和调试应用程序，我们可以验证代码是否正常工作，并进行必要的修复和改进。

1.4　小　　结

在本章中，我们对ASP.NET Core进行了简单的介绍。

首先介绍了ASP.NET Core是一个强大而灵活的Web应用程序开发框架，它具有跨平台、高性能、开源等特点，适用于各种应用场景。接着，介绍了ASP.NET Core的演变历程，ASP.NET Core是从早期的ASP.NET框架发展而来的，经过重新设计和重构，以满足当今Web开发的需求。然后，介绍了安装和设置ASP.NET Core开发环境的步骤。我们安装了.NET Core SDK，选择了合适的开发工具，并创建了一个新的ASP.NET Core项目。最后，介绍了如何运行和调试应用程序，以验证代码的正确性。

现在，我们已经为学习ASP.NET Core打下了坚实的基础。接下来的章节将深入探讨ASP.NET Core的各个方面，帮助读者成为一个熟练的ASP.NET Core开发人员。

第 2 章

基 础 知 识

本章将深入介绍ASP.NET Core的基础知识，包括ASP.NET Core的核心概念和关键组件，为构建强大和可扩展的应用程序打下坚实的基础。

2.1　Razor Pages 介绍

在本节中，我们将介绍ASP.NET Core中的Razor Pages。Razor Pages是一种用于构建Web应用程序的编程模型，它可以帮助我们快速开发具有丰富交互和动态内容的网页。通过使用Razor Pages，我们可以轻松地将数据和逻辑代码与视图组合在一起，以创建功能强大的Web应用程序。

2.1.1　什么是 Razor Pages

Razor Pages是ASP.NET Core中的一种新的页面编程模型，它与传统的MVC（模型–视图–控制器）模式相比，更加简单直观。Razor Pages旨在提供一种易于学习和使用的方式来构建Web应用程序。

在Razor Pages中，每个页面都有一个对应的.cshtml文件，其中包含了HTML标记和C#代码。这使得在一个文件中组织视图和相关的代码变得非常容易和直观。

Razor Pages基于Razor语法，这是一种结合了HTML和C#的强大模板引擎。Razor语法允许我们在HTML中嵌入C#代码，并且可以根据需要动态生成HTML内容。

2.1.2　Razor Pages 和 MVC

在介绍Razor Pages之前，让我们先来了解一下传统的MVC模式。

MVC是一种应用广泛的Web开发模式，它将应用程序分为模型（Model）、视图（View）和控制器（Controller）3个部分。模型负责处理数据，视图负责呈现界面，控制器负责处理用户请求和协调模型与视图之间的交互。

与MVC相比，Razor Pages更加简洁。在Razor Pages中，每个页面都是一个独立的单元，包含了视图和相关的代码，不需要显式定义控制器。这种紧密集成的设计使得开发更加高效，并且适用于构建小到中型规模的应用程序。

在某些情况下，MVC仍然是一个更适合的选择，特别是当我们需要更复杂的路由和控制器之间的细粒度控制时。但对于大多数应用程序来说，Razor Pages提供了一个更简单、更直观的开发模式。

2.1.3　创建一个 Razor Page

下面通过一个简单的示例来展示如何创建一个Razor Page。具体步骤如下：

步骤 01 创建一个名为"Index.cshtml"的文件，并将代码清单 2-1 中代码复制到该文件中。

代码清单 2-1

```
@page
@model IndexModel

<h1>Welcome to Razor Pages</h1>

<p>Current time: @DateTime.Now</p>

<p>Message from model: @Model.Message</p>
```

在代码清单2-1中，我们使用@page指令指定这个文件是一个Razor Page。然后使用@model指令指定了与该页面相关联的模型类。接着，我们可以在页面中使用HTML标记和Razor语法来构建页面的内容。这里展示了一个标题和一些简单的文本内容。注意，我们还使用了@DateTime.Now来显示当前时间，使用了@Model.Message来显示来自模型的消息。

步骤 02 接下来，创建一个名为 Index.cshtml.cs 的文件，并将代码清单 2-2 中的代码复制到该文件。

代码清单 2-2

```
using Microsoft.AspNetCore.Mvc.RazorPages;

namespace lesson02_1.Pages
{
    public class IndexModel : PageModel
    {
        public string? Message { get; set; }

        public void OnGet()
        {
            Message = "Hello, Razor Pages!";
        }

    }
}
```

在代码清单2-2中，我们创建了一个继承自PageModel的模型类IndexModel，在该类中定义了一个公共属性Message，并在OnGet方法中设置了消息的值。

步骤 03 现在，运行应用程序并在浏览器中导航到/Index 路径，我们将看到 Razor Page 的内容，包括当前时间和来自模型的消息，如图 2-1 所示。

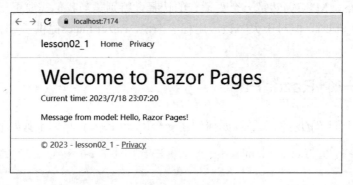

图 2-1　呈现的 Razor Pages 内容

2.2　MVC 介绍

在本节中，我们将介绍MVC模式。MVC是一种应用广泛的Web开发模式，它帮助我们更好地组织和管理Web应用程序的结构和逻辑。通过了解MVC的原理和组成部分，我们将能够构建更加可维护、可扩展和可测试的应用程序。

2.2.1　什么是 MVC 模式

MVC模式是一种软件设计模式，用于将应用程序分解为3个主要组件：模型（Model）、视图（View）和控制器（Controller）。每个组件都有自己的职责和功能，通过彼此之间的协作来实现完整的应用程序。

1. 模型

模型负责处理应用程序的数据和业务逻辑。它是应用程序的核心部分，用于表示和管理数据、执行数据操作、处理业务规则等。模型通常是与数据库、文件系统或外部服务进行交互的接口。

2. 视图

视图负责呈现用户界面和展示数据。它是应用程序的外观部分，负责将模型中的数据可视化并向用户显示。视图通常是HTML、CSS和JavaScript等前端技术的组合，用于创建交互性和可视化效果。

3. 控制器

控制器负责处理用户请求和协调模型与视图之间的交互。它接收用户输入，根据请求调用相应的模型逻辑，并决定将哪个视图呈现给用户。控制器还可以处理验证、身份验证和其他与请求处理相关的任务。

通过将应用程序划分为这3个组件，MVC模式提供了一种结构化的方式来组织和管理应用程序的逻辑。这种分离使得每个组件都可以独立开发、测试和维护，从而提高了代码的可重用性和可维护性。

2.2.2 MVC 模式的工作流程

下面让我们来看一下MVC模式的工作流程，以便更好地理解各个组件之间的交互。

（1）用户发起请求：用户在浏览器中输入URL或与应用程序交互，触发一个请求。

（2）控制器接收请求：控制器接收请求并根据请求的类型和内容决定下一步的操作。

（3）控制器调用模型：控制器根据请求的内容调用适当的模型方法，进行数据处理、业务逻辑操作等。

（4）模型处理数据：模型接收控制器传递的数据，并执行相应的操作，例如从数据库中检索数据、更新数据等。

（5）控制器获取结果：控制器接收模型处理后的结果，并根据需要进行后续处理。

（6）控制器选择视图：控制器选择要呈现给用户的视图，并将模型的数据传递给视图。

（7）视图渲染内容：视图接收控制器传递的数据，并使用合适的模板引擎将数据和静态内容组合成最终的HTML页面。

（8）响应返回给用户：生成的HTML页面作为响应返回给用户的浏览器，用户在浏览器中看到呈现的页面。

通过这种方式，MVC模式将应用程序的逻辑分离为不同的组件，每个组件都有自己的职责，使得代码更具可读性、可维护性和可测试性。

2.2.3 在 ASP.NET Core 中使用 MVC

ASP.NET Core框架提供了内置的支持来构建基于MVC模式的Web应用程序。下面是一个简单的示例，展示如何在ASP.NET Core中使用MVC。

步骤01 确保已经安装了 ASP.NET Core 开发环境，并创建一个新的 ASP.NET Core Web 应用程序项目。

步骤02 在项目中创建一个控制器类，例如 HomeController，如代码清单 2-3 所示。

代码清单 2-3

```
using Microsoft.AspNetCore.Mvc;

namespace lesson02_2.Controllers
{
    public class HomeController : Controller
    {

        public IActionResult Index()
```

```
        {
            return View();
        }
    }
}
```

在代码清单2-3中，创建了一个名为"HomeController"的控制器类，它继承自Controller基类。在控制器中，我们定义了一个名为"Index"的动作方法，并在方法中返回一个视图。

步骤 03 创建一个与控制器方法对应的视图文件，例如 Index.cshtml，如代码清单 2-4 所示。

代码清单 2-4

```
<h1>Welcome to MVC</h1>
<p>This is the home page of our application.</p>
```

在代码清单2-4中，创建了一个简单的视图，用于显示欢迎消息和应用程序的首页内容。

步骤 04 配置路由，以便将请求映射到控制器和动作方法。在 Program.cs 文件的 Main 方法中添加代码清单 2-5 中的代码。

代码清单 2-5

```
app.UseRouting();
app.MapControllerRoute(
    name: "default",
    pattern: "{controller=Home}/{action=Index}/{id?}");
```

在代码清单2-5中，使用了默认的路由模板"{controller=Home}/{action=Index}/{id?}"，它将请求映射到名为"Home"的控制器的Index方法中。

步骤 05 运行应用程序并在浏览器中导航到"/"路径，我们将看到 MVC 模式下的视图内容，如图 2-2 所示。

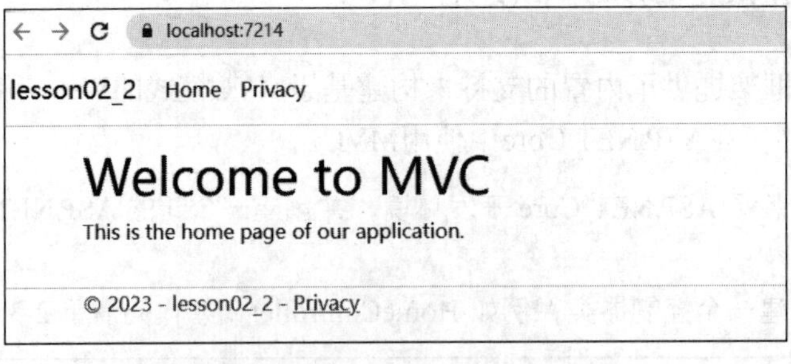

图 2-2　MVC 模式下的视图内容

2.3　Web API 介绍

在本节中，我们将介绍Web API的概念和用途。Web API是一种用于构建和提供Web服务的技术，它可以帮助我们构建灵活、可扩展和跨平台的应用程序。通过了解Web API的原理和用法，我们将能够创建强大的API，并与其他应用程序进行数据交换和集成。

2.3.1 什么是 Web API

Web API是一种用于构建和提供Web服务的技术。它允许应用程序通过HTTP协议与外部世界进行通信，并传递和接收数据。Web API可以返回各种格式的数据，例如JSON、XML等，使得数据交换和集成变得更加灵活和可扩展。

Web API通常用于构建面向移动应用程序、前端应用程序、第三方开发者等的后端服务。它提供了一种可靠和标准的方式来暴露应用程序的功能和数据，使其他应用程序能够与之进行交互。

2.3.2 RESTful API

在Web API的世界中，一种常见的设计风格是REST（Representational State Transfer，表现层状态转换）。RESTful API是基于REST原则设计的API，它使用统一的URL结构和HTTP方法来表示资源和执行操作。

RESTful API的设计原则包括：

（1）资源导向：将应用程序的功能和数据表示为资源，每个资源都有一个唯一的URL来标识。

（2）无状态：每个请求都应该包含足够的信息来处理该请求，不依赖于之前的请求或状态。

（3）使用HTTP方法：使用HTTP协议提供的方法（如GET、POST、PUT、DELETE）来表示对资源的操作。

（4）使用HTTP状态码：使用合适的HTTP状态码来表示请求的结果和状态。

通过遵循RESTful API的设计原则，可以使API更加清晰、易于理解和可扩展。

2.3.3 创建一个 Web API

下面让我们通过一个简单的示例来展示如何在ASP.NET Core中创建一个Web API。

步骤 01 创建一个新的 ASP.NET Core Web 应用程序项目，并选择 Web API 模板。

步骤 02 在项目中创建一个控制器类，例如 ProductsController，如代码清单 2-6 所示。

代码清单 2-6

```
using Microsoft.AspNetCore.Mvc;

namespace lesson02_3.Controllers
{
    [ApiController]
    [Route("api/[controller]")]
    public class ProductsController : ControllerBase
    {
        private static List<string> _products = new List<string>
```

```
    {
        "Product 1",
        "Product 2",
        "Product 3"
    };

    [HttpGet]
    public ActionResult<IEnumerable<string>> Get()
    {
        return _products;
    }
    }
}
```

在代码清单2-6中，创建了一个名为"ProductsController"的控制器类，并使用[ApiController]和 [Route("api/[controller]")]属性进行了标记。在控制器中定义了一个GET方法，用于处理HTTP GET请求，并返回产品列表。

步骤 03 运行应用程序，并通过浏览器或 API 测试工具访问"/api/products"路径。我们将获得一个包含产品列表的 JSON 响应，如代码清单 2-7 所示。

代码清单 2-7

```
[
  "Product 1",
  "Product 2",
  "Product 3"
]
```

2.3.4 使用其他 HTTP 方法

除了GET方法之外，Web API还支持其他常见的HTTP方法，例如POST、PUT和DELETE，用于创建、更新和删除资源。

下面让我们在ProductsController中添加一些额外的方法，如代码清单2-8所示。

代码清单 2-8

```
[HttpPost]
public IActionResult Post(string product)
{
    _products.Add(product);
    return Ok();
}

[HttpPut("{index}")]
public IActionResult Put(int index, string product)
{
    if (index >= 0 && index < _products.Count)
    {
        _products[index] = product;
```

```
        return Ok();
    }
    else
    {
        return NotFound();
    }
}


[HttpDelete("{index}")]
public IActionResult Delete(int index)
{
    if (index >= 0 && index < _products.Count)
    {
        _products.RemoveAt(index);
        return Ok();
    }
    else
    {
        return NotFound();
    }
}
```

在代码清单2-8中，添加了一个POST方法用于创建新的产品，一个PUT方法用于更新现有的产品，以及一个DELETE方法用于删除产品。

现在，我们可以使用相应的HTTP方法和适当的URL来测试这些API方法，并观察它们的行为。

2.4 应 用 启 动

在ASP.NET Core中，应用启动是构建Web应用程序的重要部分。它涉及配置应用程序的服务、中间件和其他必要的组件，以及定义应用程序的请求处理管道。本节将介绍如何正确启动ASP.NET Core应用程序。

2.4.1 配置应用程序的启动类

在ASP.NET Core中，可以使用一个特殊的启动类来配置应用程序。这个启动类通常命名为"Startup"，并包含一个名为"ConfigureServices"和一个名为"Configure"的方法。

1. ConfigureServices 方法

在ConfigureServices方法中，可以配置应用程序的服务。服务是应用程序中的可重用组件，可以通过依赖关系注入系统在整个应用程序中进行访问。例如，我们可以在ConfigureServices方法里注册数据库上下文、存储库和其他服务。

下面是一个ConfigureServices方法的示例，如代码清单2-9所示。

代码清单 2-9

```
public void ConfigureServices(IServiceCollection services)
{
    services.AddDbContext<CodeListContext>(options =>
options.UseSqlServer(Configuration.GetConnectionString("DefaultConnection")));
    services.AddControllers();
}
```

在代码清单2-9中，我们使用AddDbContext方法注册了一个数据库上下文，并配置它使用SQL Server作为数据库提供程序。另外，我们还使用AddControllers方法注册了Controller服务。

2. Configure 方法

在Configure方法中，可以配置应用程序的请求处理管道。请求处理管道由一系列中间件组成，用于处理传入的HTTP请求并生成响应。我们可以通过添加、删除或重新排序中间件来满足应用程序的需求。

下面是一个Configure方法的示例，如代码清单2-10所示。

代码清单 2-10

```
public void Configure(IApplicationBuilder app, IWebHostEnvironment env)
{
    if (env.IsDevelopment())
    {
        app.UseSwagger();
        app.UseSwaggerUI();
    }

    app.UseHttpsRedirection();
    app.UseRouting();
    app.UseAuthorization();

    app.UseEndpoints(endpoints =>
    {
        endpoints.MapControllers();
    });
}
```

在这个示例中，我们根据应用程序的环境配置使用了不同的中间件。在开发环境中，开发人员异常页中间件在默认情况下处于启用状态。在请求处理管道中，我们还使用了其他一些常用的中间件，如UseHttpsRedirection（将HTTP请求重定向到HTTPS）、UseRouting（启用路由）等。

2.4.2　启动应用程序

要启动ASP.NET Core应用程序，需要在Main方法中调用CreateHostBuilder方法，并指定Startup类。

下面是一个Main方法的示例，如代码清单2-11所示。

代码清单 2-11

```
using codelist0209_0211;

var builder = WebApplication.CreateBuilder(args);

var startup = new Startup(builder.Configuration);
startup.ConfigureServices(builder.Services);

var app = builder.Build();

startup.Configure(app, app.Environment);

app.Run();
```

在这个示例中，我们使用CreateBuilder方法创建一个默认的WebApplicationBuilder实例，并通过builder.Build()生成用于配置HTTP管道和路由的Web应用程序，通过app.Run()运行应用程序并阻止调用线程，直至主机关闭。在new Startup(builder.Configuration)中，我们指定了Startup类来配置应用程序。

一旦应用程序启动，它将开始监听传入的HTTP请求，并根据Startup类中定义的请求处理管道进行处理。

2.5　依赖关系注入

在本节中，我们将介绍依赖关系注入的概念和作用。依赖关系注入是一种设计模式，用于解耦组件之间的依赖关系，提高代码的可测试性、可维护性和可扩展性。通过了解DI的原理和用法，我们将能够更好地管理应用程序中的对象和依赖关系。

2.5.1　什么是依赖关系注入

依赖关系注入是一种设计模式，用于在应用程序中管理对象之间的依赖关系。它通过将对象的创建和依赖项的提供从对象本身解耦出来，使得对象可以专注于自身的功能而不需要关注如何创建或获取依赖项。

在DI中，对象不再自己创建或获取所需的依赖项，而是通过外部机制将依赖项注入对象中。这种外部机制通常由DI容器负责，它会自动解析和提供所需的依赖项。

DI的好处包括：

（1）松耦合：对象不再直接依赖于特定的实现细节，而是依赖于抽象接口。这使得对象之间的耦合度降低，更容易进行代码重构和更换依赖项。

（2）可测试性：通过将依赖项注入对象中，我们可以轻松地模拟和替换依赖项，从而使单元测试变得更容易和可靠。

（3）可维护性：DI使得代码的结构更清晰和可读，因为依赖项的创建和传递逻辑被提取到DI容器中，使得代码更易于理解和维护。

2.5.2 在 ASP.NET Core 中使用依赖关系注入

ASP.NET Core框架内置了强大的依赖关系注入容器，使得在应用程序中使用DI变得非常简单。

下面通过一个简单的示例来演示如何在ASP.NET Core中使用DI。

步骤 01 假设我们有一个服务接口 IMyService 和它的实现 MyService，如代码清单 2-12 所示。

代码清单 2-12

```
public interface IMyService
{
    void DoSomething();
}

public class MyService : IMyService
{
    public void DoSomething()
    {
        Console.WriteLine("Doing something...");
    }
}
```

步骤 02 现在，我们希望在控制器中使用这个服务。我们可以通过 DI 将 IMyService 注入控制器中，如代码清单 2-13 所示。

代码清单 2-13

```
public class MyController : Controller
{
    private readonly IMyService _myService;

    public MyController(IMyService myService)
    {
        _myService = myService;
    }

[HttpGet]
    public void Index()
    {
        _myService.DoSomething();
    }
}
```

在代码清单2-13中，我们在控制器的构造函数中接收了一个IMyService参数，并将它赋值给私有字段_myService。这样，就可以在控制器的其他方法中使用_myService来调用服务的方法了。

ASP.NET Core的DI容器会自动解析控制器的依赖关系，并在需要时创建和提供IMyService的实例。

步骤 **03** 在 Startup.cs 文件的 ConfigureServices 方法中，需要注册服务和其对应的实现，如代码清单 2-14 所示。

代码清单 2-14

```
public void ConfigureServices(IServiceCollection services)
{
    services.AddScoped<IMyService, MyService>();
    // 其他服务的注册
}
```

在代码清单2-14中，我们使用AddScoped方法注册了IMyService和MyService之间的依赖关系。这意味着DI容器将在每个HTTP请求范围内创建一个MyService的实例，并将它提供到需要的地方。

现在，当我们访问MyController的Index方法时，DI容器会自动创建MyController的实例，并自动注入IMyService的实例。我们可以在Index方法中调用服务的方法，而无须手动创建或获取服务的实例。

2.5.3 生命周期管理

ASP.NET Core的DI容器提供了多种生命周期选项，以控制对象的生命周期和作用域。以下是一些常见的生命周期选项：

- Singleton：在整个应用程序生命周期内只创建一个实例。
- Scoped：在每个HTTP请求范围内创建一个实例。
- Transient：每次请求或获取时都创建一个新的实例。

通过选择适当的生命周期选项，我们可以更好地管理对象的生命周期和资源的使用，提高应用程序的性能和资源利用率。

在注册服务时，可以使用相应的方法来指定生命周期，例如AddSingleton、AddScoped和AddTransient，如代码清单2-15所示。

代码清单 2-15

```
public void ConfigureServices(IServiceCollection services)
{
    services.AddSingleton<IMySingletonService, MySingletonService>();
    services.AddScoped<IMyScopedService, MyScopedService>();
    services.AddTransient<IMyTransientService, MyTransientService>();
    // 其他服务的注册
}
```

在代码清单2-15中，使用了不同的生命周期选项来注册不同类型的服务。这样，当我们注入这些服务时，DI容器将根据相应的生命周期选项来创建和提供服务的实例。

2.6 中 间 件

本节将介绍中间件的概念和作用。中间件是ASP.NET Core中的一个关键概念，它允许我们在请求处理管道中插入自定义的组件，实现各种功能，例如路由、日志记录、异常处理等。通过了解中间件的原理和用法，我们将能够更好地控制和定制应用程序的请求处理流程。

2.6.1 什么是中间件

中间件是ASP.NET Core请求处理管道中的组件，用于处理HTTP请求和生成HTTP响应。中间件位于请求管道的特定位置，每个中间件都有机会处理请求或传递请求给下一个中间件。

中间件可以执行各种任务，例如身份验证、授权、路由、异常处理、日志记录等。通过使用中间件，我们可以轻松地构建复杂的请求处理流程，并实现不同的功能。

2.6.2 中间件的工作原理

下面介绍一下中间件的工作原理，以便更好地理解它在请求处理管道中的作用。

ASP.NET Core的请求处理管道由一系列中间件组成，并按照特定的顺序依次执行。当一个请求到达应用程序时，它首先通过管道的起始点，然后按照中间件的顺序依次经过每个中间件。中间件的执行顺序非常重要，因为它决定了请求的处理流程。

以下是一个简化的示例，展示了中间件的执行顺序，如代码清单2-16所示。

代码清单 2-16

```
请求 --> 中间件1 --> 中间件2 --> ... --> 中间件N --> 响应
```

在代码清单2-16中，请求首先经过中间件1，然后传递给中间件2，以此类推，直到达到最后一个中间件。每个中间件都可以根据需要对请求进行处理或修改，并将请求传递给下一个中间件。

2.6.3 创建自定义中间件

在ASP.NET Core中，我们可以创建自定义的中间件来满足特定的需求。

下面以一个简单的日志记录中间件为例，演示如何创建自定义中间件。

步骤01 创建一个新的类来实现中间件逻辑，如代码清单 2-17 所示。

代码清单 2-17

```
using Microsoft.AspNetCore.Http;
using System;
using System.Threading.Tasks;

public class LoggingMiddleware
{
```

```
private readonly RequestDelegate _next;

public LoggingMiddleware(RequestDelegate next)
{
    _next = next;
}

public async Task InvokeAsync(HttpContext context)
{
    // 在请求处理之前执行的逻辑
    Console.WriteLine($"Request: {context.Request.Path}");

    await _next(context);

    // 在请求处理之后执行的逻辑
    Console.WriteLine($"Response: {context.Response.StatusCode}");
}
}
```

在代码清单2-17中，创建了一个名为"LoggingMiddleware"的类，并实现了一个InvokeAsync方法作为中间件的入口点。在InvokeAsync方法中，我们可以在请求处理之前和之后执行自定义的逻辑。这里我们简单地记录了请求的路径和响应的状态码。

步骤 02　接下来，在 Startup.cs 文件的 Configure 方法中使用自定义中间件，如代码清单 2-18 所示。

代码清单 2-18

```
public void Configure(IApplicationBuilder app)
{
    app.UseMiddleware<LoggingMiddleware>();

    // 其他中间件的配置
}
```

在代码清单2-18中，使用UseMiddleware方法将LoggingMiddleware添加到请求处理管道中。因此，当应用程序收到请求时，LoggingMiddleware将记录请求的路径和响应的状态码。

2.6.4　内置中间件

ASP.NET Core还提供了许多内置的中间件，用于常见的任务和功能。以下是一些常用的内置中间件：

- UseDeveloperExceptionPage：开发人员异常页中间件，用于报告应用运行时错误。
- UseDatabaseErrorPage：数据库错误页中间件，用于报告数据库运行时错误。
- UseExceptionHandler：异常处理程序中间件，用于捕获以下中间件中引发的异常。
- UseHsts：HTTP 严格传输安全协议中间件，用于添加Strict-Transport-Security标头。
- UseHttpsRedirection：HTTPS重定向中间件，用于将HTTP请求重定向到HTTPS。
- UseStaticFiles：静态文件中间件，用于提供静态文件（如CSS、JavaScript、图像等）。
- UseCookiePolicy：Cookie策略中间件。

- UseRouting：用于路由请求的路由中间件。
- UseAuthentication：身份验证中间件，用于尝试对用户进行身份验证，然后才会允许用户访问安全资源。
- UseAuthorization：用于授权用户访问安全资源的授权中间件。
- UseSession：会话中间件，用于建立和维护会话状态。如果应用使用会话状态，则在Cookie策略中间件之后和 MVC 中间件之前调用会话中间件。

通过使用这些内置中间件，我们可以轻松地添加常见的功能到应用程序的请求处理管道中。

2.7 Web 主机

本节将介绍Web主机的概念和作用。Web主机是ASP.NET Core应用程序的宿主环境，负责启动应用程序、处理HTTP请求和管理应用程序的生命周期。通过了解Web主机的原理和用法，我们将能够更好地理解和管理ASP.NET Core应用程序。

2.7.1 什么是 Web 主机

Web主机是ASP.NET Core应用程序的宿主环境。它负责启动应用程序、处理HTTP请求和管理应用程序的生命周期。Web主机提供了必要的基础设施来运行ASP.NET Core应用程序，并与HTTP服务器进行通信。

创建和配置 Web 主机

下面通过一个简单的示例来演示如何创建和配置通用主机。

步骤 01 创建一个新的 ASP.NET Core 应用程序项目，并选择通用主机模板。

步骤 02 在 Program.cs 文件中找到 CreateDefaultBuilder 方法，该方法用于创建和配置 Web 主机，如代码清单 2-19 所示。

代码清单 2-19

```
public static IHostBuilder CreateHostBuilder(string[] args) =>
   Host.CreateDefaultBuilder(args)
      .ConfigureWebHostDefaults(webBuilder =>
      {
         webBuilder.UseStartup<Startup>();
      });
```

在代码清单2-19中，使用CreateDefaultBuilder方法创建了一个默认的主机构建器，并使用ConfigureWebHostDefaults方法配置了Web主机。

在webBuilder.UseStartup<Startup>()中，指定了一个名为"Startup"的类作为应用程序的启动类。Startup类用于配置应用程序的服务和中间件。

2.7.2 配置 Web 主机选项

Web主机可以通过主机构建器的选项进行配置，以下是一些常见的选项：

- UseUrls：指定应用程序监听的URL。
- UseEnvironment：指定应用程序的环境名称（如Development、Production等）。
- UseConfiguration：使用自定义的配置。
- UseContentRoot：指定应用程序的内容根目录。

我们可以根据应用程序的需求选择适当的选项，并在CreateHostBuilder方法中进行配置。

2.7.3 运行 Web 主机

要运行Web主机，我们需要在Main方法中调用Run方法，如代码清单2-20所示。

代码清单 2-20

```
public static void Main(string[] args)
{
    CreateHostBuilder(args).Build().Run();
}
```

在代码清单2-20中，首先通过CreateHostBuilder方法创建主机，并使用Build方法构建主机。然后调用Run方法来启动主机并开始监听HTTP请求。

现在，我们可以运行应用程序并访问配置的URL，这样就可以与应用程序进行交互了。

2.8　HTTP 服务器

本节将介绍HTTP服务器的概念和作用。HTTP服务器是负责处理和响应HTTP请求的软件程序。在ASP.NET Core中，HTTP服务器是Web应用程序和客户端之间的桥梁，它负责接收和处理HTTP请求，并返回相应的HTTP响应。通过了解HTTP服务器的原理和用法，我们将能够更好地理解和控制ASP.NET Core应用程序与客户端之间的通信。

2.8.1　什么是 HTTP 服务器

HTTP服务器是负责处理和响应HTTP请求的软件程序。它充当Web应用程序和客户端之间的桥梁，负责接收和处理客户端发送的HTTP请求，并返回相应的HTTP响应。

在ASP.NET Core中，可以使用各种HTTP服务器来承载和运行应用程序，例如Kestrel、IIS和Apache等。不同的服务器可能具有不同的特性和配置选项，但它们都遵循HTTP协议，以实现与客户端之间的通信。

2.8.2　Kestrel HTTP 服务器

Kestrel是ASP.NET Core的默认HTTP服务器，它是一个跨平台的、轻量级的服务器。Kestrel使用libuv作为其底层网络库，具有高性能和可扩展性。

Kestrel可以独立运行，也可以与其他HTTP服务器（如IIS）配合使用。它可以通过配置文件或代码进行配置，并支持SSL/TLS加密、HTTP/2协议、反向代理等功能。

以下是一个简单的示例，展示如何在ASP.NET Core应用程序中使用Kestrel作为HTTP服务器，如代码清单2-21所示。

代码清单 2-21

```
public static IHostBuilder CreateHostBuilder(string[] args) =>
    Host.CreateDefaultBuilder(args)
        .ConfigureWebHostDefaults(webBuilder =>
        {
            webBuilder.UseKestrel();
            webBuilder.UseStartup<Startup>();
        });
```

在代码清单2-21中，我们使用UseKestrel方法配置了Kestrel作为HTTP服务器。然后，使用UseStartup方法指定了一个名为Startup的类作为应用程序的启动类。

通过这样的配置，我们可以在应用程序中使用Kestrel作为默认的HTTP服务器。

2.8.3　其他 HTTP 服务器

除了Kestrel之外，ASP.NET Core还支持其他常见的HTTP服务器，如HTTP.sys、IIS、Apache等。这些服务器通常与特定的操作系统或托管环境相关联，并具有各自的配置和使用方式。

要使用其他HTTP服务器，需要进行适当的配置，并将应用程序部署到相应的服务器上。

2.9　配　　置

本节将介绍配置的概念和作用。配置是ASP.NET Core中用于管理应用程序配置的强大机制。它提供了一种统一的方式来读取和使用应用程序的配置数据，使得配置信息可以轻松地进行管理和修改。通过了解配置的原理和用法，我们将能够更好地配置和定制ASP.NET Core应用程序。

2.9.1　什么是配置

配置是ASP.NET Core中的一个重要组件，用于管理应用程序的配置信息。它提供了一种统一的方式来读取和使用配置数据，包括应用程序的参数、连接字符串、密钥、标志等。

配置支持多种配置源，如JSON文件、环境变量、命令行参数等。通过使用配置，我们可以轻松地读取配置数据，并在应用程序中使用这些数据。

2.9.2 配置源

配置支持多种配置源，我们可以根据应用程序的需求来选择适当的配置源。以下是一些常见的配置源：

- JSON文件：JSON文件是一种常见的配置源，它使用简单的键值对结构来存储配置数据。
- 环境变量：环境变量是操作系统中的全局变量，可以用来存储配置信息。通过读取环境变量，我们可以将配置数据传递给应用程序。
- 命令行参数：命令行参数是在应用程序启动时传递的参数，可以用来覆盖默认的配置值。
- 密钥管理器：密钥管理器是用于存储和管理敏感数据（如密码、密钥等）的工具。配置可以与密钥管理器集成，以安全地存储和读取敏感配置数据。

我们可以根据应用程序的需求组合使用不同的配置源，并将其配置为应用程序的配置提供者。

2.9.3 读取配置数据

配置提供了简单而强大的方式来读取配置数据。通过注入IConfiguration接口，我们可以轻松地读取和使用配置数据。

以下是一个简单的示例，展示如何读取配置数据，如代码清单2-22所示。

代码清单 2-22

```
public class MyService
{
    private readonly IConfiguration _configuration;

    public MyService(IConfiguration configuration)
    {
        _configuration = configuration;
    }

    public void DoSomething()
    {
        var settingValue = _configuration["SettingKey"];
        Console.WriteLine($"Setting value: {settingValue}");
    }
}
```

在代码清单2-22中，我们在MyService类的构造函数中注入了IConfiguration接口，然后就可以使用_configuration对象来读取配置数据了。

通过使用配置键（例如SettingKey），我们可以访问相应的配置值。

2.9.4 配置文件

配置支持使用配置文件来存储和组织配置数据。常见的配置文件格式包括JSON、XML、

INI等。

以下是一个JSON配置文件的示例，如代码清单2-23所示。

代码清单 2-23

```
{
  "SettingKey": "Hello",
  "Logging": {
    "LogLevel": "Information"
  }
}
```

在应用程序中，我们可以使用appsettings.json文件作为默认的配置文件，并通过配置构建器进行加载和使用，如代码清单2-24所示。

代码清单 2-24

```
public static IHostBuilder CreateHostBuilder(string[] args) =>
    Host.CreateDefaultBuilder(args)
        .ConfigureAppConfiguration((hostingContext, config) =>
        {
            config.SetBasePath(Directory.GetCurrentDirectory());
            config.AddJsonFile("appsettings.json", optional: true);
        })
        .ConfigureWebHostDefaults(webBuilder =>
        {
            webBuilder.UseStartup<Startup>();
        });
```

在代码清单2-24中，我们使用ConfigureAppConfiguration方法来配置构建器，并加载appsettings.json文件。

通过这样的配置，我们可以在应用程序中使用IConfiguration接口来读取和使用配置数据。

2.10 选 项 模 式

选项模式（Options Pattern）是ASP.NET Core中的一种用于配置和选项管理的模式。通过选项模式，我们可以将应用程序的设置和配置信息进行统一管理，使其更易于维护和扩展。

2.10.1 为什么需要选项模式

在开发ASP.NET Core应用程序时，通常需要配置一些参数和选项，例如数据库连接字符串、日志级别、缓存设置等。在过去，我们可能会使用配置文件、环境变量或者直接在代码中硬编码这些参数。然而，这种做法存在一些问题：

（1）硬编码的参数不易维护：将配置信息硬编码在代码中，会导致在修改参数时需要修改代码，并重新编译应用程序，增加了维护成本。

（2）不便于配置文件管理：虽然可以使用配置文件来管理参数，但是手动解析和读取配置文件的代码逻辑往往相对烦琐，而且不够直观。

（3）难以进行动态配置：有时候我们希望能够在应用程序运行时动态修改参数，而硬编码和配置文件方式都不太适合实现动态配置。

为了解决这些问题，ASP.NET Core 提供了选项模式，它提供了一种统一的方式来管理应用程序的配置和选项。

2.10.2　如何使用选项模式

使用选项模式的第一步是定义选项类（Options Class）。选项类是一个普通的C#类，用于存储应用程序的配置信息。以下是一个定义选项类的示例，如代码清单2-25所示。

代码清单 2-25

```
public class MyConfigOptions
{
    public string Key1 { get; set; }
    public int Key2 { get; set; }
    // 其他配置项
}
```

在选项类中，可以定义需要的各种配置项属性，例如示例中的数据库连接字符串和日志级别。

接下来，需要在应用程序的启动代码中注册选项，并将配置信息绑定到选项类上。这可以通过调用services.Configure<TOptions>(configuration)方法来实现，其中TOptions是定义的选项类类型，configuration是应用程序的配置对象，如代码清单2-26所示。

代码清单 2-26

```
public void ConfigureServices(IServiceCollection services)
{
    // ...

    services. AddOptions<MyConfigOptions>()
        .Bind(Configuration.GetSection("MyConfig"));
    // ...
}
```

在代码清单2-26中，我们将MyConfigOptions类型的选项注册到服务容器中，并将配置对象Configuration绑定到该选项类上。

最后，在需要使用配置信息的地方通过依赖注入来获取选项对象，如代码清单2-27所示。

代码清单 2-27

```
public class HomeController : ControllerBase
{
    private readonly MyConfigOptions _myConfig;
```

```
public HomeController(IOptions<MyConfigOptions> myConfig)
{
    _myConfig = myConfig.Value;
}


[HttpGet]
public void Index()
{
    Console.WriteLine("Key1:" + _myConfig.Key1);
    Console.WriteLine("Key2:" + _myConfig.Key2);
}

}
```

在上述示例中，我们通过构造函数注入IOptions<MyConfigOptions>对象，并在需要使用配置信息的地方通过_myConfig.Value获取选项对象，然后就可以直接访问选项对象的属性，如示例中的数据库连接字符串和日志级别。

2.10.3　选项验证和默认值

在使用选项模式时，还可以进行选项验证和设置默认值。例如，我们可以在选项类中添加验证逻辑，以确保配置信息的有效性，并应用若干DataAnnotations规则，如代码清单2-28所示。

代码清单 2-28

```
public class MyConfigOptions
{
    [RegularExpression(@"^[a-zA-Z''-'\s]{1,40}$")]
    public string Key1 { get; set; }

    [Range(0, 100, ErrorMessage = "Value for {0} must be between {1} and {2}.")]
    public int Key2 { get; set; }
}
```

接下来，通过调用ValidateDataAnnotations以使用DataAnnotations启用验证，如代码清单2-29所示。

代码清单 2-29

```
public void ConfigureServices(IServiceCollection services)
{
    // ...

    services. AddOptions<MyConfigOptions>()
        .Bind(Configuration.GetSection("MyConfig"))
        .ValidateDataAnnotations();

    // ...
}
```

在代码清单2-29中，我们使用MyConfigOptions类来验证选项的有效性。

另外，还可以在选项类中设置默认值，以防止配置文件中没有指定相应的参数，如代码清单2-30所示。

代码清单 2-30

```
public class MyConfigOptions
{
    public string Key1 { get; set; } = "hello";
    public int Key2 { get; set; } = 30;
}
```

在代码清单2-30中，我们为Key1和Key2设置了默认值，如果配置文件中没有指定相应的参数，将会使用这些默认值。

2.11　执　行　环　境

本节将介绍执行环境的概念和作用。执行环境是ASP.NET Core中用于确定应用程序运行的上下文信息的机制。它提供了访问和使用与应用程序部署和执行环境相关的信息的方式。通过了解执行环境的原理和用法，我们将能够更好地配置和适应ASP.NET Core应用程序。

2.11.1　什么是执行环境

执行环境是ASP.NET Core中的一个重要概念，用于确定应用程序当前运行的上下文信息。执行环境提供了访问与应用程序部署和执行环境相关的信息的方式，例如应用程序的环境名称、操作系统、主机、配置等。

执行环境可以帮助我们根据当前的上下文信息进行不同的配置和适应。例如，在开发环境下可以启用详细的日志记录和调试信息，而在生产环境下可以启用性能优化和错误处理。

2.11.2　执行环境的类型

在ASP.NET Core中，有两种常见的执行环境类型：

- 开发环境：开发环境是在开发和调试应用程序时使用的环境。它通常具有更详细的日志记录，更灵活的错误处理和调试功能。
- 生产环境：生产环境是应用程序部署和运行的环境。它通常具有更高的性能，更严格的错误处理和安全性。

除了这两种常见的执行环境类型，还可以根据应用程序的需求自定义其他的执行环境。

2.11.3　访问执行环境信息

在ASP.NET Core中，可以通过注入IWebHostEnvironment接口来访问执行环境的信息。

以下是一个简单的示例，展示如何使用IWebHostEnvironment接口，如代码清单2-31所示。

代码清单 2-31

```
public class MyService
{
    private readonly IWebHostEnvironment _environment;

    public MyService(IWebHostEnvironment environment)
    {
        _environment = environment;
    }

    public void DoSomething()
    {
        var environmentName = _environment.EnvironmentName;
        Console.WriteLine($"Current environment: {environmentName}");
    }
}
```

在这个示例中，我们在MyService类的构造函数中注入了IWebHostEnvironment接口，然后使用_environment对象来访问执行环境的信息。通过EnvironmentName属性，我们可以获取当前的环境名称（如Development、Production等）。

2.11.4　配置执行环境

ASP.NET Core应用程序的执行环境是通过设置应用程序的环境变量来确定的。可以在不同的部署环境中设置不同的环境变量值，以指定应用程序应使用的执行环境。

以下是一些常用的设置执行环境的方式：

（1）通过启动配置文件：可以在启动配置文件中设置ASPNETCORE_ENVIRONMENT环境变量的值。

（2）通过操作系统环境变量：可以在部署环境的操作系统中设置ASPNETCORE_ENVIRONMENT环境变量的值。

（3）通过命令行参数：可以在应用程序启动时通过命令行参数（如--environment）来设置执行环境。

根据应用程序的需求，选择适当的方式来配置执行环境，并确保应用程序在不同的环境中正确地适应和运行。

2.12　日　志　记　录

本节将介绍日志记录的概念和作用。日志记录是在应用程序中记录和存储运行时信息的机制。它对于应用程序的调试、故障排除和性能分析非常重要。通过了解日志记录的原理和用法，我们将能够更好地管理和分析ASP.NET Core应用程序。

2.12.1　为什么需要日志记录

日志记录是应用程序开发和维护过程中至关重要的一部分，它提供了以下几个重要的好处：

- 故障排除：日志记录可以帮助我们追踪和定位应用程序中的错误和异常。当应用程序发生故障时，我们可以查看日志以了解问题产生的根本原因。
- 性能分析：通过记录关键操作和事件的性能指标，我们可以使用日志来分析和优化应用程序的性能。日志记录可以帮助我们识别潜在的性能瓶颈和热点。
- 安全审计：日志记录可以记录应用程序的关键操作和访问事件，以进行安全审计和合规性检查。它可以帮助我们跟踪和审计敏感数据的访问和修改。

2.12.2　ASP.NET Core 的日志记录

在ASP.NET Core中，日志记录是通过内置的日志记录器（Logger）来实现的。日志记录器是用于记录和存储应用程序运行时信息的组件。

ASP.NET Core提供了一个统一的接口（ILogger）来使用日志记录器。通过注入ILogger接口，我们可以在应用程序中记录各种类型的日志消息。

以下是一个简单的示例，展示如何在ASP.NET Core应用程序中使用日志记录，如代码清单2-32所示。

代码清单 2-32

```
public class MyService
{
    private readonly ILogger<MyService> _logger;

    public MyService(ILogger<MyService> logger)
    {
        _logger = logger;
    }

    public void DoSomething()
    {
        _logger.LogInformation("Doing something...");

        try
        {
            // 执行操作
        }
        catch (Exception ex)
        {
            _logger.LogError(ex, "An error occurred while doing something.");
        }
    }
}
```

```
}
```

在代码清单2-32中，我们在MyService类的构造函数中注入了ILogger<MyService>接口，然后使用_logger对象来记录不同级别的日志消息。

通过使用不同的日志级别（如LogInformation和LogError），我们可以记录不同类型的日志消息，并在应用程序中使用它们。

2.12.3 配置日志记录

在ASP.NET Core中，可以通过配置文件或代码来配置日志记录。配置日志记录可以包括设置日志级别、选择日志输出目标（如控制台、文件、数据库等）、格式化日志消息等。

以下是一个示例，展示如何在应用程序的配置文件中配置日志记录，如代码清单2-33所示。

代码清单 2-33

```
{
  "Logging": {
  "LogLevel": {
    "Default": "Information",
    "Microsoft": "Warning",
    "MyNamespace.MyClass": "Debug"
  },
  "Console": {
    "Enabled": true
  }
  }
}
```

在代码清单2-33中，我们在配置文件中定义了不同的日志记录设置。我们可以为不同的命名空间、类或默认值设置不同的日志级别，并选择不同的输出目标。

通过配置日志记录，我们可以根据应用程序的需求和环境进行灵活的日志记录设置。

2.12.4 日志记录最佳实践

在进行日志记录时，以下是一些值得注意的最佳实践：

- 选择适当的日志级别：选择适当的日志级别，以平衡详细的日志记录和性能需求。
- 提供有意义的日志消息：确保日志消息清晰、有意义，能够帮助识别问题。
- 结构化日志记录：使用结构化日志记录格式，以便更轻松地查询和分析日志数据。
- 安全敏感信息：避免在日志中记录敏感信息，如密码、密钥等。

2.13 路　　由

本节将介绍路由的概念和作用。路由是ASP.NET Core中用于映射HTTP请求到相应处理程序的机制。通过了解路由的原理和用法，我们将能够更好地理解和控制应用程序的URL结构和请求处理。

2.13.1 什么是路由

路由是将传入的HTTP请求映射到相应的处理程序或动作的过程。在ASP.NET Core中，路由是负责解析URL路径和参数，并将请求分发到相应的处理程序或控制器的机制。

通过路由，我们可以定义应用程序的URL结构，并确定由哪个处理程序来处理特定的HTTP请求。

2.13.2 路由模板

在ASP.NET Core中，路由是通过路由模板（Route Template）来定义的。路由模板是一种特殊的语法，用于指定URL路径和参数的模式。

以下是一个简单的示例，展示如何定义一个基本的路由模板，如代码清单2-34所示。

代码清单 2-34

```
app.MapGet("/hello", async context =>
{
    await context.Response.WriteAsync("Hello, World!");
});
```

在代码清单2-34中，我们使用MapGet方法将"/hello"路径映射到一个处理程序。当客户端发送一个GET请求到"/hello"时，将执行该处理程序，并返回"Hello, World!"作为响应。

通过路由模板，我们可以定义不同类型的路由，包括静态路由、参数化路由、区域路由等。

2.13.3 路由参数

路由参数允许我们从URL路径中提取变量值，并将其传递给处理程序。通过路由参数，我们可以根据URL的不同部分来动态地处理请求。

以下示例展示如何在路由模板中使用参数，如代码清单2-35所示。

代码清单 2-35

```
app.MapGet("/users/{id}", async context =>
{
    var id = context.Request.RouteValues["id"];
    await context.Response.WriteAsync($"User ID: {id}");
});
```

在代码清单2-35中，我们使用{id}作为路由模板的一部分。当客户端发送一个GET请求到类似"/users/123"的URL时，我们可以从路由值中提取ID，并在响应中使用它。

通过路由参数，我们可以构建具有动态URL结构的应用程序。

2.13.4 路由约束

路由约束允许我们对路由参数的格式和取值进行限制。通过使用路由约束，可以确保参数满足特定的要求，从而更好地控制请求的处理。

以下示例展示如何使用路由约束，如代码清单2-36所示。

代码清单 2-36

```
app.MapGet("/users/{id:int}", async context =>
{
    var id = context.Request.RouteValues["id"];
    await context.Response.WriteAsync($"User ID: {id}");
});
```

在代码清单2-36中，我们使用":int"作为路由模板的一部分，并指定了参数的类型约束为整数。这样，只有满足整数格式的参数才会被匹配并处理。

通过路由约束，我们可以确保参数满足特定的格式要求，从而提高应用程序的安全性和稳定性。

2.13.5 路由属性

ASP.NET Core还提供了一种更简洁的方式来定义路由，即使用路由属性（Route Attribute）。通过在控制器或处理程序的类或方法上应用路由属性，我们可以直接指定与之关联的路由模板。

以下示例展示如何在控制器类和方法上使用路由属性，如代码清单2-37所示。

代码清单 2-37

```
[Route("api/[controller]")]
[ApiController]
public class UsersController : ControllerBase
{
    [HttpGet("{id}")]
    public void GetUser(int id)
    {
        Console.WriteLine(id);
    }
}
```

在代码清单2-37中，我们使用[Route]属性在控制器类上指定了路由模板，表示该控制器的所有动作都将使用以"/api/[controller]"开头的URL。同时，在HttpGet方法上使用[HttpGet("{id}")]属性指定了路由参数。

通过路由属性，我们可以更直观地定义路由，并将它与相关的控制器和动作关联起来。

2.14 错误处理

本节将介绍错误处理的概念和作用。错误处理是应对应用程序中出现的错误和异常的机制。通过了解错误处理的原理和用法，我们将能够更好地管理和响应应用程序中的错误情况。

2.14.1 为什么需要错误处理

错误处理是应用程序开发和维护过程中至关重要的一部分，它可以帮助我们识别、捕获和处理应用程序中出现的错误和异常情况。

错误处理的好处如下：

- 提供友好的错误信息：错误处理可以帮助我们向用户提供有意义和友好的错误信息，从而增强用户体验。
- 避免应用程序崩溃：通过捕获和处理错误，可以避免应用程序因错误而崩溃或不可用。
- 追踪和记录错误：错误处理可以帮助我们追踪和记录应用程序中出现的错误，从而帮助排除故障和分析问题。

2.14.2 全局错误处理

在ASP.NET Core中，可以使用全局错误处理机制来统一处理应用程序中的错误和异常。全局错误处理允许我们定义一个中间件来捕获并处理应用程序中发生的所有错误。

以下示例展示如何配置全局错误处理中间件，如代码清单2-38所示。

代码清单 2-38

```
app.UseExceptionHandler("/error");

app.MapGet("/error", async context =>
{
    var exceptionHandlerPathFeature =
context.Features.Get<IExceptionHandlerPathFeature>();
    var exception = exceptionHandlerPathFeature?.Error;
    // 处理错误，生成自定义的错误响应
});
```

在代码清单2-38中，我们使用UseExceptionHandler方法来配置全局错误处理中间件，并指定错误处理的路径为"/error"。当应用程序发生错误时，将执行中间件中指定的处理逻辑。

在处理逻辑中，我们可以获取异常信息，并根据需要生成自定义的错误响应。

通过全局错误处理，我们可以集中处理应用程序中的错误，并提供一致的错误处理机制。

2.14.3 异常筛选器

除了全局错误处理之外，ASP.NET Core还提供了异常筛选器（Exception Filters）的机制，用于在特定条件下处理错误。

异常筛选器可以应用于控制器或动作方法，以捕获和处理特定类型的异常。

以下示例展示如何使用异常筛选器，如代码清单2-39所示。

代码清单 2-39

```
public class CustomExceptionFilter : IExceptionFilter
{
    public void OnException(ExceptionContext context)
    {
        // 处理特定类型的异常
    }
}


[ServiceFilter(typeof(CustomExceptionFilter))]
public class MyController : Controller
{
    // 控制器逻辑
}
```

在代码清单2-39中，我们定义了一个实现IExceptionFilter接口的异常筛选器，然后在控制器上使用[ServiceFilter]属性来应用该异常筛选器。

当控制器中的动作方法发生特定类型的异常时，异常筛选器的OnException方法将被执行，我们可以在该方法中处理异常情况。

通过异常筛选器，我们可以对特定类型的异常进行处理，并根据需要采取相应的措施。

2.14.4　状态码和错误页面

在错误处理过程中，状态码和错误页面起着重要的作用。状态码是HTTP响应的一部分，用于表示请求的处理结果。错误页面是向用户展示有关错误的页面，以提供更好的用户体验。

在ASP.NET Core中，我们可以通过配置来定义状态码和错误页面的行为。

以下示例展示如何在应用程序中定义状态码和错误页面，如代码清单2-40所示。

代码清单 2-40

```
app.UseStatusCodePagesWithRedirects("/error/{0}");

app.UseExceptionHandler("/error");

app.MapGet("/error", async context =>
{
    var code = context.Request.RouteValues["code"];
    // 根据状态码生成自定义的错误页面
});
```

在代码清单2-40中，我们使用UseStatusCodePagesWithRedirects方法来配置状态码处理中间件，并指定错误页面的路径模板。当应用程序返回指定状态码时，中间件将重定向到指定路径模板，从而显示自定义的错误页面。

通过配置状态码和错误页面，可以提供更好的用户体验，并向用户显示有关错误的相关信息。

2.15　静 态 文 件

本节将介绍如何在ASP.NET Core应用程序中处理和提供静态文件。静态文件通常是应用程序中的样式表、脚本文件、图像和其他静态资源。通过有效地处理静态文件，可以提高应用程序的性能和加载速度。

2.15.1　配置静态文件中间件

在ASP.NET Core中，我们使用静态文件中间件来处理和提供静态文件。要在应用程序中启用静态文件中间件，需要在Startup类的Configure方法中进行配置。

下面示例演示如何在Configure方法中启用静态文件中间件，如代码清单2-41所示。

代码清单 2-41

```
public void Configure(IApplicationBuilder app)
{
    app.UseStaticFiles();

    // 其他中间件配置
}
```

在代码清单2-41中，我们使用了UseStaticFiles方法来启用静态文件中间件。这将允许我们在应用程序中访问静态文件，例如wwwroot文件夹中的文件。

2.15.2　创建静态文件

要在应用程序中使用静态文件，需要将它们放置在wwwroot文件夹中。wwwroot文件夹是默认的静态文件根目录，可以通过在ConfigureServices方法中调用UseWebRoot方法来更改该目录。

以下是一个示例目录结构，展示wwwroot文件夹中的常见静态文件，如代码清单2-42所示。

代码清单 2-42

```
wwwroot/
├── css/
│   └── styles.css
├── js/
│   └── script.js
└── images/
    └── logo.png
```

在上面的示例中，有一个css文件夹，包含名为"styles.css"的CSS文件；一个js文件夹，包含名为"script.js"的JavaScript文件；一个images文件夹，包含名为"logo.png"的图像文件。

2.15.3 访问静态文件

启用静态文件中间件后，我们可以通过URL来访问静态文件。默认情况下，静态文件中间件会处理URL中的路径，并根据文件系统中的对应文件提供相应的静态文件。

例如，如果有一个styles.css文件位于wwwroot/css目录下，那么可以通过以下URL来访问它，如代码清单2-43所示。

代码清单 2-43

```
http://localhost:5000/css/styles.css
```

类似地，如果有一个logo.png图像位于wwwroot/images目录下，那么可以通过以下URL来访问它，如代码清单2-44所示。

代码清单 2-44

```
http://localhost:5000/css/styles.css
```

静态文件中间件还提供了一些其他功能，例如默认文档处理、目录浏览和响应缓存等，可以通过在UseStaticFiles方法中传递StaticFileOptions来配置这些功能。

2.16 小　　结

本章深入介绍了ASP.NET Core的基础知识。

首先探讨了Razor Pages、MVC和Web API的概念，了解到这些是构建ASP.NET Core应用程序的不同方式，可以根据需求选择适合的架构。接着介绍了应用启动的重要性，了解了默认的应用启动方式和如何自定义启动行为。然后介绍了依赖关系注入的概念和用法，以及中间件的作用和配置方式。

最后深入研究了Web主机、HTTP服务器和配置，了解了如何管理应用程序的执行环境和记录日志，还学习了路由和错误处理的重要性，以及如何处理静态文件。

本章介绍的概念和技术将为读者构建功能强大、可扩展和可靠的Web应用程序奠定基础。

第 3 章

数 据 访 问

数据访问是现代应用程序的核心组成部分之一，它使我们能够存储、检索和操作数据。本章我们将深入探讨数据访问的重要性，以及如何在ASP.NET Core应用程序中进行有效的数据访问。

3.1 EF Core 7.0 简介

本节将探索ASP.NET Core的数据访问功能。数据访问是Web应用程序开发中的一个重要方面，它涉及与数据库进行交互、读取和保存数据。ASP.NET Core提供了许多强大的工具和技术来简化数据访问过程。

首先，让我们来了解一下EF Core（Entity Framework Core）7.0。EF Core是一个轻量级、跨平台的对象关系映射（ORM）框架，它允许我们使用面向对象的方式来操作数据库。EF Core简化了数据访问层的开发，提供了许多便捷的特性和功能。

3.1.1 为什么选择 EF Core

EF Core有许多优势和特点，使其成为许多开发人员的首选数据访问工具：

（1）跨数据库支持：EF Core支持多种不同的数据库提供程序，如SQL Server、MySQL、PostgreSQL等。这使得我们可以在不同的数据库平台上使用相同的代码和技术，而无须重新编写逻辑。

（2）自动化的对象关系映射：EF Core使用对象关系映射技术，自动将数据库中的表映射为.NET对象。这使得我们可以使用面向对象的编程方式来处理数据，而无须关注数据库细节。

（3）LINQ支持：EF Core集成了LINQ（Language Integrated Query），它允许我们使用强类型的查询表达式来检索和操作数据。LINQ提供了直观、简洁的语法，使得查询数据变得更加轻松和可读。

（4）数据迁移：EF Core提供了数据迁移的功能，使我们可以轻松地对数据库架构进行版本控制和升级。我们可以通过编写代码来描述数据库模型的变化，并使用命令将这些变化应用到目标数据库。

（5）异步支持：EF Core支持异步操作，允许我们执行异步数据库查询和保存操作。这可以提高应用程序的性能和响应能力，特别是在处理大量数据或高并发请求时。

以上只是EF Core的一些优点，它还有许多其他功能和特性等待我们去探索和应用。

3.1.2　EF Core 的基本概念

在开始使用EF Core之前，先了解一些基本概念和术语：

1. 上下文（DbContext）

上下文是EF Core中的核心概念，它代表了数据库的会话。上下文负责跟踪实体对象的状态，并将其持久化到数据库中。我们可以通过继承DbContext类来创建自己的上下文。

2. 实体（Entity）

实体是在数据库中表示的对象，例如用户、产品或订单。在EF Core中，实体通常是.NET类，通过映射关系与数据库表进行对应。

3. DbSet

DbSet是EF Core中的一个类型，它表示数据库中的实体集合。通过上下文的属性，你可以获取和操作数据库中的实体。

4. 迁移（Migration）

迁移是EF Core中用于管理数据库架构变化的机制。你可以创建迁移来描述数据库模型的变化，并将其应用到目标数据库。

这些基本概念将贯穿于你使用EF Core进行数据访问的整个过程。现在让我们来看一个简单的示例，了解如何使用EF Core进行数据库操作。

3.1.3　使用 EF Core 进行数据访问

以下是一个使用EF Core的示例，展示如何进行简单的数据访问操作，如代码清单3-1所示。

代码清单 3-1

```
// 引入所需命名空间
using Microsoft.EntityFrameworkCore;

// 定义实体类
public class Product
{
    public int Id { get; set; }
    public string Name { get; set; }
    public decimal Price { get; set; }
```

```
}

// 定义上下文类
public class MyDbContext : DbContext
{
    public DbSet<Product> Products { get; set; }

    protected override void OnConfiguring(DbContextOptionsBuilder optionsBuilder)
    {
        optionsBuilder.UseSqlServer("连接字符串");
    }
}

// 使用上下文进行数据访问
public class Program
{
    public static void Main()
    {
        using (var context = new MyDbContext())
        {
            // 查询数据
            var products = context.Products.ToList();

            // 插入数据
            var newProduct = new Product { Name = "新产品", Price = 10.99m };
            context.Products.Add(newProduct);
            context.SaveChanges();
        }
    }
}
```

在代码清单3-1中，定义了一个Product实体类，表示数据库中的产品表。然后，创建了一个继承自DbContext的上下文类MyDbContext，通过重写OnConfiguring方法来配置数据库连接。最后，在Main方法中创建了一个上下文实例，并使用它来查询数据和插入新的产品数据。

这只是EF Core数据访问的简单示例，读者可以根据自己的需求和项目要求，使用更复杂的查询和操作。

3.2 DbContext

本节将重点介绍EF Core中的一个核心概念——DbContext。理解和正确使用DbContext对于有效地进行数据访问至关重要。

3.2.1 什么是 DbContext

DbContext是EF Core中的一个重要类，代表与数据库的会话。它充当了与数据库交互的主要入口点，并负责管理实体对象的跟踪、查询和持久化等操作。

在EF Core中，我们需要创建自己的DbContext类来与数据库进行交互。这个类继承自Microsoft.EntityFrameworkCore.DbContext，并定义了用于表示数据库中的表的DbSet属性。

3.2.2 创建自定义的 DbContext

下面通过一个简单的示例来了解如何创建一个自定义的DbContext类，如代码清单3-2所示。

代码清单 3-2

```
using Microsoft.EntityFrameworkCore;

public class MyDbContext : DbContext
{
    public DbSet<Product> Products { get; set; }

    protected override void OnConfiguring(DbContextOptionsBuilder optionsBuilder)
    {
        optionsBuilder.UseSqlServer("连接字符串");
    }
}
```

在代码清单3-2中，创建了一个名为MyDbContext的自定义DbContext类。该类定义了一个DbSet<Product>属性，用于表示数据库中的产品表。

在OnConfiguring方法中，使用DbContextOptionsBuilder来配置数据库连接。我们需要根据自己的数据库提供程序和连接信息，调用适当的UseXxx方法来配置数据库连接。

3.2.3 使用 DbContext 进行数据访问

创建了自定义的DbContext类后，可以使用它来进行数据访问操作，例如查询、插入、更新和删除等。以下是一个简单的示例，展示如何使用DbContext查询产品数据，如代码清单3-3所示。

代码清单 3-3

```
using (var context = new MyDbContext())
{
    var products = context.Products.ToList();

    foreach (var product in products)
    {
        Console.WriteLine($"产品名称：{product.Name}, 价格：{product.Price}");
    }
}
```

在代码清单3-3中，使用using语句创建了一个MyDbContext的实例。在代码块中，先通过context.Products访问产品表，并使用ToList()方法将查询结果转换为列表。然后，遍历产品列表，并输出每个产品的名称和价格。

3.2.4　ASP.NET Core 依赖关系注入中的 DbContext

使用依赖关系注入配置ASP.NET Core应用程序。可以使用Startup.cs的ConfigureServices方法中的AddDbContext将EF Core添加到此配置，如代码清单3-4所示。

代码清单 3-4

```
public void ConfigureServices(IServiceCollection services)
{
    services.AddControllers();

    services.AddDbContext<MyDbContext>(
        options =>
options.UseSqlServer("name=ConnectionStrings:DefaultConnection"));
}
```

此示例将名为"MyDbContext"的DbContext子类注册为ASP.NET Core应用程序服务提供程序（也称为依赖关系注入容器）中的作用域服务；上下文配置为使用SQL Server数据库提供程序，并将从ASP.NET Core配置读取连接字符串。在ConfigureServices中的何处调用AddDbContext通常不重要。

3.3　模　　型

本节将着重介绍EF Core中的另一个关键概念——模型（Model）。理解和正确配置数据模型对于有效地进行数据访问至关重要。

3.3.1　什么是模型

模型是EF Core中的一个重要概念，它定义了实体类（Entity）和数据库表之间的映射关系。模型告诉EF Core如何将实体对象持久化到数据库中，并指示EF Core如何查询和操作数据。

在EF Core中，模型是通过实体类的定义来创建的。每个实体类对应一个数据库表，类的属性对应表中的列。通过定义实体类和配置模型，我们可以使用面向对象的方式来操作数据库，而无需直接编写SQL语句。

3.3.2　创建模型

下面通过一个简单的示例来了解如何创建模型，如代码清单3-5所示。

代码清单 3-5

```
using Microsoft.EntityFrameworkCore;

public class MyDbContext : DbContext
{
```

```
public DbSet<Product> Products { get; set; }

protected override void OnConfiguring(DbContextOptionsBuilder optionsBuilder)
{
    optionsBuilder.UseSqlServer("连接字符串");
}

protected override void OnModelCreating(ModelBuilder modelBuilder)
{
    modelBuilder.Entity<Product>()
        .ToTable("Products")
        .HasKey(p => p.Id);
}
}
```

在代码清单3-5中，通过重写OnModelCreating方法来配置模型。在这个方法中，使用 modelBuilder对象对实体类和数据库表之间的映射关系进行配置——将Product实体类映射到 名为"Products"的数据库表，并指定了主键属性为Id。

3.3.3　配置实体属性

除了映射表和主键外，我们还可以配置实体类中的属性和数据库表中的列之间的映射关 系，如代码清单3-6所示。

代码清单 3-6

```
public class Product
{
    public int Id { get; set; }
    public string Name { get; set; }
    public decimal Price { get; set; }
}

protected override void OnModelCreating(ModelBuilder modelBuilder)
{
    modelBuilder.Entity<Product>()
        .ToTable("Products")
        .HasKey(p => p.Id);

    modelBuilder.Entity<Product>()
        .Property(p => p.Name)
        .IsRequired()
        .HasMaxLength(50);

    modelBuilder.Entity<Product>()
        .Property(p => p.Price)
        .HasColumnType("decimal(18,2)");
}
```

在代码清单3-6中，使用Property方法配置了Name属性和Price属性的映射关系。指定了

Name属性为必需（IsRequired）且最大长度为50（HasMaxLength），指定了Price属性的数据库列类型为decimal(18,2)。

通过配置实体属性，我们可以更精确地定义数据库表结构和属性的约束。

3.4 管理数据库架构

本节将重点介绍如何使用EF Core来管理数据库的架构，包括创建数据库、更改表结构和处理数据库迁移等操作。

3.4.1 创建数据库

在使用EF Core时，可以自动创建数据库，也可以手动创建数据库。下面是一些常见的创建数据库的方法。

1. 自动创建数据库

如果想让EF Core自动创建数据库，可以在DbContext的OnConfiguring方法中使用EnsureCreated方法，如代码清单3-7所示。

代码清单 3-7

```
using Microsoft.EntityFrameworkCore;

public class MyDbContext : DbContext
{
    public DbSet<Product> Products { get; set; }

    protected override void OnConfiguring(DbContextOptionsBuilder optionsBuilder)
    {
        optionsBuilder.UseSqlServer("连接字符串")
            .UseLazyLoadingProxies()
            .UseSnakeCaseNamingConvention();

        // 自动创建数据库
        optionsBuilder.UseSqlServer().EnsureCreated();
    }
}
```

在代码清单3-7中，通过在OnConfiguring方法中调用EnsureCreated方法来自动创建数据库。这将根据模型定义和配置信息自动创建数据库表和列。

2. 手动创建数据库

如果读者更喜欢手动创建数据库，那么可以使用EF Core的数据迁移功能。

数据迁移是管理数据库架构变化的重要机制，它允许我们通过代码描述模型的变化，并通过运行迁移命令来将这些变化应用到目标数据库。

以下是一些常见的迁移命令：

- dotnet ef migrations add <MigrationName>：创建一个新的迁移，描述模型的变化。
- dotnet ef database update：将未应用的迁移应用到目标数据库，更新数据库结构。
- 通过使用数据迁移，我们可以轻松地追踪和管理数据库模型的变化，并确保数据库的架构与应用程序的需求保持一致。

3.4.2 处理数据库迁移

在应用程序开发的过程中，可能会遇到需要修改数据库架构的情况，如添加新的表、修改列定义或删除表等。EF Core提供了一组强大的工具来处理这些数据库迁移。

1. 添加新迁移

要添加新的迁移，可以使用以下命令（见代码清单3-8）。

代码清单 3-8

```
dotnet ef migrations add <MigrationName>
```

这将在项目中创建一个新的迁移文件，其中包含描述模型变化的代码。我们可以在迁移文件中编写代码来表示数据库架构的变化。

2. 应用迁移

当准备将迁移应用到目标数据库时，可以使用以下命令（见代码清单3-9）。

代码清单 3-9

```
dotnet ef database update
```

此命令将应用尚未应用的迁移，更新目标数据库的结构以反映最新的模型定义。

3. 迁移回滚

如果需要回滚先前应用的迁移，可以使用以下命令（见代码清单3-10）。

代码清单 3-10

```
dotnet ef database update <MigrationName>
```

此命令将撤销最近的迁移，并将数据库还原到较早的状态。

3.5 查 询 数 据

本节将重点介绍如何使用EF Core进行数据查询，以获取所需的数据。

3.5.1 LINQ 查询

EF Core集成了LINQ，这是一种强类型的查询语言，允许我们使用类似于SQL的语法来查询和操作数据。LINQ提供了直观、简洁的语法，使查询更加可读和易于维护。

下面通过一个简单的示例来了解如何使用LINQ查询数据，如代码清单3-11所示。

代码清单 3-11

```
using (var context = new MyDbContext())
{
    var products = context.Products
        .Where(p => p.Price > 10)
        .OrderBy(p => p.Name)
        .ToList();

    foreach (var product in products)
    {
        Console.WriteLine($"产品名称：{product.Name}，价格：{product.Price}");
    }
}
```

在上面的示例中，首先使用LINQ查询来获取价格大于10的产品，并按名称进行排序。然后通过调用ToList方法，将查询结果转换为列表。最后遍历产品列表，并输出每个产品的名称和价格。

3.5.2 进阶查询

除了基本的查询操作外，EF Core还提供了许多其他的查询功能，以满足复杂的数据访问需求。

1. 聚合函数

我们可以使用LINQ的聚合函数，如Sum、Average、Count等，来计算数据的总和、平均值、数量等，如代码清单3-12所示。

代码清单 3-12

```
using (var context = new MyDbContext())
{
    var totalPrice = context.Products.Sum(p => p.Price);
    var averagePrice = context.Products.Average(p => p.Price);
    var productCount = context.Products.Count();

    Console.WriteLine($"总价值：{totalPrice}");
    Console.WriteLine($"平均价格：{averagePrice}");
    Console.WriteLine($"产品数量：{productCount}");
}
```

在上面的示例中，使用聚合函数计算了产品的总价值、平均价格和数量。

2. 关联查询

如果数据模型中存在关联关系,那么可以使用LINQ进行关联查询,如代码清单3-13所示。

代码清单 3-13

```
using (var context = new MyDbContext())
{
    var products = context.Products
        .Include(p => p.Category)
        .Where(p => p.Category.Name == "电子产品")
        .ToList();

    foreach (var product in products)
    {
        Console.WriteLine($"产品名称:{product.Name},类别:{product.Category.Name}");
    }
}
```

在代码清单3-13中,使用Include方法加载关联实体Category,并通过Where方法筛选出类别为"电子产品"的产品。

3. 分页查询

当要处理大量数据时,分页查询是一种常见的需求。我们可以使用LINQ的Skip和Take方法来实现分页查询,如代码清单3-14所示。

代码清单 3-14

```
using (var context = new MyDbContext())
{
    var pageSize = 10;
    var pageNumber = 2;
    var products = context.Products
        .Skip((pageNumber - 1) * pageSize)
        .Take(pageSize)
        .ToList();

    foreach (var product in products)
    {
        Console.WriteLine($"产品名称: {product.Name}, 价格: {product.Price}");
    }
}
```

在代码清单3-14中,指定了每页的大小(pageSize)和页码(pageNumber),并使用Skip和Take方法来获取相应的数据页。

3.6 保 存 数 据

本节将重点介绍如何使用EF Core保存数据,包括插入、更新和删除等操作。

3.6.1　插入数据

要将数据插入数据库中，可以使用EF Core提供的Add方法，如代码清单3-15所示。

代码清单 3-15

```
using (var context = new MyDbContext())
{
    var product = new Product
    {
        Name = "新产品",
        Price = 99.99
    };

    context.Products.Add(product);
    context.SaveChanges();
}
```

在代码清单3-15中，首先创建了一个新的产品对象，并使用Add方法将它添加到Products集合中。然后，通过调用SaveChanges方法将更改保存到数据库中。

3.6.2　更新数据

要更新数据库中的数据，可以修改实体对象的属性，并使用Update方法将更改通知给EF Core，如代码清单3-16所示。

代码清单 3-16

```
using (var context = new MyDbContext())
{
    var product = context.Products.FirstOrDefault(p => p.Id == 1);
    if (product != null)
    {
        product.Price = 129.99;
        context.Products.Update(product);
        context.SaveChanges();
    }
}
```

在上面的示例中，首先通过查询获取要更新的产品对象。然后，修改产品对象的价格属性，并使用Update方法将更改通知给EF Core。最后，通过调用SaveChanges方法将更改保存到数据库中。

3.6.3　删除数据

要删除数据库中的数据，可以使用Remove方法将实体对象从上下文中移除，并使用SaveChanges方法将更改保存到数据库中，如代码清单3-17所示。

代码清单 3-17

```
using (var context = new MyDbContext())
{
    var product = context.Products.FirstOrDefault(p => p.Id == 1);
    if (product != null)
    {
        context.Products.Remove(product);
        context.SaveChanges();
    }
}
```

在上面的示例中，首先通过查询获取要删除的产品对象。然后，使用Remove方法将产品对象从上下文中移除。最后，通过调用SaveChanges方法将更改保存到数据库中，从而实现数据的删除操作。

3.6.4 事务管理

在某些情况下，我们需要确保多个数据库操作要么全部成功，要么全部失败。这时，事务管理就非常重要了。

EF Core提供了事务管理的功能，让我们能够在多个数据库操作之间启用事务，如代码清单3-18所示。

代码清单 3-18

```
using (var context = new MyDbContext())
{
    using (var transaction = context.Database.BeginTransaction())
    {
        try
        {
            // 执行数据库操作
            context.Products.Add(product);
            context.SaveChanges();

            // 执行其他数据库操作
            context.Orders.Remove(order);
            context.SaveChanges();

            // 提交事务
            transaction.Commit();
        }
        catch (Exception)
        {
            // 回滚事务
            transaction.Rollback();
        }
    }
}
```

在上面的示例中，使用BeginTransaction方法来启动一个事务。在事务范围内，我们可以执行多个数据库操作。

如果所有的操作都成功完成，那么可以通过调用Commit方法提交事务。如果在任何一个操作失败时出现异常，那么可以通过调用Rollback方法回滚事务，撤销所有的操作。

3.7 更 改 跟 踪

本节将重点介绍EF Core的更改跟踪功能，它使我们能够方便地追踪和管理实体对象的更改。

3.7.1 什么是更改跟踪

更改跟踪是EF Core的一个重要功能，它允许我们在实体对象上进行更改操作，并自动跟踪这些更改。这意味着我们无须手动追踪每个属性的更改，EF Core会自动检测更改并将其应用到数据库。

通过更改跟踪，我们可以轻松地在实体对象的生命周期中进行更改操作，并通过调用SaveChanges方法将更改保存到数据库。

3.7.2 更改状态

在EF Core中，每个实体对象都有一个与之关联的更改状态。更改状态指示了实体对象在上下文中的状态和待处理的更改。

以下是一些常见的更改状态：

- Detached（未被跟踪）：实体对象未被跟踪。
- Added（新增）：实体对象已被添加到上下文中，但尚未保存到数据库。
- Unchanged（未更改）：实体对象未经过更改，且未被添加到上下文中。
- Modified（修改）：实体对象的某些属性已经更改。
- Deleted（删除）：实体对象被标记为删除，并将在调用SaveChanges方法后从数据库中删除。

3.7.3 更改检测

EF Core通过比较实体对象的原始值和当前值来检测更改。当我们修改实体对象的属性时，EF Core会自动更新更改状态和属性的当前值。

以下是一个简单的示例，展示如何修改实体对象的属性，如代码清单3-19所示。

代码清单 3-19

```
using (var context = new MyDbContext())
{
    var product = context.Products.FirstOrDefault(p => p.Id == 1);
```

```
    if (product != null)
    {
        product.Price = 129.99;
        context.SaveChanges();
    }
}
```

在上面的示例中，首先通过查询获取要修改的产品对象，然后修改产品对象的价格属性，并通过调用SaveChanges方法将更改保存到数据库中。

3.7.4　显式更改状态

除了自动检测更改外，还可以显式地更改实体对象的状态，以告知EF Core如何处理它们，如代码清单3-20所示。

代码清单 3-20

```
using (var context = new MyDbContext())
{
    var product = new Product
    {
        Name = "新产品",
        Price = 99.99
    };

    context.Entry(product).State = EntityState.Added;
    context.SaveChanges();
}
```

在上面的示例中，创建了一个新的产品对象，并通过将实体对象的状态设置为"EntityState.Added"来告知EF Core它是一个新增的对象。

3.7.5　取消更改

如果在对实体对象进行更改后想要取消更改，可以使用RejectChanges方法来恢复实体对象的原始值，如代码清单3-21所示。

代码清单 3-21

```
using (var context = new MyDbContext())
{
    var product = context.Products.FirstOrDefault(p => p.Id == 1);
    if (product != null)
    {
        product.Price = 129.99;

        // 取消更改
        context.Entry(product).State = EntityState.Unchanged;

        context.SaveChanges();
```

```
    }
  }
```

在上面的示例中，首先修改了产品对象的价格属性，然后使用EntityState.Unchanged将实体对象的状态设置为未更改，从而取消了对价格属性的更改。

3.8 小 结

本章深入介绍了EF Core的数据访问功能，以及如何使用EF Core进行数据查询、保存和更改跟踪。

首先介绍了LINQ查询的强大功能，以及如何使用LINQ来编写直观、简洁的查询代码。通过使用LINQ，我们可以灵活地获取所需的数据，并满足不同的查询需求。

然后，介绍了如何使用EF Core进行数据的保存操作，探讨了插入、更新和删除数据的方法，以及事务管理的重要性。

最后，介绍了EF Core的更改跟踪功能。通过更改跟踪，我们可以方便地追踪和管理实体对象的更改，并通过调用SaveChanges方法将更改保存到数据库中。

通过对本章内容学习，可以帮助读者掌握EF Core的核心数据访问技术。这些技术将帮助我们灵活、便捷地进行数据的增、删、改、查操作。

第 **4** 章

远程过程调用

gRPC是一种高性能、跨平台的远程过程调用（Remote Procedure Call，RPC）框架，它允许我们在分布式系统中实现代码的重用和通信。本章将探讨gRPC（全称为Google Remote Procedure Call）的概念和如何在ASP.NET Core应用程序中使用gRPC进行跨网络通信。

4.1　gRPC 简介

本节将介绍gRPC，它是一种高性能、跨平台的远程过程调用框架，用于构建分布式应用程序。gRPC提供了强大的功能，使不同平台上的应用程序能够进行高效的通信。

4.1.1　什么是 gRPC

gRPC是一种基于开放标准的RPC框架，它由Google开发并开源。它使用Protocol Buffers（简称为ProtoBuf）作为接口定义语言（Interface Definition Language，IDL），并支持多种编程语言。

使用gRPC，我们可以定义服务接口和数据类型，并生成与各种编程语言兼容的客户端和服务端代码。gRPC使用高效的二进制协议进行通信，并支持多种传输协议，如HTTP/2。

4.1.2　gRPC 的优势

gRPC具有许多优势，使其成为构建分布式系统的理想选择：

（1）高性能：gRPC使用基于二进制的协议以及HTTP/2传输协议，提供了高效的网络通信。它支持双向流、流控制和头部压缩等功能，使通信更快速和节省带宽。

（2）跨平台：gRPC支持多种编程语言和平台，包括C#、Java、Python、Go等。这意味着我们可以在不同的技术栈中使用相同的接口定义，实现跨语言的通信。

（3）强类型接口：gRPC使用Protocol Buffers作为接口定义语言，提供了强类型的数据模型和自动代码生成。这样，我们就可以在客户端和服务端之间共享数据类型，并减少手动编写的代码量。

（4）服务端流式和客户端流式：gRPC支持服务端流式和客户端流式的数据传输模式。这允许我们在单个连接上进行多个请求和响应，从而提高了效率和灵活性。

4.1.3 与 HTTP API 的功能进行比较

gRPC有一个重要功能，是为应用提供API。HTTP API相比，gRPC提供的API具有独特优势，如表4-1所示。

表 4-1 gRPC 和 HTTP API 之间的功能比较

功能	gRPC	HTTP API
协定	必需（proto）	可选（OpenAPI）
协议	HTTP/2	HTTP
Payload	Protobuf（小型，二进制）	JSON（大型，人工可读取）
规定性	严格规范	宽松，任何 HTTP 均有效
流式处理	客户端、服务器，双向	客户端、服务器
浏览器支持	无（需要 grpc-web）	是
安全性	传输（TLS）	传输（TLS）
客户端代码生成	是	OpenAPI +第三方工具

4.2 使用 gRPC

本节将重点介绍如何使用gRPC构建客户端应用程序，并与gRPC服务进行通信。

4.2.1 定义服务接口和消息类型

首先，我们需要定义gRPC服务接口和消息类型。这些定义使用 Protocol Buffers语言来描述，它是一种用于序列化结构化数据的语言。

下面是一个示例的Protocol Buffers文件，文件中定义了一个简单的问候服务，如代码清单4-1所示。

代码清单 4-1

```
syntax = "proto3";

package Greetings;

message HelloRequest {
    string name = 1;
}
```

```
message HelloReply {
    string message = 1;
}

service Greeter {
    rpc SayHello(HelloRequest) returns (HelloReply);
}
```

在上面的示例中，首先定义了两个消息类型HelloRequest和HelloReply，分别用于请求和响应。然后，定义了一个Greeter服务，其中包含一个SayHello的方法。

4.2.2　创建 gRPC 服务端

一旦定义了服务接口和消息类型，就可以使用gRPC工具生成客户端和服务端代码。在.NET Core中，可以使用dotnet命令行工具或Visual Studio的gRPC插件来生成代码。

下面使用C#工具从.proto文件生成代码，如代码清单4-2所示。

代码清单 4-2

```csharp
public class GreeterService : Greeter.GreeterBase
{
    public override Task<HelloReply> SayHello(HelloRequest request,
ServerCallContext context)
    {
        return Task.FromResult(new HelloReply
        {
            Message = "Hello " + request.Name
        });
    }
}
public class Program
{
    public static void Main(string[] args)
    {
        var builder = WebApplication.CreateBuilder(args);

        builder.Services.AddGrpc();

        var app = builder.Build();

        app.MapGrpcService<GreeterService>();

        app.Run();
    }
}
```

在上面的示例中，首先定义了一个GreeterService类作为gRPC服务的实现，它继承自生成的GreeterBase类，并实现了SayHello方法。

然后使用gRPC的Server类创建了一个gRPC服务器，并将GreeterService注册到服务器中。

最后，启动服务器并监听端口5000上的请求。

4.2.3 构建 gRPC 客户端

在生成了客户端代码后，我们可以在客户端应用程序中使用它们来与gRPC服务进行通信，如代码清单4-3所示。

代码清单 4-3

```
using var channel = GrpcChannel.ForAddress("https://localhost:5000");
var client = new Greeter.GreeterClient(channel);

var reply = await client.SayHelloAsync(
            new HelloRequest { Name = "GreeterClient" });

Console.WriteLine("Greeting: " + reply.Message);
Console.WriteLine("Press any key to exit...");
Console.ReadKey();
```

在上面的示例中，首先创建了一个GrpcChannel，它用于与gRPC服务建立连接。我们指定了服务的地址为https://localhost:5000。然后，创建了一个GreeterClient客户端，该客户端使用生成的代码与服务端进行通信。接下来，创建了一个HelloRequest对象，并将它发送给SayHelloAsync方法。最后，打印出服务器的响应消息。

4.2.4 gRPC 通信的传输安全性协议

在代码清单4-3中，我们使用HTTPS协议来指定gRPC服务的地址，这意味着在与服务端进行通信时使用了传输层安全性协议（Transport Layer Security，TLS）。

要启用传输安全性协议，需要在服务器端配置适当的证书和密钥。客户端应用程序将验证服务器的证书，并与服务器进行安全的通信。

4.2.5 gRPC 的其他功能

除了基本的请求-响应模式，gRPC还支持流式传输和双向流式传输。这使得我们可以在单个连接上进行多个请求和响应，实现更复杂的通信模式。

此外，gRPC还提供了拦截器、异常处理和身份验证等功能，以增强通信的可靠性和安全性。

4.3 小 结

本章首先介绍了Protocol Buffers（ProtoBuf），它是一种用于序列化结构化数据的语言，用于定义服务接口和消息类型。通过使用ProtoBuf，我们可以灵活地定义和共享数据结构，并自动生成与多种编程语言兼容的代码。

然后，介绍了如何使用gRPC工具生成客户端和服务端代码。通过生成的代码，我们可以轻松地与gRPC服务进行通信，无论是请求-响应模式还是流式传输。

读者通过阅读本章内容，可以掌握使用gRPC构建客户端应用程序的基本步骤，了解如何定义服务接口和消息类型、生成代码，并使用生成的代码与gRPC服务进行通信。

第 5 章

实 时 通 信

实时通信是指应用程序能够实时地发送和接收数据，使用户能够立即获取最新的信息。在现代Web应用程序中，实时通信已成为提供即时反馈和交互性体验的关键。本章将讨论实时通信在ASP.NET Core应用程序中的重要性和实现方法。

5.1　SignalR

本节将介绍SignalR，它是一个强大的实时通信库，可用于构建实时Web应用程序和实时API。SignalR提供了简单、高效且可靠的双向通信机制，使得服务器和客户端可以实时地交换数据和事件。

5.1.1　什么是 SignalR

SignalR是一个开源的.NET库，由Microsoft开发和维护。它提供了一种轻松构建实时应用程序的方式，通过一组简单易用的API，将实时通信功能集成到Web应用程序中。

SignalR使用WebSocket协议作为默认的通信协议，这使得客户端和服务器之间可以实时地进行双向通信。如果客户端或服务器不支持WebSocket，SignalR会自动降级为长轮询或其他可用的传输机制。

5.1.2　SignalR 的优势

SignalR具有许多优势，使其成为构建实时应用程序的首选工具：

（1）实时双向通信：SignalR允许服务器和客户端之间实时地进行双向通信。服务器可以主动向客户端发送消息或事件，而不需要客户端发起请求。这种实时通信机制使得应用程序能够实时地响应事件和更新数据。

（2）跨平台和跨浏览器：SignalR支持多种平台和浏览器，包括.NET、JavaScript、Java

等。这意味着我们可以在不同的技术栈中使用SignalR，实现跨平台的实时通信。

（3）简单易用的API：SignalR提供了一组简单易用的API，使我们能够轻松地编写实时通信的代码。通过SignalR，我们可以处理连接管理、消息传输和事件处理等细节，从而专注于业务逻辑的实现。

（4）自动重新连接：SignalR具有自动重新连接的功能，即当客户端与服务器之间的连接中断后，SignalR会自动尝试重新建立连接。这种机制确保了通信的可靠性和稳定性。

5.1.3 使用 SignalR

要使用SignalR，需要在服务器端和客户端分别引入SignalR的库，并编写相应的代码。

以下是一个简单的SignalR示例，展示如何在服务器端发送实时消息，并在客户端接收并显示消息。

步骤 01 创建服务器端代码，如代码清单 5-1 所示。

代码清单 5-1

```
public class ChatHub : Hub
{
    public async Task SendMessage(string user, string message)
    {
        await Clients.All.SendAsync("ReceiveMessage", user, message);
    }
}
```

步骤 02 配置服务器，将代码清单 5-2 中的代码添加到 Program.cs 文件中。

代码清单 5-2

```
//...

builder.Services.AddSignalR();

//...

app.MapHub<ChatHub>("/chatHub");

//...
```

步骤 03 添加客户端代码，如代码清单 5-3 所示。

代码清单 5-3

```
@page

<script src="~/lib/microsoft/signalr/dist/browser/signalr.min.js"></script>

<script>
    const connection = new signalR.HubConnectionBuilder()
        .withUrl("/chatHub")
```

```
        .build();

    connection.on("ReceiveMessage", (user, message) => {
        console.log(`${user}: ${message}`);
    });

    connection.start()
        .then(() => {
            connection.invoke("SendMessage", "Alice", "Hello from client!");
        })
        .catch(err => console.error(err));
</script>
```

在上述示例中，定义了一个名为"ChatHub"的SignalR Hub，在服务器端的SendMessage 方法中，使用Clients.All.SendAsync方法将消息发送给所有连接的客户端。

在客户端代码中，首先创建了一个SignalR HubConnection对象，并通过.withUrl()方法指定了服务器端的URL。然后，使用.on()方法订阅了名为"ReceiveMessage"的事件，并在事件发生时输出消息。最后，我们使用.start()方法启动SignalR连接，并使用.invoke()方法向服务器端发送消息。

5.1.4　SignalR 的其他功能

除了基本的消息传递之外，SignalR还提供了其他的功能和扩展点，以满足不同的实时通信需求。例如：

- 群组和广播：SignalR支持将连接分组为群组，并允许服务器向特定群组发送消息，实现更精细的消息分发。
- 持久连接：SignalR允许客户端与服务器建立持久连接，以便服务器可以随时向客户端发送更新。
- 认证和授权：SignalR提供了身份验证和授权的机制，确保只有授权的用户可以访问实时通信功能。

5.2　WebSockets

本节将介绍WebSockets，它是一种更底层的实时通信协议，可以用于构建更高级的实时应用程序。WebSockets提供了全双工的双向通信能力，使得服务器和客户端可以实时地进行数据传输。

5.2.1　什么是 WebSockets

WebSockets是一种在单个TCP连接上实现全双工通信的协议。与传统的HTTP请求-响应模式不同，WebSockets允许服务器和客户端之间保持长久的连接，并在连接建立后随时发送数据。

WebSockets通过在客户端和服务器之间建立持久连接实现了实时双向通信，这意味着服务器可以主动向客户端推送消息，而不需要客户端发起请求。这种实时通信机制使得应用程序能够实时地更新数据和响应事件。

5.2.2　WebSockets 的优势

WebSockets具有许多优势，使其成为实时通信的理想选择：

（1）低延迟：WebSockets使用单个TCP连接，避免了建立多个连接的开销。这使得数据传输更加高效，并显著降低了通信的延迟。

（2）全双工通信：WebSockets提供了全双工的双向通信能力，使得服务器和客户端可以同时发送和接收数据。这种双向通信模式非常适用于实时应用程序，如聊天应用、实时协作和实时游戏等。

（3）标准化协议：WebSockets是一个标准化的协议，并被广泛支持。几乎所有现代浏览器都支持WebSockets，使得开发者能够构建跨浏览器的实时应用程序。

5.2.3　使用 WebSockets

要使用WebSockets，需要在服务器端和客户端分别编写代码，并确保服务器端能够处理WebSockets连接。

以下是一个简单的示例，展示如何在服务器端和客户端之间建立WebSockets连接。

步骤 **01** 创建服务器端代码，如代码清单 5-4 所示。

代码清单 5-4

```
[Route("/ws")]
public async Task Get()
{
    if (HttpContext.WebSockets.IsWebSocketRequest)
    {
        using var webSocket = await
HttpContext.WebSockets.AcceptWebSocketAsync();
        await HandleWebSocket(webSocket);
    }
    else
    {
        HttpContext.Response.StatusCode = StatusCodes.Status400BadRequest;
    }
}

private async Task HandleWebSocket(WebSocket webSocket)
{
    var buffer = new byte[1024];
    WebSocketReceiveResult result = await webSocket.ReceiveAsync(new
ArraySegment<byte>(buffer), CancellationToken.None);

    while (!result.CloseStatus.HasValue)
```

```
        {
            // 处理接收到的消息
            string message = Encoding.UTF8.GetString(buffer, 0, result.Count);
            Console.WriteLine("Received: " + message);

            // 处理发送消息
            string response = "Hello from server!";
            byte[] responseBuffer = Encoding.UTF8.GetBytes(response);
            await webSocket.SendAsync(new ArraySegment<byte>(responseBuffer),
WebSocketMessageType.Text, true, CancellationToken.None);

            result = await webSocket.ReceiveAsync(new ArraySegment<byte>(buffer),
CancellationToken.None);
        }

        await webSocket.CloseAsync(result.CloseStatus.Value,
result.CloseStatusDescription, CancellationToken.None);
    }
```

步骤 02 配置服务器，将代码清单 5-5 中的代码添加到 Program.cs 文件中。

代码清单 5-5

```
//...

app.UseWebSockets();

//...
```

步骤 03 添加客户端代码，如代码清单 5-6 所示。

代码清单 5-6

```
<script>
    var scheme = document.location.protocol === "https:" ? "wss" : "ws";
    var port = document.location.port ? (":" + document.location.port) : "";
    var connectionUrl = scheme + "://" + document.location.hostname + port + "/ws";
    const socket = new WebSocket(connectionUrl);

    socket.onopen = () => {
        console.log("WebSocket connection established.");

        // 发送消息到服务器
        socket.send("Hello from client!");
    };

    socket.onmessage = event => {
        console.log("Received: " + event.data);
    };

    socket.onclose = event => {
        console.log("WebSocket connection closed with code: " + event.code);
    };
```

```
</script>
```

在上述示例中，首先创建了一个WebSocket实例，指定了服务器的URL。在客户端的onopen回调函数中，我们发送了一条消息到服务器。

在 服 务 器 端 的 Get 方 法 中， 首 先 检 查 请 求 是 否 为 WebSocket 请 求，并 使 用AcceptWebSocketAsync方法接收连接。然后，调用HandleWebSocket方法来处理连接。在HandleWebSocket方法中，使用ReceiveAsync方法接收客户端发送的消息，并处理它。接着，使用SendAsync方法向客户端发送一条回应消息。

最后，在客户端的onmessage回调函数中处理来自服务器的消息，并在onclose回调函数中处理连接关闭的事件。

5.2.4　其他 WebSockets 库和框架

除了原生的WebSockets API，还有许多其他库和框架可以简化WebSockets的使用和开发。例如，SignalR、Socket.IO和SockJS等库提供了更高级的功能和易用的API，可以帮助我们更快速地构建实时应用程序。

5.3　Server-Sent Events

本节将介绍Server-Sent Events（SSE），它是一种基于HTTP的实时通信机制。SSE允许服务器通过单向连接向客户端发送实时事件和数据。

5.3.1　什么是 Server-Sent Events

Server-Sent Events是一种浏览器与服务器之间的实时通信协议。它基于HTTP协议，并使用长期的单向连接，允许服务器向客户端发送实时事件和数据。

与WebSockets不同，SSE是一种单向通信机制，只允许服务器向客户端发送消息，而不支持客户端向服务器发送消息。这使得SSE更适合用于向客户端推送实时事件和数据更新。

5.3.2　Server-Sent Events 的优势

Server-Sent Events具有以下优势，使其成为实时通信的一种选择：

（1）简单易用：使用SSE不需要额外的库或框架，而是使用原生的浏览器API即可。这使得SSE的实现和使用非常简单。

（2）基于标准的HTTP：SSE基于标准的HTTP协议，不需要建立额外的连接或协议。它与现有的Web基础设施（如负载均衡器和反向代理）兼容，并且适用于大多数Web应用程序。

（3）适用于推送型数据：SSE更适合用于向客户端推送实时事件和数据更新。它适用于实时新闻、股票市场更新、即时通知和实时日志等场景。

5.3.3 使用 Server-Sent Events

要使用Server-Sent Events，需要在服务器端和客户端编写相应的代码，并确保服务器端能够处理SSE请求。

以下是一个简单的示例，展示如何在服务器端发送实时事件，并在客户端接收和处理事件。

步骤 01 创建服务器端代码，如代码清单 5-7 所示。

代码清单 5-7

```csharp
[HttpGet("StreamData")]
public async Task<IActionResult> StreamDataAsync()
{
    Response.Headers.Add("Content-Type", "text/event-stream");

    for (int i = 1; i <= 10; i++)
    {
        var data = $"Message {i} from server at {DateTime.Now}";
        var eventText = $"data: {data}\n\n";

        await Response.WriteAsync(eventText);
        await Response.Body.FlushAsync();

        await Task.Delay(1000); // 模拟每秒发送一次消息
    }

    return new EmptyResult();
}
```

步骤 02 配置服务器，将代码清单 5-8 中的代码添加到 Program.cs 文件中。

代码清单 5-8

```csharp
//...

builder.Services.AddServerSentEvents();

//...
```

步骤 03 添加客户端代码，如代码清单 5-9 所示。

代码清单 5-9

```html
<script>
    const eventSource = new EventSource("/streamData");

    eventSource.onmessage = event => {
        const message = event.data;
        console.log("Received: " + message);
    };
```

```
        eventSource.onerror = error => {
            console.log("Error: " + error);
        };

</script>
```

在上述示例中，我们首先在服务器端的StreamData方法中设置响应头的Content-Type为"text/event-stream"，这是SSE的标识。然后，使用一个循环向客户端发送实时事件。

在客户端代码中，首先创建了一个EventSource对象，并指定服务器端的URL。然后在onmessage回调函数中，处理接收到的事件消息。最后在onerror回调函数中，处理可能出现的错误。

5.3.4 Server-Sent Events 的其他功能

尽管SSE是一种相对简单的实时通信机制，但它也提供了一些其他的功能和扩展点：

- 自定义事件类型：SSE允许在发送的事件中指定自定义的事件类型，以便客户端可以根据事件类型进行特定的处理。
- 重连机制：SSE具有自动的重连机制，如果连接中断，客户端会自动尝试重新连接服务器。

5.4 长 轮 询

本节将介绍长轮询（Long Polling）机制。它是一种模拟实时通信的方法，允许客户端发送一个请求，并保持连接打开，直到服务器有新的数据可用或超时发生。

5.4.1 什么是长轮询

长轮询是一种模拟实时通信的技术，它通过客户端发送一个请求并保持连接打开，直到服务器有新的数据可用或超时发生。当服务器有新的数据时，它会立即响应给客户端，然后客户端重新发起一个新的请求。

与传统的轮询方式相比，长轮询能够更及时地获取服务器端的数据更新。它避免了频繁的轮询请求，并减少了不必要的网络流量。

5.4.2 长轮询的工作原理

长轮询的工作原理如下：

（1）客户端发送一个长轮询请求到服务器。

（2）服务器接收到请求后，开始等待数据更新或超时。

（3）如果服务器有新的数据可用，它会立即响应给客户端，并关闭连接。

（4）客户端接收到响应后，处理数据并重新发起一个新的长轮询请求。

（5）如果服务器没有新的数据可用，它会保持连接打开，直到超时发生。

（6）客户端在超时后重新发起一个新的长轮询请求，重复上述步骤。

通过长轮询的方式，客户端能够及时获取服务器端的数据更新，实现了一种近实时的通信效果。

5.4.3　使用长轮询

要使用长轮询，需要在服务器端和客户端分别编写相应的代码，并确保服务器端能够处理长轮询请求。

以下是一个简单的示例，展示如何在服务器端实现长轮询，并在客户端接收和处理数据。

步骤 01 创建服务器端代码，如代码清单 5-10 所示。

代码清单 5-10

```
// 长轮询控制器
public class LongPollingController : ControllerBase
{
    // 假设这里有一个数据源，用于存储实时更新的数据
    private static readonly ConcurrentQueue<string> dataQueue = new
ConcurrentQueue<string>();

    // 长轮询请求处理
    [HttpGet]
    public async Task<IActionResult> WaitForData()
    {
        // 设置超时时间，我们可以根据需求进行调整
        var timeout = TimeSpan.FromSeconds(30);

        // 在指定的超时时间内等待新数据
        var cancellationTokenSource = new CancellationTokenSource();
        var dataTask = WaitForNewDataAsync(cancellationTokenSource.Token);

        if (await Task.WhenAny(dataTask, Task.Delay(timeout)) == dataTask)
        {
            // 如果有新数据可用，立即响应客户端请求
            cancellationTokenSource.Cancel();
            return Ok(dataTask.Result);
        }
        else
        {
            // 超时，返回204 (NoContent)
            return NoContent();
        }
    }

    // 模拟异步获取新数据的过程，也可以替换为实际的数据源
    private async Task<string> WaitForNewDataAsync(CancellationToken
cancellationToken)
    {
```

```
        await Task.Delay(5000, cancellationToken); // 模拟等待新数据的过程
        if (dataQueue.TryDequeue(out string data))
        {
            return data;
        }
        return null;
    }

    // 在其他地方更新数据的方法
    [HttpGet]
    public void AddData(string newData)
    {
        dataQueue.Enqueue(newData);
    }
}
```

步骤 02 添加客户端代码，如代码清单 5-11 所示。

代码清单 5-11

```
<!-- 假设我们的前端页面有一个按钮，单击该按钮会触发长轮询请求 -->
<button onclick="startLongPolling()">开始长轮询</button>
<button onclick="addData()">发送数据</button>

<script>
    async function startLongPolling() {
        while (true) {
            const response = await fetch('/LongPolling/WaitForData');
            if (response.ok) {
                const data = await response.text();
                // 处理从服务器接收到的数据
                console.log('Received data:', data);
            } else if (response.status === 204) {
                // 服务器没有新数据，继续进行长轮询
                continue;
            } else {
                // 处理其他错误
                console.error('Error:', response.statusText);
                break;
            }
        }
    }

    async function addData() {
        await fetch('/LongPolling/AddData?newData=test');
    }
</script>
```

在上述示例中，我们在服务器端的“/LongPolling/WaitForData”路由中模拟异步数据获取的过程，延迟5秒钟后返回一条消息。

在客户端代码中，定义了一个startLongPolling函数，该函数通过发起fetch请求来进行长轮

询。在请求的回调函数中处理接收到的数据，并重新发起一个新的长轮询请求。

5.4.4 长轮询的注意事项

使用长轮询时，有几个注意事项需要考虑：

（1）超时设置：客户端和服务器端都应该设置适当的超时时间，以便在合理的时间范围内处理请求和响应。

（2）资源占用：长轮询会占用服务器的连接资源，因此需要在设计时考虑服务器的负载和可扩展性。

（3）错误处理：客户端和服务器端都应该处理可能出现的错误，如连接中断、超时等情况。

5.5 小 结

本章介绍了几种实时通信的机制，包括SignalR、WebSockets、Server-Sent Events以及长轮询。

- SignalR是一个强大的实时通信框架，它简化了实时应用程序的开发，支持多种传输方式，并提供了实时消息传递、广播和群组功能。
- WebSockets是一种全双工通信协议，它允许在服务器和客户端之间建立持久的双向连接，实现了实时的双向通信。
- Server-Sent Events是基于HTTP的实时通信机制，允许服务器通过单向连接向客户端发送实时事件和数据。
- 长轮询是一种模拟实时通信的方法，客户端发送一个请求并保持连接打开，直到服务器有新的数据可用或超时发生。

这些实时通信机制各有特点和适用场景，在实际应用中，我们可以根据不同的业务场景，结合这些机制来构建强大的实时应用程序。例如，使用SignalR实时聊天或协作功能，使用WebSockets实现实时游戏或协同编辑，使用SSE或长轮询来推送实时通知或更新。

通过使用这些实时通信机制，可以为用户提供更加即时、互动和实时的体验，从而提升应用程序的价值和用户满意度。

第 **6** 章

程 序 安 全

安全对于任何应用程序来说都是至关重要的，因为它涉及保护用户数据、预防潜在攻击和确保应用程序的可靠性。本章将介绍如何在ASP.NET Core应用程序中实施各种安全措施。

6.1 身 份 验 证

本节将探讨身份验证的重要性，以及如何在应用程序中实现身份验证机制。身份验证是确认用户身份的过程，确保只有经过授权的用户才能够访问特定的资源和功能。

6.1.1 为什么身份验证很重要

身份验证对于应用程序的安全性和保护用户数据非常重要。通过身份验证，可以确保只有经过认证的用户才能够登录并访问应用程序的功能和资源。身份验证的重要性体现在以下3个方面：

（1）保护用户隐私：身份验证可以确保用户的敏感信息和个人数据不被未经授权的人员访问。通过验证用户身份，应用程序可以控制数据的访问权限，并保护用户的隐私。

（2）防止未授权访问：身份验证可以阻止未经授权的用户访问应用程序的受限资源和功能。只有经过身份验证的用户才能够执行特定的操作和访问敏感的数据。

（3）维护数据完整性：身份验证可以确保只有经过授权的用户才能修改或访问关键数据，从而维护数据的完整性。通过验证用户身份，应用程序可以确保数据的一致性和安全性。

6.1.2 常见的身份验证方法

在应用程序中，有多种身份验证方法可供选择，一些常见的身份验证方法如下：

1. 用户名和密码

用户输入用户名和密码进行身份验证。这是一种基本的身份验证方法，适用于大多数应用程序。

2. 多因素身份验证

在用户名和密码之外，使用额外的身份验证因素，如短信验证码、指纹识别或身份验证应用程序生成的一次性代码。多因素身份验证提供了更高的安全性，因为除了知识因素（密码）外，还需要用户的其他因素（如手机或指纹）来验证身份。

3. 社交登录

允许用户使用其社交媒体账户（如Google、Facebook或Twitter）进行身份验证。这种方法减少了用户需要记住多个用户名和密码的负担，并简化了注册和登录过程。

4. 令牌身份验证

使用令牌来验证用户身份，例如JSON Web Token（JWT）。令牌是一种加密的字符串，包含有关用户身份和权限的信息。通过验证令牌的有效性，应用程序可以确认用户的身份和权限。

6.1.3 在应用程序中实现身份验证

要在应用程序中实现身份验证，需要进行以下步骤：

步骤01 用户注册和管理。

提供用户注册和管理的功能，包括创建用户账户、存储密码安全哈希、管理用户信息等。用户注册流程应包括验证用户提供的信息，并确保是唯一的用户名或电子邮件地址。

步骤02 登录页面。

创建一个登录页面，让用户输入用户名和密码进行身份验证。登录页面应该包含必要的验证和错误处理，以提供良好的用户体验。

步骤03 身份验证逻辑。

在服务器端编写身份验证逻辑，验证用户提供的用户名和密码是否正确。身份验证逻辑应该处理密码的安全性，如使用哈希算法和盐值对密码进行加密存储。

步骤04 会话管理。

在用户登录成功后，创建会话并为用户分配一个唯一的身份标识（如会话 ID 或令牌），并在后续请求中使用该标识进行身份验证。会话管理应考虑会话的有效期、注销和单点登录等因素。

步骤05 访问控制。

根据用户的身份进行访问控制，确保只有经过授权的用户才能够访问受限资源和功能。访问控制应考虑不同用户角色和权限级别，并实施适当的授权策略。

以下是一个简单的身份验证示例，展示如何使用ASP.NET Core实现基于用户名和密码的身份验证。

步骤01 创建服务器端代码，如代码清单 6-1 所示。

代码清单 6-1

```
[HttpPost]
public IActionResult Login(LoginViewModel model)
{
    if (ModelState.IsValid)
    {
        // 在此编写身份验证逻辑
        if (IsValidUser(model.Username, model.Password))
        {
            // 用户验证成功
            // 创建会话并将用户标识存储在会话中
            HttpContext.Session.SetString("UserId", model.Username);

            return RedirectToAction("Index", "Home");
        }

        ModelState.AddModelError("", "无效的用户名或密码");
    }

    return View(model);
}

private bool IsValidUser(string username, string password)
{
    // 在此编写用户名和密码的验证逻辑
    // 返回true或false
}
```

步骤 02 编写客户端代码，如代码清单 6-2 所示。

代码清单 6-2

```
<form method="post" action="/Login">
    <!-- 用户名和密码输入框 -->
    <input type="text" name="Username" required>
    <input type="password" name="Password" required>
    <button type="submit">登录</button>
</form>
```

在上述示例中，首先在服务器端编写了一个登录方法，该方法接收用户输入的用户名和密码，并执行身份验证逻辑。如果验证成功，就创建一个会话并将用户标识存储在会话中。

在客户端代码中，创建了一个登录表单，用户可以输入用户名和密码。在提交表单时，将数据发送到服务器端的登录方法进行身份验证。

6.2 授　权

虽然身份验证确保了用户是谁，但在访问应用程序的资源和功能时，我们还需要控制用户的权限，这就引出了授权的概念。

6.2.1 什么是授权

授权是确认用户在应用程序中访问资源和执行特定操作的过程。通过授权，我们可以限制用户对敏感数据和功能的访问，并确保只有经过授权的用户才能够执行相应的操作。

授权是建立在身份验证基础之上的。一旦用户身份验证成功，我们就需要为用户分配适当的权限，以便他们只能访问具备权限的资源。

6.2.2 常见的授权策略

在应用程序中，有多种授权策略可供选择，以下是一些常见的授权策略：

（1）角色基础授权：将用户分配到不同的角色，并为每个角色分配特定的权限。用户通过角色来决定他们能够执行哪些操作和访问哪些资源。

（2）声明基础授权：使用声明来定义用户的权限。声明是关于用户的属性和特征的陈述，通过声明，我们可以更细粒度地定义用户的权限，而不只是依赖于角色。

（3）资源基础授权：为每个资源定义访问规则和权限。这种授权策略允许我们对每个资源进行精细的权限控制，决定谁可以访问该资源以及可以执行哪些操作。

6.2.3 在应用程序中实现授权

要在应用程序中实现授权，我们需要进行以下操作步骤：

步骤01 权限定义。

定义应用程序中的资源和操作，并将其映射到相应的权限。这包括确定哪些角色或声明具有对资源的访问权限。

步骤02 授权策略。

根据应用程序的需求选择适当的授权策略。这可能涉及角色基础授权、声明基础授权、资源基础授权，或者是它们的组合。

步骤03 访问控制。

在服务器端编写访问控制逻辑，根据用户的身份和权限来决定他们能够执行哪些操作和访问哪些资源。这可能涉及基于角色的授权过滤器、声明要求和资源访问规则。

以下是一个简单的授权示例，展示如何使用ASP.NET Core实现基于角色的授权。

编写服务器端代码，如代码清单6-3所示。

代码清单 6-3

```
[Authorize(Roles = "Admin")]
public IActionResult AdminDashboard()
{
    // 只有具有Admin角色的用户才能访问该动作方法
    return View();
}
```

在上述示例中，使用[Authorize]属性将AdminDashboard动作方法标记为需要授权访问。Roles = "Admin"表示只有具有Admin角色的用户才能访问该动作方法。

6.2.4 授权与身份验证的区别

尽管授权和身份验证都是关于用户身份和访问控制的重要概念，但它们之间存在着明显的区别。

- 身份验证确认用户是谁，并验证其提供的身份凭据（如用户名和密码）是否有效。
- 授权确定用户能够访问哪些资源和执行哪些操作。它基于已验证的用户身份，授予用户相应的权限。

身份验证和授权是安全应用程序中的两个关键方面，它们通常一起使用来提供安全性和访问控制。

6.3　数　据　保　护

本节进一步讨论如何保护应用程序中的敏感数据。数据保护是确保数据的机密性、完整性和可用性的关键方面。

6.3.1 数据加密

数据加密是数据保护的一种常见方法。通过将数据转换为无法直接读取或理解的形式，可以防止未经授权的访问者获取敏感数据。

在应用程序中，我们可以使用加密算法对数据进行加密和解密。加密算法使用密钥对数据进行转换，只有拥有正确密钥的人才能解密数据。

常见的加密算法包括对称加密和非对称加密：

- 对称加密使用相同的密钥进行加密和解密。这意味着发送方和接收方必须共享相同的密钥。对称加密算法处理速度快，适用于大量数据的加密和解密操作。
- 非对称加密使用不同的密钥进行加密和解密。非对称加密算法使用公钥进行加密，而私钥用于解密。公钥可以与任何人共享，而私钥则必须保密。非对称加密算法提供了更高的安全性，适用于密钥交换和数字签名等场景。

6.3.2 敏感数据的保护措施

除了数据加密之外，还有其他措施可以保护应用程序中的敏感数据：

（1）访问控制：确保只有经过授权的用户能够访问敏感数据。通过身份验证和授权机制，我们可以限制用户对敏感数据的访问权限。

（2）输入验证和过滤：对用户的输入进行验证和过滤，以防止恶意数据和攻击。应用程序应该检查输入数据的有效性，并采取适当的措施，如编码和过滤特殊字符。

（3）安全存储：将敏感数据安全地存储在数据库或文件系统中。这包括使用哈希算法对密码进行安全存储，加密数据库中的敏感数据并采取其他适当的安全措施。

（4）日志和监控：实施日志记录和监控机制，以便及时检测和响应潜在的安全事件。记录安全相关的活动和异常，并监视系统以发现任何异常行为。

6.3.3 使用 ASP.NET Core 进行数据加密

以下是一个简单的示例，展示如何使用ASP.NET Core中的数据保护API对数据进行加密和解密，如代码清单6-4所示。

代码清单 6-4

```
// 加密数据
public string EncryptData(string data, string key)
{
    byte[] encryptedBytes;

    using (var protector =
DataProtectionProvider.Create(key).CreateProtector("MyApp.Encryption"))
    {
        byte[] plainBytes = Encoding.UTF8.GetBytes(data);
        encryptedBytes = protector.Protect(plainBytes);
    }

    return Convert.ToBase64String(encryptedBytes);
}

// 解密数据
public string DecryptData(string encryptedData, string key)
{
    byte[] decryptedBytes;

    using (var protector =
DataProtectionProvider.Create(key).CreateProtector("MyApp.Encryption"))
    {
        byte[] encryptedBytes = Convert.FromBase64String(encryptedData);
        decryptedBytes = protector.Unprotect(encryptedBytes);
    }

    return Encoding.UTF8.GetString(decryptedBytes);
}
```

在上述示例中，使用了ASP.NET Core的数据保护API来创建一个数据保护实例。我们使用一个密钥来创建数据保护器，并将它用于加密和解密数据。

6.4 HTTPS

本节将深入探讨如何使用 HTTPS 来确保应用程序与客户端之间的通信安全。

6.4.1 什么是 HTTPS

HTTPS（Hypertext Transfer Protocol Secure）是一种通过使用加密协议（如TLS或SSL）对HTTP通信进行加密和认证的安全协议。它通过使用公钥和私钥对传输的数据进行加密，从而确保数据在传输过程中不会被窃取或篡改。

相比于普通的HTTP协议，HTTPS提供了更高的安全性，更适用于保护用户隐私、防止数据被劫持和确保数据的完整性。

6.4.2 HTTPS 的工作原理

当客户端发起一个HTTPS请求时，会经历以下5个流程：

（1）握手过程：客户端向服务器发送一个连接请求，并请求服务器的数字证书。服务器将数字证书和公钥发送回客户端。

（2）验证证书：客户端验证服务器发送的数字证书的合法性和有效性，包括检查证书的颁发机构、过期日期和签名等信息。

（3）密钥交换：如果证书验证成功，则客户端生成一个随机的对称密钥，并使用服务器的公钥对它进行加密。客户端将加密后的密钥发送给服务器。

（4）加密通信：服务器使用自己的私钥解密客户端发送的对称密钥。现在，客户端和服务器都拥有相同的对称密钥，可以使用该密钥对传输的数据进行加密和解密。

（5）安全通信：一旦握手过程完成，客户端和服务器之间的通信将使用对称密钥进行加密，确保数据在传输过程中的安全性和完整性。

6.4.3 在 ASP.NET Core 中使用 HTTPS

在ASP.NET Core中，启用HTTPS非常简单。以下是一个示例，展示如何在应用程序中启用HTTPS，如代码清单6-5所示。

代码清单 6-5

```
public static IHostBuilder CreateHostBuilder(string[] args) =>
    Host.CreateDefaultBuilder(args)
        .ConfigureWebHostDefaults(webBuilder =>
        {
            webBuilder.UseStartup<Startup>();
            webBuilder.UseKestrel(options =>
            {
                options.Listen(IPAddress.Any, 443, listenOptions =>
                {
                    listenOptions.UseHttps("path/to/certificate.pfx",
```

```
"certificatepassword");
                });
            });
        });
```

在上述示例中，使用了ASP.NET Core中的UseHttps方法来配置HTTPS。我们提供了证书的路径和密码，用于对传输的数据进行加密。

6.4.4 使用 HTTPS 的好处

使用HTTPS可以带来以下好处：

（1）数据安全性：HTTPS通过对传输的数据进行加密，确保数据在传输过程中不会被窃取或篡改。

（2）用户隐私保护：HTTPS可以保护用户的敏感信息（如用户名、密码和支付信息）不被窃取或篡改。

（3）信任和认证：通过使用数字证书，HTTPS可以验证服务器的身份，确保用户与合法的服务器进行通信。

（4）搜索引擎优化：搜索引擎通常更喜欢使用HTTPS保护的网站，并将其排名更高。

6.5 机 密 管 理

本节将探讨如何管理应用程序中的机密信息，如密码、API密钥和数据库连接字符串等。

6.5.1 为什么需要机密管理

在应用程序中使用敏感的机密信息是很常见的，但不恰当地管理这些信息可能会导致安全漏洞。泄露敏感信息可能会导致数据泄露、未经授权的访问和系统被黑客入侵。

因此，我们需要采取措施来有效地管理和保护这些机密信息。

6.5.2 机密管理的最佳实践

以下是一些机密管理的最佳实践，可帮助我们保护应用程序中的敏感信息：

（1）不要将机密信息硬编码在代码中：避免将密码、API密钥或其他敏感信息直接硬编码在代码中。这些信息应该存储在安全的位置，并在需要时进行动态加载。

（2）使用配置文件或环境变量：将机密信息存储在配置文件中或设置为环境变量，这样可以将敏感信息与代码分离，并在部署或运行时轻松配置。

（3）限制对机密信息的访问权限：仅授权的人员能够访问和管理机密信息。使用访问控制和权限管理来确保只有授权的人员能够访问这些信息。

（4）加密存储机密信息：对存储的机密信息进行加密，以增加数据的安全性。例如，可以使用加密算法对数据库中的密码进行安全存储。

（5）定期更换机密信息：定期更换机密信息，如密码和API密钥，以减少被黑客利用的风险。建议每隔一段时间就更改这些信息，并确保更新和重新配置应用程序。

6.5.3　使用 ASP.NET Core 中的机密管理工具

在ASP.NET Core中，我们可以使用内置的机密管理工具来管理应用程序中的敏感信息。ASP.NET Core提供了一个名为"Secret Manager"的工具，用来存储和管理机密信息。

以下是一个示例，展示如何使用Secret Manager工具在ASP.NET Core应用程序中管理机密信息。

步骤01 打开命令行界面，并导航到应用程序的根目录。

步骤02 执行以下命令（见代码清单 6-6）来添加一个机密信息。

代码清单 6-6

```
dotnet user-secrets set "MySecretKey" "MySecretValue"
```

这将在Secret Manager中添加一个名为"MySecretKey"的机密信息，并将其值设置为"MySecretValue"。

步骤03 在应用程序的代码中，可以使用 IConfiguration 接口来访问机密信息，如代码清单 6-7 所示。

代码清单 6-7

```
public class MyService
    {
        private readonly IConfiguration _configuration;

        public MyService(IConfiguration configuration)
        {
            _configuration = configuration;
        }

        public string GetSecretValue()
        {
            return _configuration["MySecretKey"];
        }
    }
```

在上述示例中，通过构造函数注入 IConfiguration 接口，并使用 _configuration["MySecretKey"]来获取机密信息的值。

6.6　XSRF/CSRF 防护

本节将讨论如何防止跨站请求伪造（XSRF/CSRF）攻击，以保护我们的应用程序免受此类攻击的影响。

6.6.1 什么是 XSRF/CSRF 攻击

XSRF/CSRF（Cross-Site Request Forgery）攻击是一种常见的网络攻击方式，攻击者通过利用用户已登录的身份，在用户不知情的情况下发送恶意请求。这种攻击可能导致用户的数据被篡改、操纵或删除，甚至可能执行某些未经授权的操作。

6.6.2 如何防范 XSRF/CSRF 攻击

一些常用的防范XSRF/CSRF攻击的措施如下：

1. 使用 Anti-Forgery Token（防伪标记）

在应用程序的表单中添加防伪标记，以确保提交的请求来自合法的来源。这个标记可以是一个随机生成的值。将它与用户的会话相关联，并在每个请求中验证该标记的合法性。

2. 设置 SameSite 属性

在Cookie中设置SameSite属性为Strict或Lax，以限制跨站请求。SameSite属性指示浏览器仅在请求来自相同站点时才发送Cookie。这样可以防止跨站请求伪造攻击。

3. 检查 Referrer（引用来源）头部

在服务器端对请求的Referrer头部进行验证，确保请求来自合法的来源。需要注意的是，Referrer头部不是100%可信的，因此应该结合其他防护措施使用。

6.6.3 使用 Anti-Forgery Token 防范 XSRF/CSRF 攻击

在ASP.NET Core中，我们可以使用Anti-Forgery Token来防范XSRF/CSRF攻击。以下是一个示例，展示如何在应用程序中使用Anti-Forgery Token。

步骤01 在视图中，使用@Html.AntiForgeryToken()生成防伪标记，如代码清单 6-8 所示。

代码清单 6-8

```
<form method="post">
    @Html.AntiForgeryToken()
    <!-- 其他表单字段 -->
    <button type="submit">提交</button>
</form>
```

步骤02 在处理 POST 请求的控制器动作中，使用[ValidateAntiForgeryToken]特性来验证防伪标记的合法性，如代码清单 6-9 所示。

代码清单 6-9

```
[HttpPost]
  [ValidateAntiForgeryToken]
  public IActionResult SubmitForm(MyModel model)
  {
      // 处理表单提交
```

```
        return View();
    }
```

在上述示例中，使用了[ValidateAntiForgeryToken]特性来标记需要进行防伪标记验证的控制器动作。

6.7　跨域资源共享

现在，让我们讨论另一个与安全相关的主题——跨域资源共享（Cross-Origin Resource Sharing，CORS）。

6.7.1　什么是跨域资源共享

跨域资源共享是一种机制，允许在一个域中的网页应用请求来自不同域的资源。在Web开发中，由于同源策略的限制，浏览器通常会阻止跨域请求。

同源策略要求网页应用只能与同一域中的资源进行交互，包括协议、域名和端口号都必须匹配。这是为了保护用户的安全和隐私。

但有时，应用程序可能需要与其他域的资源进行通信，例如调用API或加载外部资源。这时候就需要使用CORS来解决跨域请求的问题。

6.7.2　如何配置 CORS

在ASP.NET Core中，可以通过配置CORS来允许特定的域进行跨域访问。配置CORS的一般步骤如下：

步骤 01　安装 Microsoft.AspNetCore.Cors 包。首先需要安装 Microsoft.AspNetCore.Cors 包，以便使用 CORS 中间件及其相关功能。

步骤 02　配置 CORS 服务。在 Startup.cs 文件的 ConfigureServices 方法中，添加代码清单 6-10 中的代码来配置 CORS 服务。

代码清单 6-10

```
public void ConfigureServices(IServiceCollection services)
    {
        services.AddCors(options =>
        {
            options.AddPolicy("AllowSpecificOrigin",
                builder =>
                {
                    builder.WithOrigins("http://example.com")
                        .AllowAnyHeader()
                        .AllowAnyMethod();
                });
        });
```

```
    // 其他服务配置
}
```

在代码清单6-10中，创建了一个名为"AllowSpecificOrigin"的CORS策略，允许来自http://example.com域的跨域请求，并允许任何头部和方法。

步骤 03 启用 CORS 中间件。在 Startup.cs 文件的 Configure 方法中，添加代码清单 6-11 中的代码来启用 CORS 中间件。

代码清单 6-11

```
public void Configure(IApplicationBuilder app, IWebHostEnvironment env)
{
    // 其他中间件配置

    app.UseCors("AllowSpecificOrigin");

    // 其他配置
}
```

在代码清单6-11中，使用了名为"AllowSpecificOrigin"的CORS策略。

6.7.3 使用 CORS 允许跨域请求

以下示例展示如何在ASP.NET Core中使用CORS来允许跨域请求，如代码清单6-12所示。

代码清单 6-12

```
[ApiController]
[Route("api/[controller]")]
public class MyController : ControllerBase
{
    [HttpGet]
    [EnableCors("AllowSpecificOrigin")] // 使用CORS策略
    public IActionResult Get()
    {
        // 处理GET请求
        return Ok("Success");
    }
}
```

在上述示例中，使用[EnableCors("AllowSpecificOrigin")]特性来为GET请求启用CORS策略。

6.8 跨站点脚本攻击

现在，让我们讨论另一个常见的安全威胁——跨站点脚本（Cross-Site Scripting，XSS）攻击。

6.8.1 什么是跨站点脚本攻击

跨站点脚本攻击是一种常见的安全漏洞，攻击者通过向网页注入恶意脚本代码，在用户的浏览器中执行某些恶意操作。这些恶意脚本可以窃取用户的敏感信息、篡改页面内容或进行其他恶意操作。

XSS攻击通常利用了输入验证不足或过滤不完全的漏洞，例如用户输入未经转义的内容或未正确处理特殊字符。

6.8.2 如何防范跨站点脚本攻击

一些常见的防范跨站点脚本攻击的措施如下：

1. 输入验证和过滤

对用户输入的数据进行验证和过滤，确保输入数据符合预期的格式和类型，并且不包含恶意脚本代码。可以使用HTML编码或特殊字符转义等技术来防止恶意脚本的注入。

2. 输出编码

在将数据输出到HTML页面中时，确保对数据进行适当的编码，以防止恶意脚本的执行。可以使用编码函数或框架提供的输出编码功能来实现。

3. 内容安全策略（Content Security Policy，CSP）

使用内容安全策略来限制页面中可执行的脚本来源，防止恶意脚本的注入。CSP通过指定允许加载的资源来源，限制浏览器执行的脚本范围。

4. HTTPS

使用HTTPS协议来加密数据传输，以防止数据在网络传输过程中被篡改或窃取。HTTPS可以保护用户与应用程序之间的通信安全。

6.8.3 使用输入验证和输出编码防范 XSS 攻击

以下示例展示如何使用输入验证和输出编码来防范XSS攻击，如代码清单6-13所示。

代码清单 6-13

```
[HttpPost]
public IActionResult SubmitForm(string userInput)
{
    // 输入验证
    if (!IsValidInput(userInput))
    {
        return BadRequest();
    }

    // 对输出进行编码
    ViewData["UserInput"] = HtmlEncoder.Default.Encode(userInput);
```

```
    return View();
}
```

在上述示例中，首先对用户输入进行验证，确保其中不包含恶意脚本代码。然后，在将数据输出到视图中时，使用HtmlEncoder.Default.Encode()方法对输出进行编码，以防止恶意脚本的执行。

6.9 小　　结

本章探讨了一些与安全相关的主题，包括身份验证、授权、数据保护、HTTPS、机密管理、XSRF/CSRF防护和跨域资源共享等。介绍了如何在ASP.NET Core应用程序中实现这些安全措施，以保护应用程序和用户的安全和隐私。

- 身份验证是确认用户身份的过程。我们可以使用ASP.NET Core提供的身份验证中间件和标识系统来实现身份验证，并确保只有经过身份验证的用户可以访问受保护的资源。
- 授权是确定用户是否有权限访问某个资源或执行某个操作的过程。通过使用角色、策略和声明等授权机制，我们可以灵活地控制用户的访问权限，并保护敏感数据和操作。
- 数据保护是一种机制，用于加密和保护敏感数据，防止数据被泄露和篡改。在ASP.NET Core中，我们可以使用数据保护API来保护数据的传输和存储。
- HTTPS是一种安全的通信协议，通过加密数据传输来保护用户与应用程序之间的通信安全。我们可以通过配置和使用TLS/SSL证书来启用HTTPS。
- 机密管理是一种安全管理敏感信息（如密码、API密钥等）的方法。在ASP.NET Core中，我们可以使用机密管理工具来安全地存储和访问敏感信息。
- XSRF/CSRF攻击是一种利用用户身份执行未经授权操作的攻击方式。通过采取措施如生成和验证防跨站点请求伪造令牌，我们可以防范此类攻击。
- CORS是一种机制，允许在一个域中的网页应用请求来自不同域的资源。我们可以配置CORS以实现跨域访问，并控制跨域请求的安全性。
- 跨站点脚本攻击是一种常见的安全漏洞，攻击者通过向网页注入恶意脚本代码，在用户的浏览器中执行某些恶意操作。这些恶意脚本可以窃取用户的敏感信息、篡改页面内容或进行其他恶意操作。

通过了解和实践这些安全措施，我们可以提高应用程序的安全性，保护用户的隐私，并减少潜在的安全风险。

第 7 章

性 能 优 化

性能是一个关键的因素，它直接影响用户体验和应用程序的可扩展性。通过优化性能，我们可以提高应用程序的响应速度、吞吐量和资源利用率。本章我们将探讨如何优化ASP.NET Core应用程序的性能，深入了解一些提高性能的方法和技术。

7.1 缓 存

缓存是一种提高应用程序性能的重要策略。通过将常用或昂贵的计算结果、数据库查询结果或其他计算密集型操作结果存储在内存中，可以避免重复的计算或查询，从而显著提高应用程序的响应时间和吞吐量。在ASP.NET Core中，可以使用多种缓存技术来优化应用程序。

7.1.1 为什么使用缓存

在讨论缓存之前，先了解一下为什么缓存对于性能优化如此重要。当应用程序需要执行复杂的计算、访问数据库或调用外部服务时，这些操作通常会消耗大量的时间和资源。如果每次请求都需要执行这些操作，那么应用程序的性能将受到明显的影响。

通过使用缓存，我们可以将这些计算结果或数据存储在内存中，并在后续的请求中直接使用缓存的结果，而无须重新计算或查询。这样可以大大减少计算和数据库访问的次数，从而提高应用程序的性能和响应时间。

7.1.2 ASP.NET Core 中的缓存支持

ASP.NET Core 提供了丰富的缓存支持，包括内存缓存、分布式缓存和响应缓存等。下面简要介绍一下每种缓存技术。

1. 内存缓存

内存缓存是将数据存储在应用程序进程的内存中。它适用于单个应用程序实例，并且是最快的缓存技术之一。内存缓存适合存储频繁访问的数据，例如配置数据、静态内容或从数据库查询中获取的数据。ASP.NET Core 提供了IMemoryCache接口和相关的类来支持内存缓存。

以下是一个使用内存缓存的示例，如代码清单7-1所示。

代码清单 7-1

```
public class HomeController : Controller
{
    private readonly IMemoryCache _cache;

    public HomeController(IMemoryCache cache)
    {
        _cache = cache;
    }

    public IActionResult Index()
    {
        string cachedData = _cache.Get<string>("cachedData");

        if (cachedData == null)
        {
            // 如果缓存中没有数据，则执行计算或查询操作
            cachedData = ExpensiveOperation();

            // 将结果存储在缓存中，有效期为 1 小时
            _cache.Set("cachedData", cachedData, TimeSpan.FromHours(1));
        }

        return View(cachedData);
    }

    private string ExpensiveOperation()
    {
        // 执行昂贵的计算或查询操作
        // ...

        return result;
    }
}
```

在上面的示例中，首先通过IMemoryCache接口将数据存储在内存缓存中。然后，尝试从缓存中获取数据，如果缓存中不存在，则执行昂贵的计算或查询操作，并将结果存储在缓存中，以便后续的请求可以直接使用缓存的结果。

2. 分布式缓存

分布式缓存是一种将数据存储在可共享的缓存服务中的技术。它适用于具有多个应用程序实例或多台服务器的分布式环境。分布式缓存可以确保多个应用程序实例共享相同的缓存数据，从而提高整个应用程序的性能。ASP.NET Core提供了对多种分布式缓存的支持，包括Redis、SQL Server和分布式内存缓存。

以下是一个使用分布式缓存的示例（使用Redis），如代码清单7-2所示。

代码清单 7-2

```
public class HomeController : Controller
{
    private readonly IDistributedCache _cache;

    public HomeController(IDistributedCache cache)
    {
        _cache = cache;
    }

    public IActionResult Index()
    {
        byte[] cachedData = _cache.Get("cachedData");

        if (cachedData == null)
        {
            // 如果缓存中没有数据，则执行计算或查询操作
            string expensiveData = ExpensiveOperation();
            cachedData = Encoding.UTF8.GetBytes(expensiveData);

            // 将结果存储在分布式缓存中，有效期为 1 小时
            _cache.Set("cachedData", cachedData, new DistributedCacheEntryOptions
            {
                AbsoluteExpirationRelativeToNow = TimeSpan.FromHours(1)
            });
        }

        string cachedResult = Encoding.UTF8.GetString(cachedData);
        return View(cachedResult);
    }

    private string ExpensiveOperation()
    {
        // 执行昂贵的计算或查询操作
        // ...

        return result;
    }
}
```

在上面的示例中，使用IDistributedCache接口将数据存储在分布式缓存中（Redis）。如果缓存中不存在数据，则执行昂贵的计算或查询操作，并将结果存储在分布式缓存中，以便后续的请求可以直接使用缓存的结果。

3. 响应缓存

响应缓存是将整个HTTP响应存储在缓存中的技术。它适用于缓存动态生成的页面或API响应。ASP.NET Core提供了[ResponseCache]属性和ResponseCache中间件来支持响应缓存。

以下是一个使用响应缓存的示例，如代码清单7-3所示。

代码清单 7-3

```
[ResponseCache(Duration = 3600)] //缓存响应1小时
public IActionResult Index()
{
    // 生成动态页面或API响应
    // ...

    return View();
}
```

在上面的示例中，使用[ResponseCache]属性将页面或API响应缓存起来，并设置缓存的持续时间为1小时。这意味着在1小时内，相同的请求将直接返回缓存的响应，而无须重新生成页面或执行相关的操作。

7.1.3 使用缓存的最佳实践

使用缓存时，有几个最佳实践值得注意：

（1）选择适当的缓存技术：根据应用程序需求和环境特点选择合适的缓存技术。如果是单个应用程序实例，内存缓存可能是最简单和最高效的选择。如果是分布式环境，考虑使用分布式缓存来确保数据的一致性和共享性。

（2）缓存过期时间和更新策略：仔细考虑缓存的过期时间和更新策略。根据数据的更新频率和重要性，选择适当的缓存过期时间。同时，确保在数据更新时及时更新缓存，以保持数据的一致性。

（3）避免缓存雪崩和缓存击穿：缓存雪崩是指在缓存失效时，大量请求直接到达数据库或其他资源上，导致性能下降或资源不可用。为了避免缓存雪崩，可以使用随机的过期时间或添加缓存更新策略。缓存击穿是指在缓存过期时，有大量请求同时访问一个缓存项，导致缓存无法及时更新。为了避免缓存击穿，可以使用分布式锁或互斥体来保护缓存更新操作。

（4）监控和调优：定期监控缓存的使用情况，并根据实际情况进行调优。监控缓存命中率、缓存大小和性能指标，以便及时识别和解决潜在的问题。

以上是关于缓存的简要介绍和使用指南。通过合理使用缓存技术，可以显著提高应用程序的性能和响应时间。在实际开发中，根据具体的业务需求和性能要求，选择合适的缓存策略和技术，以获得最佳的性能和用户体验。

7.2 异步编程和并行处理

在开发高性能的应用程序时，异步编程和并行处理是两个重要的概念。它们可以帮助我们更好地利用系统资源，并提高应用程序的响应能力和吞吐量。本节将介绍异步编程和并行处理的基本原理，并展示如何在ASP.NET Core中应用这些技术。

7.2.1 异步编程

在传统的同步编程模型中，当一个操作（例如数据库查询、文件读取或网络请求）被触发时，程序会一直等待该操作完成，再继续执行后续的代码。这种方式可能导致应用程序的响应时间延迟，特别是在处理大量并发请求或耗时操作时。

异步编程允许我们在发起操作后立即返回，并在操作完成时得到通知。这样可以避免阻塞线程，让线程可以继续执行其他任务，从而提高系统的并发性和响应能力。在ASP.NET Core中，异步编程主要通过使用异步关键字和异步方法来实现。

下面通过一个简单的示例来演示如何在控制器中使用异步编程，如代码清单7-4所示。

代码清单 7-4

```
public class HomeController : Controller
{
    private readonly IDataService _dataService;

    public HomeController(IDataService dataService)
    {
        _dataService = dataService;
    }

    public async Task<IActionResult> Index()
    {
        // 异步调用数据服务获取数据
        var data = await _dataService.GetDataAsync();

        // 执行其他操作
        // ...

        return View(data);
    }
}
```

在上面的示例中，使用了async和await关键字来实现异步编程。在Index方法中，调用了一个异步方法GetDataAsync，它返回一个Task<T>，表示异步操作的结果。通过使用await关键字，我们告诉编译器在等待异步操作完成时暂停当前方法的执行，并在操作完成后继续执行后续的代码。

异步编程可以在处理大量并发请求时提高应用程序的性能和吞吐量。当一个请求需要等待外部资源（例如数据库或网络）时，它可以释放线程并处理其他请求，从而更好地利用系统资源。

7.2.2 并行处理

并行处理是指同时执行多个任务，以提高系统的处理能力和效率。在多核系统中，通过将工作任务分配给不同的处理器核心，可以实现任务的并行执行，从而加快整体处理速度。

在C#中，可以使用多线程编程或并行任务库（例如 Task Parallel Library）来实现并行处理。ASP.NET Core提供了强大的并行处理支持，让我们能够轻松地实现并行执行任务。

以下是一个使用并行处理的示例，演示如何并行执行多个任务，如代码清单7-5所示。

代码清单 7-5

```
public class HomeController : Controller
{
    public IActionResult Index()
    {
        var tasks = new List<Task<int>>();
        var result = new int[5];

        // 创建并行任务
        for (int i = 0; i < 5; i++)
        {
            tasks.Add(Task.Run(() =>
            {
                // 执行耗时操作并返回结果
                return LongRunningOperation();
            }));
        }

        // 等待所有任务完成
        Task.WaitAll(tasks.ToArray());

        // 获取任务的结果
        for (int i = 0; i < 5; i++)
        {
            result[i] = tasks[i].Result;
        }

        return View(result);
    }

    private int LongRunningOperation()
    {
        // 执行耗时操作
        // ...

        return result;
    }
}
```

在上面的示例中，首先创建了5个并行任务，并使用Task.Run方法在后台线程中执行耗时操作。然后，使用Task.WaitAll方法等待所有任务完成。最后，通过Task.Result属性获取任务的结果。

并行处理可以显著提高应用程序的处理速度和效率，特别是在执行大量相互独立的任务时。但是，需要注意避免并行处理中的竞争条件和线程安全问题。

7.2.3　异步编程和并行处理的结合应用

在实际开发中，我们通常会将异步编程和并行处理结合起来，以获得最佳的性能和吞吐量。通过异步编程，可以将耗时的操作转为非阻塞的异步操作，从而释放线程并提高并发性。通过并行处理，可以同时执行多个独立的任务，以提高系统的处理能力。

下面是一个综合示例，演示如何在ASP.NET Core中应用异步编程和并行处理，如代码清单7-6所示。

代码清单 7-6

```
public class HomeController : Controller
{
    private readonly IDataService _dataService;

    public HomeController(IDataService dataService)
    {
        _dataService = dataService;
    }

    public async Task<IActionResult> Index()
    {
        var tasks = new List<Task<string>>();
        var results = new List<string>();

        // 并行发起多个异步数据获取任务
        for (int i = 0; i < 5; i++)
        {
            tasks.Add(GetDataAsync());
        }

        // 等待所有任务完成
        while (tasks.Count > 0)
        {
            var completedTask = await Task.WhenAny(tasks);
            tasks.Remove(completedTask);
            results.Add(await completedTask);
        }

        return View(results);
    }

    private async Task<string> GetDataAsync()
    {
        // 异步调用数据服务获取数据
        var data = await _dataService.GetDataAsync();

        // 执行其他异步操作
        // ...

        return data;
```

```
    }
}
```

在上面的示例中，首先在Index方法中并行发起多个异步数据获取任务，并使用Task.WhenAny方法等待其中一个任务完成。然后，从任务列表中移除已完成的任务，并将任务的结果添加到结果列表中。重复这个过程，直到所有任务都完成。

这个示例展示了如何使用异步编程和并行处理来提高应用程序的性能和并发能力。通过合理地应用这些技术，我们可以优化应用程序，使其能够更好地处理大量并发请求和耗时操作。

7.3 内存管理和垃圾回收

在开发应用程序时，良好的内存管理是确保应用程序性能和可靠性的关键因素之一。过多的内存使用和未及时释放的内存资源可能导致应用程序的性能下降、响应时间延长甚至系统崩溃。本节将介绍内存管理的基本原理和垃圾回收的作用，以及在 ASP.NET Core 中如何进行内存优化。

7.3.1 内存管理的基本原理

在.NET环境中，内存管理是由垃圾回收器负责的。垃圾回收器跟踪应用程序中的对象，并自动释放不再使用的对象所占用的内存。这种自动内存管理机制减轻了开发人员的负担，但也需要注意一些内存管理的最佳实践。一些内存管理的最佳实践如下：

1. 及时释放资源

在使用完对象后，应该及时释放资源，尤其是一些需要显式释放的资源，如数据库连接、文件句柄等。这可以通过调用对象的Disposc方法或使用using语句块来实现，如代码清单7-7所示。

代码清单 7-7

```
public IActionResult Index()
{
    using (var connection = new SqlConnection(connectionString))
    {
        // 使用数据库连接执行操作
        // ...
    }

    // connection 对象在 using 语句块结束后自动释放
    return View();
}
```

通过使用using语句块，可以确保在使用完对象后及时释放资源，避免资源泄露和内存占用过多。

2. 避免创建不必要的临时对象

在代码中，尽量避免创建不必要的临时对象。频繁的对象创建和销毁会导致垃圾回收的频繁触发，影响应用程序的性能。可以考虑使用对象池或缓存技术来复用对象，减少对象的创建和销毁，如代码清单7-8所示。

代码清单 7-8

```
public IActionResult Index()
{
    var stringBuilder = new StringBuilder();

    for (int i = 0; i < 1000; i++)
    {
        // 避免在循环中创建 StringBuilder 对象
        stringBuilder.Append(i);
    }

    string result = stringBuilder.ToString();

    return View(result);
}
```

在上面的示例中，我们避免在循环中创建多个StringBuilder对象，而是在循环外部创建一个对象并复用它，以减少对象的创建次数。

3. 优化大对象和长时间存活的对象

大对象和长时间存活的对象可能会占用大量的内存，并导致垃圾回收的性能问题。对于大对象，可以考虑使用内存缓冲区或流来处理，以减少内存的占用。对于长时间存活的对象，可以考虑使用对象池或手动管理对象的生命周期，以减少垃圾回收的频率。

7.3.2　垃圾回收

垃圾回收器是.NET运行时的一部分，它负责自动管理应用程序中的内存资源。垃圾回收器跟踪应用程序中的对象，标记不再使用的对象，并回收其占用的内存。

垃圾回收的过程主要包括以下几个步骤：

步骤01 标记阶段：垃圾回收器遍历应用程序中的对象图，标记所有仍然活动的对象。

步骤02 垃圾收集阶段：垃圾回收器回收未被标记的对象所占用的内存。在这个阶段，垃圾回收器挂起应用程序的执行，并释放未被标记的内存资源。

步骤03 整理阶段：垃圾回收器将活动对象移动到内存的连续空间，以减少内存碎片的产生。

垃圾回收器的工作是自动的，无须开发人员干预。然而，了解垃圾回收器的工作原理和影响因素是很重要的。例如，垃圾回收的频率和持续时间会影响应用程序的性能。通过合理的内存管理和优化，可以减少垃圾回收的频率和时间，提高应用程序的性能。

7.3.3　在 ASP.NET Core 中的内存优化

在ASP.NET Core 中，有以下几个技术和工具可用于内存优化。

1. 使用对象池

对象池是一种用于复用对象的技术，可以减少对象的创建和销毁。在ASP.NET Core中，可以使用ArrayPool<T>和MemoryPool<T>类来实现对象池。

以下是一个使用ArrayPool<T>的示例，如代码清单7-9所示。

代码清单 7-9

```
private readonly ArrayPool<byte> _arrayPool;

public HomeController(ArrayPool<byte> arrayPool)
{
    _arrayPool = arrayPool;
}

public IActionResult Index()
{
    byte[] buffer = _arrayPool.Rent(1024); // 从对象池中获取一个数组

    // 使用 buffer 执行操作
    // ...

    _arrayPool.Return(buffer); // 将数组返回对象池

    return View();
}
```

在上面的示例中，使用ArrayPool<byte>创建了一个对象池，并在需要时从对象池中获取一个数组。使用完毕后，我们将数组返回给对象池，以便其他请求可以复用该数组，从而减少对象的创建次数。

2. 监控和调优垃圾回收

在ASP.NET Core中，可以使用性能计数器和诊断工具来监控和调优垃圾回收的行为。通过分析垃圾回收的频率、持续时间和内存占用情况，可以识别性能瓶颈，并采取相应的优化措施。

下面是一些常用的性能计数器：

- % Time in GC：表示垃圾回收占用 CPU 时间的百分比。
- # Gen 0 Collections、# Gen 1 Collections、# Gen 2 Collections：表示各代垃圾回收的次数。
- Gen 0 Heap Size、Gen 1 Heap Size、Gen 2 Heap Size：表示各代堆的内存占用情况。

通过监控这些性能计数器，并使用诊断工具进行分析，可以了解垃圾回收的情况，优化内存的使用，从而提高应用程序的性能。

7.4 响应压缩

在构建Web应用程序时，网络传输的性能是一个关键问题。响应的大小直接影响网络传输的时间和资源消耗。通过使用响应压缩技术，可以减小传输数据的大小，提高网络性能和用户体验。本节将介绍响应压缩的原理、常用的压缩算法以及它们在ASP.NET Core中的应用。

7.4.1 压缩原理

响应压缩通过使用压缩算法对传输的数据进行压缩，以减小数据的体积。在客户端发出请求时，服务器将压缩后的数据作为响应发送给客户端。客户端收到响应后，使用相同的压缩算法对数据进行解压缩，还原成原始的数据。

常用的响应压缩算法有以下几种：

1. GZIP

GZIP 是一种常用的压缩算法，它使用DEFLATE算法对数据进行压缩。使用GZIP压缩后的数据通常比原始数据小很多，并且解压缩速度相对较快。GZIP 压缩适用于文本和非二进制数据。

2. Brotli

Brotli是一种新兴的压缩算法，它提供更高的压缩率和更快的解压缩速度。Brotli 算法适用于文本和二进制数据，尤其在处理大文件时效果显著。

3. Deflate

Deflate是一种常用的压缩算法，也是GZIP算法的基础。Deflate算法可以对文本和二进制数据进行压缩，但在某些情况下可能不如GZIP或Brotli效果好。

7.4.2 在 ASP.NET Core 中启用响应压缩

在ASP.NET Core中，启用响应压缩可以通过中间件和配置来实现。以下示例展示如何在应用程序中启用GZIP压缩，如代码清单7-10所示。

代码清单 7-10

```
public void ConfigureServices(IServiceCollection services)
{
    services.AddResponseCompression(options =>
    {
        options.EnableForHttps = true; // 启用 HTTPS 压缩
        options.Providers.Add<GzipCompressionProvider>(); // 使用 GZIP 压缩
    });

    // 其他配置
}
```

```
public void Configure(IApplicationBuilder app)
{
    app.UseResponseCompression();

    // 其他中间件和配置
}
```

在上面的示例中，使用services.AddResponseCompression方法配置响应压缩。通过添加GzipCompressionProvider，我们指定使用 GZIP 压缩算法。还可以通过其他方法添加Brotli压缩算法或自定义压缩提供程序。

在Configure方法中，使用app.UseResponseCompression启用响应压缩中间件。这样，当应用程序发送响应时，中间件会自动压缩响应数据。

7.4.3　响应压缩的性能考虑

虽然响应压缩可以减小数据的传输量，提高网络性能，但也需要考虑一些性能方面的因素。

首先，压缩和解压缩操作本身会消耗一定的CPU资源。因此，在选择压缩算法和压缩级别时，需要权衡压缩比率和CPU消耗之间的关系。

其次，响应压缩适用于大型响应数据或高延迟网络环境。对于小型响应或低延迟网络，压缩和解压缩操作可能会比节省的传输时间更昂贵。

最后，不是所有的客户端都支持所有的压缩算法。在选择压缩算法时，需要考虑客户端的兼容性和支持程度。

7.5　性能测试和调优工具

为了确保应用程序具有良好的性能和可扩展性，需要进行性能测试和调优。性能测试可以帮助我们评估应用程序的性能，并发现潜在的性能瓶颈。在本节中，将介绍一些常用的性能测试和调优工具，以及它们在ASP.NET Core中的应用。

7.5.1　性能测试工具

常用的性能测试工具有以下两种：

1. ApacheBench（ab）

ApacheBench是一个简单而强大的命令行工具，用于进行基准测试和压力测试。它可以模拟多个并发请求，测量响应时间和吞吐量。

以下是使用ApacheBench工具进行性能测试的示例，如代码清单7-11所示。

代码清单 7-11

```
ab -n 1000 -c 100 http://localhost:5000/
```

在上面的示例中，我们使用ApacheBench工具发送了1000个请求，每次并发100个请求，访问指定的URL。工具会返回每个请求的响应时间、吞吐量和错误率等信息。

2. wrk

wrk是另一个常用的性能测试工具，它具有更高的性能和灵活性。wrk 使用多个线程模拟并发请求，并提供丰富的性能统计数据。

以下是使用wrk工具进行性能测试的示例，如代码清单7-12所示。

代码清单 7-12

```
wrk -t 4 -c 100 -d 10s http://localhost:5000/
```

在上面的示例中，使用wrk工具发送了100个并发请求，持续时间为10秒。工具会返回每个线程的吞吐量、延迟和错误率等信息。

7.5.2 调优工具

常用的调优工具有以下两种：

1. Visual Studio Profiler

Visual Studio Profiler是一个强大的性能分析工具，用于识别和解决应用程序中的性能问题。Profiler可以帮助开发人员分析CPU、内存、磁盘和网络的使用情况，并提供详细的性能报告和建议。

通过使用Visual Studio Profiler，可以识别性能瓶颈，并优化代码、配置和架构，以提高应用程序的性能和响应能力。

2. dotMemory

dotMemory是一款专业的.NET内存分析工具，用于检测和解决内存相关的性能问题。它提供了可视化的内存分析界面，可以帮助开发人员识别内存泄漏、大对象和长时间存活的对象等问题。

通过使用dotMemory，可以深入分析应用程序的内存使用情况，优化内存管理，减少内存占用，提高应用程序的性能和稳定性。

7.5.3 ASP.NET Core 性能调优

在ASP.NET Core中，还有一些特定的工具和技术可用于性能调优。

1. MiniProfiler

MiniProfiler是一个简单易用的性能分析工具，专为ASP.NET Core开发而设计。它可以轻松集成到应用程序中，并提供请求级别的性能分析和定时器。通过使用MiniProfiler，可以快速识别潜在的性能瓶颈，优化关键路径和代码。

2. ASP.NET Core Diagnostics

ASP.NET Core Diagnostics是一组强大的诊断工具，用于监视应用程序的性能和行为。它们包括日志记录、事件追踪、性能计数器和异常捕获等功能。这些工具可以帮助开发人员诊断性能问题、调试错误和监控应用程序的健康状况。

7.6 小 结

本章讨论了一些关于性能的重要主题，包括缓存、异步编程和并行处理、内存管理和垃圾回收、响应压缩以及性能测试和调优工具。优化应用程序的性能是确保应用程序快速、可靠和可扩展的关键。

- 缓存是一种提高应用程序性能的重要技术。通过缓存常用的数据或计算结果，可以避免重复的数据获取或计算过程，减少对后端资源的访问，提高响应速度。在ASP.NET Core中，我们可以使用内置的缓存库或第三方库来实现缓存机制。
- 异步编程和并行处理是提高应用程序并发能力和响应能力的关键技术。通过合理地使用异步编程模型和并行处理技术，我们可以充分利用多核处理器和异步IO，提高应用程序的性能和吞吐量。
- 内存管理和垃圾回收是保证应用程序稳定性和资源高利用率的重要环节。合理地管理内存资源、避免内存泄漏和过度消耗，以及理解垃圾回收的原理和工作机制，可以减少内存相关的性能问题。
- 响应压缩是提高网络性能的有效手段。通过压缩传输的数据，可以减小数据的体积，提高传输效率。在ASP.NET Core中，我们可以使用各种压缩算法和工具来实现响应压缩。
- 性能测试和调优工具是评估和优化应用程序性能的关键工具。通过使用性能测试工具，我们可以模拟并发请求和压力情况，评估应用程序的性能指标。调优工具可以帮助我们识别和解决性能瓶颈，优化应用程序的代码、配置和架构。

通过理解和应用本章中介绍的性能优化技术和工具，可以提升应用程序的性能，从而提供更好的用户体验和更高效的系统运行。

第 **8** 章

测试和质量保证

本章我们将探讨测试和质量保证的重要性以及如何在ASP.NET Core应用程序中进行测试。测试是确保应用程序的正确性、可靠性和稳定性的关键步骤。通过测试，可以发现和修复潜在的问题，并提供一个高质量的应用程序给用户。

8.1 单元测试和集成测试

测试是保证应用程序质量的重要环节，可以帮助我们发现和修复潜在的问题，确保代码的正确性和可靠性。本节将介绍单元测试和集成测试的概念，以及在开发过程中如何应用它们。

8.1.1 单元测试

单元测试是针对应用程序中最小可测试单元的测试。一个单元可以是一个方法、一个类或一个模块，它独立于其他部分，可以独立地进行测试。单元测试的目标是验证每个单元的功能是否按预期工作。

编写好的单元测试应该具备以下特点：

（1）独立性：每个单元测试应该是独立的，不依赖于其他测试或外部资源。这样可以确保每个单元的测试结果是可重复和可靠的。

（2）覆盖率：单元测试应该覆盖每个单元的不同场景和边界条件，以确保代码的各种情况都能得到正确处理。

（3）可读性：单元测试应该易于理解和维护。使用清晰的命名、明确的测试目标和良好的代码组织，以提高测试代码的可读性。

以下是一个使用xUnit进行单元测试的示例，如代码清单8-1所示。

代码清单 8-1

```
public class MathHelper
{
    public int Add(int a, int b)
    {
        return a + b;
    }
}

public class MathHelperTests
{
    [Fact]
    public void Add_ShouldReturnSum()
    {
        // 安排
        var mathHelper = new MathHelper();

        // 操作
        int result = mathHelper.Add(2, 3);

        // 断言
        Assert.Equal(5, result);
    }
}
```

在上面的示例中，定义了一个 MathHelper 类，并编写了一个单元测试方法 Add_ShouldReturnSum，测试 Add 方法的功能是否按预期工作。通过使用断言方法 Assert.Equal，可以验证实际的结果与预期结果是否相等。

8.1.2　集成测试

集成测试是验证多个组件或模块之间的交互是否正常的测试，涉及多个单元的协同工作和数据交换。集成测试的目标是确保不同组件之间的集成正确，并验证整个系统的功能和性能。

编写好的集成测试应该具备以下特点：

（1）完整性：集成测试应该覆盖整个系统的核心功能，并测试不同组件之间的交互和数据流。

（2）真实性：集成测试应该模拟真实的环境和数据，并测试各种情况下的处理。

（3）可靠性：集成测试应该是可靠和可重复的，以确保每次测试的结果都是一致的。

以下是一个使用 NUnit 进行集成测试的示例，如代码清单8-2所示。

代码清单 8-2

```
public class UserServiceTests
{
    [Test]
    public void RegisterUser_ShouldCreateUserAndSendEmail()
    {
```

```
        // 安排
        var userRepository = new UserRepository();
        var emailService = new EmailService();
        var userService = new UserService(userRepository, emailService);
        var user = new User { Name = "John", Email = "john@example.com" };

        // 操作
        userService.RegisterUser(user);

        // 断言
        Assert.IsTrue(userRepository.Exists(user.Id));
        Assert.IsTrue(emailService.IsEmailSent(user.Email));
    }
}
```

在上面的示例中，定义了一个UserService类，它依赖于UserRepository和EmailService；编写了一个集成测试方法 RegisterUser_ShouldCreateUserAndSendEmail，测试注册用户的功能是否按预期工作。通过使用断言方法Assert.IsTrue，可以验证用户是否成功创建和电子邮件是否成功发送。

8.2　UI 测试和自动化测试

UI测试和自动化测试是保证应用程序质量的重要手段。它们可以帮助我们验证用户界面的正确性和交互行为，并自动化执行测试用例，从而提高测试的效率和可靠性。本节将介绍UI测试的概念和重要性，并探讨一些常用的UI测试框架和工具。

8.2.1　UI 测试的重要性

UI测试用于验证应用程序的用户界面是否按预期工作。它模拟用户的操作和输入，测试界面的响应和交互行为。UI测试的目标是确保应用程序在各种使用场景下都有良好的用户体验以及各项功能都能正确运行。

编写好的UI测试应该具备以下特点：

（1）全面性：UI 测试应该覆盖各种界面元素和交互路径，以验证所有的核心功能和使用场景。

（2）可靠性：UI 测试应该是可靠和可重复的，每次测试的结果都应该是一致的，以确保应用程序的稳定性。

（3）自动化：UI 测试应该可以自动化执行，从而减少人工测试的工作量，并提高测试的效率和可靠性。

8.2.2　UI 测试框架和工具

常用的UI测试框架和工具有以下两种：

1. Selenium

Selenium是一个广泛使用的UI测试框架，它可以模拟用户的操作和输入，并与浏览器进行交互。Selenium支持多种编程语言和浏览器，并提供了丰富的API和功能，用于编写和执行UI测试用例。

以下是一个使用Selenium进行UI测试的示例，如代码清单8-3所示。

代码清单 8-3

```
[Test]
public void Login_ShouldRedirectToDashboard()
{
    // 安排
    var driver = new ChromeDriver();
    var loginPage = new LoginPage(driver);

    // 操作
    loginPage.Open();
    loginPage.EnterCredentials("username", "password");
    loginPage.Submit();

    // 断言
    Assert.AreEqual("Dashboard", driver.Title);

    // 清理
    driver.Quit();
}
```

在上面的示例中，使用Selenium的ChromeDriver创建了一个浏览器实例，并编写了一个UI测试方法Login_ShouldRedirectToDashboard，测试用户登录功能。通过模拟用户的操作和断言页面标题，我们可以验证登录后是否正确跳转到仪表盘页面。

2. Cypress

Cypress是一个现代化的前端测试工具，用于编写端到端（End-to-End）的UI测试。它提供了一个强大的测试框架和对开发者友好的API，可以轻松编写和执行UI测试用例。

以下是一个使用Cypress进行UI测试的示例，如代码清单8-4所示。

代码清单 8-4

```
it('Login should redirect to dashboard', () => {
  cy.visit('/login');
  cy.get('#username').type('username');
  cy.get('#password').type('password');
  cy.get('form').submit();
  cy.url().should('include', '/dashboard');
});
```

在上面的示例中，使用Cypress的API进行了UI测试。通过访问登录页面、填写表单、提交表单并断言页面URL，可以验证登录功能是否按预期工作。

8.2.3 自动化测试

自动化测试是通过编写代码和脚本来执行测试用例，以替代手动测试的过程。自动化测试可以提高测试的效率，减少人工错误，并保证测试的可重复性。

常用的自动化测试工具有以下3种：

1. xUnit

xUnit是一个流行的单元测试框架，支持多种编程语言和测试模式。它提供了丰富的断言方法和测试运行器，用于编写和执行单元测试。

2. NUnit

NUnit是另一个常用的单元测试框架，它提供了类似于xUnit的功能，但具有更多的扩展性和灵活性。

3. Jest

Jest是一个专为JavaScript应用程序设计的测试框架，用于编写和执行单元测试、集成测试和快照测试。

自动化测试可以与UI测试和其他测试方法结合使用，以实现全面的测试覆盖和质量保证。

8.3 性能测试和压力测试

性能测试和压力测试是保证应用程序性能和可扩展性的重要手段。它们可以帮助我们评估应用程序在各种负载条件下的性能表现，并发现潜在的性能瓶颈。本节将介绍性能测试和压力测试的概念和重要性，并探讨一些常用的性能测试工具和技术。

8.3.1 性能测试的重要性

性能测试用于评估应用程序在不同负载条件下的性能表现，它可以帮助我们确定应用程序的响应时间、吞吐量、资源利用率和并发能力等指标。通过性能测试，我们可以发现潜在的性能问题和瓶颈，并采取相应的优化措施。

一些常见的性能测试指标如下：

（1）响应时间：应用程序处理请求所需的时间。较短的响应时间通常表示更好的性能。

（2）吞吐量：应用程序在单位时间内处理的请求数量。较高的吞吐量表示更好的性能。

（3）并发能力：应用程序能够同时处理的并发请求数量。较高的并发能力表示更好的性能。

性能测试可以帮助我们评估应用程序在预期负载下的性能表现，并根据测试结果进行优化和改进。

8.3.2　压力测试的重要性

压力测试用于模拟高负载条件下的应用程序行为，并评估其性能和稳定性。它可以帮助我们确定应用程序在极限负载下的响应能力和稳定性，以及发现系统崩溃或性能下降的原因。

一些常见的压力测试指标如下：

（1）最大负载：应用程序能够承受的最大负载水平。超过最大负载可能导致性能下降或系统崩溃。

（2）扩展性：应用程序在负载增加时的性能表现。较好的扩展性表示应用程序能够有效地利用更多的资源并提供更好的性能。

（3）稳定性：应用程序在长时间高负载下的稳定性和可靠性。稳定性较差的应用程序可能出现内存泄漏、资源耗尽或请求超时等问题。

通过压力测试，可以确定应用程序的性能极限，找到性能瓶颈，并采取相应的优化措施，从而确保应用程序在高负载下的可靠性和稳定性。

8.3.3　性能测试工具和技术

一些常用的性能测试工具如下：

（1）ApacheBench：ApacheBench是一个简单而强大的命令行工具，用于进行基准测试和压力测试。它可以模拟多个并发请求，测量响应时间和吞吐量。

（2）wrk：wrk是另一个常用的性能测试工具，具有更高的性能和灵活性。它使用多个线程模拟并发请求，并提供丰富的性能统计数据。

（3）JMeter：JMeter是一款功能强大的开源性能测试工具，可用于测试Web应用程序、数据库和其他服务的性能。它支持分布式测试、负载均衡和多种测试报告。

（4）负载测试工具：负载测试工具如Locust、Gatling等可以模拟大量用户并发访问应用程序，评估其在高负载条件下的性能和稳定性。

除了工具，还有一些性能测试技术和方法可用于提高性能测试的准确性和可靠性，例如：

（1）负载均衡：通过将负载分布到多个服务器上，可以提高应用程序的性能和可扩展性。

（2）缓存：使用适当的缓存策略可以减轻数据库和服务器的负载，提高响应速度。

（3）数据库优化：通过使用索引、优化查询和调整数据库参数等技术，可以提高数据库的性能和响应能力。

性能测试和压力测试是确保应用程序具有良好性能和可扩展性的关键步骤。通过使用性能测试工具和采用适当的测试技术，我们可以评估应用程序的性能指标、发现性能问题，并采取相应的优化措施。

8.4　代码覆盖率和质量保证工具

代码覆盖率和质量保证工具是帮助我们评估代码质量和发现潜在问题的重要工具。它们可以帮助我们衡量测试的完整性和代码的健壮性,并提供有关代码质量的指标和反馈。本节将介绍代码覆盖率的概念和重要性,并探讨一些常用的质量保证工具。

8.4.1 代码覆盖率的重要性

代码覆盖率是评估测试用例对代码的覆盖程度的度量指标。它可以帮助我们确定测试的完整性,即测试是否覆盖了代码中的所有路径和分支。通过了解代码的覆盖率情况,可以识别未被测试到的代码区域,进一步完善测试用例,以提高代码的健壮性。

一些常见的代码覆盖率指标如下:

(1)语句覆盖率:测试用例执行过程中覆盖的代码语句百分比。
(2)分支覆盖率:测试用例执行过程中覆盖的代码分支(如 if-else、switch-case)百分比。
(3)函数覆盖率:测试用例执行过程中覆盖的函数或方法百分比。

代码覆盖率工具可以帮助我们收集和分析这些指标,并提供有关测试覆盖情况的报告和可视化数据。

8.4.2 质量保证工具

质量保证工具可以帮助我们评估代码的质量,并发现潜在的问题和缺陷。它们提供静态代码分析、代码风格检查、重复代码检测等功能,帮助我们遵循最佳实践,提高代码质量和可维护性。

一些常用的质量保证工具如下:

1. 静态代码分析工具

静态代码分析工具如SonarQube、PMD、ESLint等可以帮助我们检测代码中的潜在问题和缺陷,如空指针引用、不安全的操作、未使用的变量等。

2. 代码风格检查工具

代码风格检查工具如StyleCop、Checkstyle、Pylint等可以帮助我们强制执行代码风格规范,确保代码的一致性和可读性。

3. 重复代码检测工具

重复代码检测工具如PMD、CPD、DupFinder等可以帮助我们发现代码中的重复部分,并提供重构建议以减少重复。

质量保证工具可以在开发过程中自动检测代码质量问题,并提供反馈和建议,帮助我们提高代码的可维护性和健壮性。

下面通过一个示例来演示如何使用代码覆盖率工具和质量保证工具。

步骤01 定义一个 MathHelper 类,并编写一个简单的 Add 方法,如代码清单 8-5 所示。

代码清单 8-5

```
public class MathHelper
```

```
{
    public int Add(int a, int b)
    {
        if (a > 0)
        {
            return a + b;
        }
        else
        {
            return a - b;
        }
    }
}
```

步骤 02 使用工具 NUnit 和 SonarQube 评估测试覆盖率和代码质量，如代码清单 8-6 所示。

代码清单 8-6

```
[Test]
public void Add_ShouldReturnSum()
{
    // 安排
    var mathHelper = new MathHelper();

    // 操作
    int result = mathHelper.Add(2, 3);

    // Assert
    Assert.AreEqual(5, result);
}
```

在上述单元测试中，我们编写了一个针对 Add 方法的测试用例，并使用断言方法 Assert.AreEqual 验证结果是否符合预期。

通过运行测试并使用代码覆盖率工具分析测试覆盖率，我们可以确定测试是否覆盖了所有的路径和分支。同时，通过使用质量保证工具，还可以检查代码中是否存在潜在的问题和缺陷，如代码风格违规、重复代码等

8.5 小 结

本章介绍了各种测试方法和工具，以确保应用程序的质量、稳定性和性能。

首先，介绍了单元测试和集成测试的重要性。通过编写和执行好的测试用例，可以验证代码的正确性和功能性，并提高代码的可维护性和可扩展性。还了解了一些常用的单元测试和集成测试框架，如 xUnit、NUnit 和 Jest，并探讨了如何编写高质量的测试代码。

接下来，讨论了 UI 测试和自动化测试。UI 测试用于验证应用程序的用户界面是否按预期工作，自动化测试可以提高测试的效率和可靠性。还了解了一些常用的 UI 测试框架和工具，如 Selenium、Cypress 和 JUnit，以及自动化测试的重要性和技术。

　　然后，探索了性能测试和压力测试的重要性。通过性能测试，可以评估应用程序在不同负载条件下的性能表现，并发现潜在的性能问题和瓶颈。压力测试可以帮助我们模拟高负载条件下的应用程序行为，评估其性能和稳定性。了解了一些常用的性能测试工具，如ApacheBench、wrk和JMeter，以及一些优化技术，如负载均衡和缓存。

　　最后，介绍了代码覆盖率和质量保证工具的重要性。代码覆盖率工具可以帮助我们评估测试的完整性和代码的健壮性，质量保证工具可以帮助我们评估代码的质量和发现潜在问题。还了解了一些常用的代码覆盖率和质量保证工具，如SonarQube、PMD和StyleCop，并演示了如何使用这些工具来提高代码质量和可维护性。

　　通过掌握这些测试和质量保证的知识和工具，我们可以在开发过程中更加自信地编写高质量的代码，并确保应用程序的质量、性能和可扩展性。

第 **9** 章

托管和部署

托管和部署是将应用程序发布到生产环境中并使其可供用户访问的关键步骤。本章将介绍不同的托管选项和最佳实践，帮助读者轻松地将应用程序部署到生产环境中。

9.1 部署选项和最佳实践

应用程序的部署是将应用程序发布到生产环境中并使其可用的过程。选择合适的部署选项和遵循最佳实践可以确保应用程序的可靠性、安全性和可扩展性。本节将介绍一些常见的部署选项和最佳实践，以便成功部署应用程序。

9.1.1 部署选项

常见的部署选项有以下3种。

1. 本地部署

本地部署是将应用程序部署到自己的服务器或计算机上的一种方式。这种部署方式提供了最大的灵活性和控制权，但也需要自行管理服务器硬件、操作系统和网络设置。

2. 云托管

云托管是将应用程序部署到云服务提供商的托管平台上的一种方式。这种部署方式提供了可伸缩性、弹性和易用性。我们可以选择使用例如Amazon Web Services（AWS）、Microsoft Azure、Google Cloud Platform（GCP）等云服务提供商的托管服务，它们提供了一系列的服务和工具，如虚拟机、容器服务、函数即服务（Function-as-a-Service）等，用于部署和管理应用程序。

3. 容器化部署

容器化部署使用容器技术将应用程序打包成独立且可移植的容器，然后在容器运行时环境中部署。这种部署方式提供了高度一致的运行环境,并支持快速部署和扩展。我们可以使用Docker和Kubernetes等工具来实现容器化部署。

9.1.2 部署最佳实践

无论选择哪种部署方式,以下的一些部署的最佳实践可以帮助我们确保应用程序的可靠性和性能。

1. 自动化部署

自动化部署是将部署过程自动化的一种方式,可以提高部署的可靠性和效率。通过使用工具如持续集成/持续部署(CI/CD)工具链,我们可以编写自动化脚本和流程,以便在每次代码变更后自动构建、测试和部署应用程序。

2. 环境隔离

将不同的部署环境(如开发环境、测试环境和生产环境)隔离开来,可以减少因环境差异而导致的问题,并确保测试和验证的可靠性。每个环境应该有独立的配置和资源,并且访问权限应该适当进行控制。

3. 安全性

在部署过程中,确保应用程序的安全性至关重要。使用安全的连接和协议(如HTTPS)、加密敏感数据、进行访问控制和权限管理,以及定期更新和维护应用程序与服务器等措施,可以提高应用程序的安全性。

4. 监控和日志记录

部署后,监控和日志记录是保证应用程序健康和问题排查的关键。使用监控工具来收集关键指标和性能数据,并设置警报以便及时发现问题。同时,确保应用程序具有适当的日志记录机制,以便对异常情况进行分析和排查。

5. 回滚和版本控制

在部署过程中,建立回滚策略和版本控制机制是非常重要的。如果出现问题或意外情况,可以快速回滚到之前的可用版本,并进行故障排除和修复。

以下是一个使用CI/CD工具链进行自动化部署的示例,如代码清单9-1所示。

代码清单 9-1

```
# .github/workflows/de

ploy.yml
name: Deploy

on:
  push:
    branches:
      - main
```

```
jobs:
  deploy:
    runs-on: ubuntu-latest

    steps:
      - name: Checkout code
        uses: actions/checkout@v2

      - name: Build and test
        run: |
          # 构建和测试命令

      - name: Deploy to production
        run: |
          # 生产环境部署命令

      - name: Deploy to staging
        run: |
          # 预发布环境部署命令
```

在上述示例中，使用CI/CD工具链进行自动化部署。当代码推送到main分支时，将触发部署作业。在作业中，首先检测代码，然后进行构建和测试，最后根据目标环境执行部署命令。

9.2　容器化应用程序

容器化应用程序是一种将应用程序打包成独立、可移植和可扩展的容器的部署方式。容器化应用程序提供了一种标准化的部署和运行环境,使应用程序在不同的平台和环境中具有一致的行为。本节将探讨容器化应用程序的概念、优势和常见工具。

9.2.1　容器化的概念

容器是一种将应用程序及其依赖项打包在一起的独立运行环境。容器包含了应用程序所需的所有组件,如代码、运行时环境、库文件和配置文件。容器化应用程序可以在不同的操作系统和平台上运行,而无须担心环境差异和依赖项冲突。

容器使用容器引擎（如Docker）进行管理和运行。容器引擎提供了一套工具和接口,用于创建、部署和管理容器。容器引擎利用操作系统的虚拟化技术,如Linux的命名空间和控制组（cgroup），实现容器的隔离和资源管理。

9.2.2　容器化的优势

容器化应用程序具有许多优势，使其成为现代化部署的首选方式之一。

（1）环境一致性：容器提供了一致的运行环境，确保应用程序在不同平台和环境中具有相同的行为。容器可以在开发、测试和生产环境中轻松进行迁移，减少了配置和依赖项的问题。

（2）可移植性：容器是独立于底层基础设施的，可以在不同的操作系统和云平台上运行。这使得应用程序具有更高的灵活性和可扩展性。

（3）资源隔离：容器提供了强大的隔离性，确保应用程序之间不会相互干扰。每个容器都有自己的文件系统、进程空间和网络栈，使得应用程序可以独立运行。

（4）可扩展性：容器化应用程序可以根据负载需求进行水平扩展，即添加更多的容器实例以处理更多的请求。容器编排工具如Kubernetes可以自动管理容器的扩展和负载均衡。

9.2.3　容器化工具

一些常用的容器化工具如下：

1. Docker

Docker是一个流行的开源容器平台，提供了创建、部署和管理容器的工具和接口。它提供了一个容器镜像的构建和分享机制，使得容器的创建和部署变得简单易用。

2. Kubernetes

Kubernetes是一个开源的容器编排工具，用于自动化部署、扩展和管理容器化应用程序。Kubernetes 提供了强大的容器编排功能，如负载均衡、服务发现和自动扩展。

3. 容器注册表

容器注册表是存储和分发容器镜像的中央仓库。常见的容器注册表包括Docker Hub、Azure Container Registry和Google Container Registry。

以下是一个使用Docker进行容器化的示例，如代码清单9-2所示。

代码清单 9-2

```
FROM mcr.microsoft.com/dotnet/aspnet:7.0 AS base
WORKDIR /app
EXPOSE 80
EXPOSE 443

FROM mcr.microsoft.com/dotnet/sdk:7.0 AS build
WORKDIR /src
COPY ["codelist0902/codelist0902.csproj", "codelist0902/"]
RUN dotnet restore "codelist0902/codelist0902.csproj"
COPY . .
WORKDIR "/src/codelist0902"
RUN dotnet build "codelist0902.csproj" -c Release -o /app/build

FROM build AS publish
RUN dotnet publish "codelist0902.csproj" -c Release -o /app/publish
/p:UseAppHost=false

FROM base AS final
WORKDIR /app
```

```
COPY --from=publish /app/publish .
ENTRYPOINT ["dotnet", "codelist0902.dll"]
```

在上述示例中，使用Dockerfile定义了一个容器镜像。该镜像基于官方的ASP.NET Core镜像，将*.csproj文件作为不同的层进行复制和还原。当docker build命令生成映像时，它将使用内置缓存。如果自上次运行ocker build命令后，*.csproj文件未发生更改，则dotnet restore命令无须再次运行。

9.3　高可用性和负载均衡

在部署应用程序时，高可用性和负载均衡是关键的考虑因素。高可用性确保应用程序在面对故障和中断时仍然可用，而负载均衡可以均匀分配请求到多个服务器，以提高应用程序的性能和可扩展性。本节将介绍高可用性和负载均衡的概念、实现方式及常见工具。

9.3.1　高可用性的概念

高可用性是指应用程序能够在面对故障和中断时持续提供服务。故障可能是服务器故障、网络中断、软件错误等。为了实现高可用性，我们需要采取措施来减少单点故障，并确保应用程序的可靠性。常见的高可用性最佳实践如下：

（1）冗余架构：通过使用多个服务器和组件的冗余架构，当一个组件或服务器发生故障时，其他组件或服务器可以接管服务。这可以通过使用负载均衡器、故障转移机制和备份服务器等来实现。

（2）自动化故障恢复：通过自动化脚本和监控工具，及时检测故障并自动恢复服务。例如，使用自动化部署和容器编排工具，可以自动替换故障的容器实例。

（3）监控和警报：实时监控应用程序和服务器的性能指标与日志，设置警报机制以便在出现异常时及时采取措施。监控工具可以帮助我们发现问题并快速响应。

9.3.2　负载均衡的概念

负载均衡是将请求均匀地分配到多个服务器上，以提高应用程序的性能和可扩展性。负载均衡器是负责分发请求的中间件组件，它可以根据服务器的负载情况和算法来决定将请求发送到哪个服务器。常见的负载均衡策略如下：

（1）轮询：按照顺序将请求依次分配给每个服务器。

（2）最小连接数：将请求发送到当前连接数最少的服务器。

（3）基于性能：根据服务器的性能指标（如响应时间、负载等）来决定将请求发送到哪个服务器。

负载均衡可以通过硬件负载均衡器或软件负载均衡器来实现。常见的负载均衡器包括Nginx、HAProxy、AWS ELB（Elastic Load Balancer）等。

以下是一个使用Nginx实现负载均衡的示例配置，如代码清单9-3所示。

代码清单 9-3

```
# nginx.conf

http {
  upstream backend {
    server backend1.example.com;
    server backend2.example.com;
    server backend3.example.com;
  }

  server {
    listen 80;

    location / {
      proxy_pass http://backend;
    }
  }
}
```

在上述示例中，定义了一个名为"backend"的上游服务器组，其中包含了多个后端服务器的地址。通过在server配置中使用proxy_pass将请求代理到backend，Nginx将会根据负载均衡策略将请求分发到后端服务器上。

9.3.3 高可用性和负载均衡工具

一些常用的高可用性和负载均衡工具如下。

1. Nginx

Nginx是一个流行的开源反向代理服务器和负载均衡器，具有高性能和可靠性。它支持多种负载均衡策略，并且可以用作静态资源服务器和反向代理服务器。

2. HAProxy

HAProxy是另一个常用的开源负载均衡器，支持多种负载均衡算法和健康检查机制。它具有高性能和可扩展性，并广泛用于大规模部署。

3. AWS ELB（Elastic Load Balancer）

AWS的Elastic Load Balancer是一种托管的负载均衡服务，可用于在AWS云平台上分发请求。它提供了自动扩展和高可用性功能，并集成了其他AWS服务。

9.4 云托管和自动化部署

云托管和自动化部署是现代应用程序开发和部署的重要组成部分。云托管提供了便捷的平台和服务,用于部署和管理应用程序,而自动化部署可以减少人工操作和提高部署的可靠性。本节将介绍云托管的概念、优势和常见服务,以及自动化部署的最佳实践。

9.4.1 云托管的概念

云托管是将应用程序部署到云服务提供商的托管平台上的一种方式。云托管提供了一系列的服务和工具,用于部署、扩展和管理应用程序,而无须担心底层基础设施的细节。

以下是一些常见的云托管服务和平台:

1. Amazon Web Services (AWS)

AWS提供了一系列的云计算服务,包括云服务器EC2、容器服务ECS和Elastic Beanstalk等。我们可以使用这些服务来部署和管理应用程序,同时还可以利用其他AWS服务,例如存储、数据库、监控等。

2. Microsoft Azure

Azure是微软提供的云计算平台,提供了多种托管服务,如虚拟机、容器实例、应用服务和函数应用等。Azure还与其他微软工具和服务集成,使得开发、部署和管理应用程序更加便捷。

3. Google Cloud Platform (GCP)

GCP提供了全面的云计算服务,包括计算引擎、容器引擎GKE和托管平台App Engine等。通过使用GCP,我们可以轻松地部署和扩展应用程序,并利用GCP的其他服务,例如数据库、机器学习等。

9.4.2 云托管的优势

使用云托管服务部署应用程序具有许多优势,包括:

(1)易用性:云托管服务提供了易于使用的界面和工具,使得应用程序的部署和管理变得简单快捷。我们可以使用图形用户界面或命令行工具来创建和配置应用程序环境。

(2)弹性和扩展性:云托管服务允许根据需求进行弹性扩展,而无须关心底层基础设施。我们可以根据负载情况自动调整应用程序的容量,并确保应用程序始终具有足够的资源。

(3)可靠性和高可用性:云托管服务通常提供了高可用性和容错机制,确保应用程序在面对故障和中断时仍然可用。它们通常提供了数据备份、故障转移和自动扩展等功能。

9.4.3 自动化部署的最佳实践

自动化部署是将部署过程自动化的一种方式,可以提高部署的可靠性和效率。以下是一些自动化部署的最佳实践。

(1)持续集成/持续部署(CI/CD):采用 CI/CD 工作流程,将代码的集成、构建、测试和部署自动化。这可以通过使用工具如 Jenkins、GitHub Actions或Azure DevOps等来实现。

（2）基础设施即代码：使用基础设施即代码工具，如Terraform或AWS CloudFormation，将基础设施配置和部署过程以代码的形式进行管理。这样可以确保基础设施的一致性和可重复性。

（3）配置管理：使用配置管理工具，如Ansible或Puppet，自动化应用程序的配置和部署过程。这样可以确保应用程序的一致性和可靠性。

（4）环境隔离：将开发、测试和生产环境隔离开来，并使用容器化或虚拟化技术来复制生产环境的配置。这样可以避免环境差异导致的问题，并确保测试和验证的可靠性。

以下是一个使用GitHub Actions实现自动化部署的示例配置，如代码清单9-4所示。

代码清单 9-4

```
# .github/workflows/deploy.yml
name: Deploy

on:
  push:
    branches:
      - main

jobs:
  deploy:
    runs-on: ubuntu-latest

    steps:
      - name: Checkout code
        uses: actions/checkout@v2

      - name: Build and test
        run: |
          #构建和测试命令

      - name: Deploy to production
        run: |
          # 生产环境部署命令

      - name: Deploy to staging
        run: |
          # 预发布环境部署命令
```

在上述示例中，使用GitHub Actions进行自动化部署。当代码推送到main分支时，将触发部署作业。在作业中，我们首先检测代码，然后进行构建和测试，最后根据目标环境执行部署命令。

9.5 小　　结

在本章中，我们探讨了托管和部署应用程序的关键概念、工具和最佳实践。

　　首先介绍了云托管的概念和优势。云托管是将应用程序部署到云服务提供商的托管平台上的一种方式。它提供了易用性、弹性、可靠性和高可用性等优势。

　　接着，介绍了自动化部署的最佳实践。自动化部署可以提高部署的可靠性和效率，采用持续集成/持续部署（CI/CD）、基础设施即代码、配置管理和环境隔离等实践可以帮助我们实现自动化部署。

　　然后，介绍了高可用性和负载均衡的重要性。高可用性确保应用程序在面对故障和中断时仍然可用，而负载均衡可以均衡分发请求到多个服务器，提高了应用程序的性能和可扩展性。

　　最后，介绍了云托管和自动化部署的一些常见工具和服务。Amazon Web Services（AWS）、Microsoft Azure和Google Cloud Platform（GCP）等云服务提供商都提供了丰富的托管和部署服务。

　　现在，相信读者已经掌握了托管和部署应用程序的基本知识。使用云托管服务和自动化部署的最佳实践，我们可以更轻松地部署、管理和扩展应用程序。

第 **10** 章

Vue 3 入门

Vue 3是一个强大而灵活的前端框架，它可以让我们更高效地构建应用程序，并且易于上手。从本章开始将进入Vue 3的奇妙世界，在这里，可以学习如何创建交互性和动态性极强的现代Web应用程序。

10.1 基本概念和核心特性

Vue 3是一个强大而灵活的JavaScript框架，它能够帮助我们构建现代化的交互式前端应用程序。本节将深入介绍Vue 3的基本概念和核心特性。即使是初学者，通过阅读本章内容，也会对Vue 3有一个清晰的认识。

10.1.1 什么是 Vue 3

Vue 3是一款流行的前端JavaScript框架，它可以轻松地与现有项目集成，并允许我们以声明式的方式构建用户界面。借助Vue 3，我们可以将应用程序划分为多个组件，每个组件都拥有自己的状态和逻辑，这样可以使得整个开发过程更加高效和可维护。

10.1.2 Vue 3 的核心特性

Vue 3具有以下核心特性，这些特性使其成为前端开发的首选框架之一。

（1）响应式系统升级：Vue 3引入了一个全新的响应式系统，称为"Proxy"，相比旧版的Object.defineProperty，Proxy在性能和功能上都有巨大的改进。它能够更高效地追踪数据变化，使得Vue 3在处理大型应用程序时更加高效和快速。

（2）组合式API：组合式API是Vue 3中最引人注目的特性之一。它让我们不再受限于旧版的Options API，而是能够更灵活地组织组件逻辑。通过组合式API，我们可以将相关逻辑封装成自定义的合成函数（Composition Function），使得代码结构更清晰，可维护性更强。

（3）更快的渲染：Vue 3对渲染性能进行了优化，它引入了虚拟DOM（文档对象模型）的静态标记和补丁算法的改进，从而减少了渲染所需的时间。这意味着Vue 3在处理复杂页面和大量数据时表现更为出色。

（4）更小的体积：Vue 3对代码进行了优化和重构，使得最终打包生成的文件更小，加载速度更快。这是对前端性能优化非常重要的一点，能够提供更好的用户体验。

（5）TypeScript支持：Vue 3全面支持TypeScript，这让我们可以在项目中使用TypeScript来增强代码的可靠性和可维护性。Vue 3的API也有更好的类型推断，提供更好的开发工具支持。

（6）全局API重构：Vue 3对全局API进行了重新组织和优化，使得它们更易于使用和理解。例如，全局的Vue构造函数被拆分成多个独立的函数，这样能够更好地结构化代码。

（7）Fragment和Teleport：Vue 3引入了Fragment（片段）和Teleport（传送门）这两个新特性。Fragment允许我们在不增加额外节点的情况下进行组件的多根节点渲染，而Teleport则可以帮助我们将组件的内容渲染到DOM树的不同位置。

（8）性能提升：Vue 3在性能方面有显著的提升。无论是渲染性能、打包体积还是响应式系统的优化，都使得Vue 3成为更好的选择。

通过掌握这些核心特性，我们可以更好地利用Vue 3来开发现代化的Web应用程序。

10.1.3　组件化开发

1. 组件化开发

Vue 3鼓励我们将应用程序划分为多个组件，每个组件都是一个独立的单元，可以包含模板、逻辑和样式，如代码清单10-1所示。通过组件化开发，我们可以更好地组织和复用代码，同时提高应用程序的可维护性。

代码清单 10-1

```
<template>
  <div>
    <h2>{{ count }}</h2>
    <button @click="count++">Click me</button>
  </div>
</template>

<script setup>
import { ref } from 'vue'
const count = ref(0)
</script>

<style scoped>
h2 {
  color: red;
}
</style>
```

代码清单10-1显示的是一个Vue 3的单文件组件（.vue文件），它包含了一个模板部分
（<template>标签内）、一个脚本部分（<script>标签内）和一个样式部分（<style>标签内）。

2. 响应式数据绑定

Vue 3通过双向数据绑定实现了响应式数据的更新。当数据发生变化时，相关的视图会自
动更新，无须手动干预，如代码清单10-2所示。这种响应式机制让我们可以更专注于业务逻辑，
而无须担心手动DOM操作。

代码清单 10-2

```
<template>
  <div>
    <p>{{ message }}</p>
    <input v-model="message" />
  </div>
</template>

<script setup>
import { ref } from 'vue'
const message = ref('Hello, Vue 3!')
</script>
```

代码清单10-2定义了一个简单的Vue组件，它显示了一个包含文本的段落和一个输入框。
输入框的值与段落中的文本同步。初始文本为"Hello, Vue 3!"，并且可以由用户通过输入框
更改。

3. 指令和事件处理

Vue 3提供了丰富的指令和事件处理功能，可以让我们更轻松地与DOM交互。例如，可以
使用v-if指令来根据条件显示或隐藏元素，使用@click来监听元素的单击事件，如代码清单10-3
所示。

代码清单 10-3

```
<template>
  <div>
    <p v-if="showMessage">{{ message }}</p>
    <button @click="toggleMessage">Toggle Message</button>
  </div>
</template>

<script setup>
import { ref } from 'vue'

const message = ref('Hello, Vue 3!')
const showMessage = ref(true)

function toggleMessage(event) {
  showMessage.value = !showMessage.value
}
```

```
</script>
```

代码清单10-3定义了一个简单的Vue组件，它显示了一个包含文本的段落和一个按钮。按钮用于切换段落的显示状态，即当段落显示时单击按钮会隐藏段落，而当段落隐藏时单击按钮会显示段落。

4. 生命周期钩子函数

在Vue 3中，每个组件都有一系列的生命周期钩子函数，这些函数允许我们在组件生命周期的不同阶段执行自定义操作。例如，onMounted钩子函数在组件挂载完成后执行，如代码清单10-4所示。

代码清单 10-4

```
<template>
  <div>
   <h1>{{ message }}</h1>
  </div>
</template>

<script setup>
import { ref,onMounted } from 'vue'

const message = ref('Hello, Vue 3!')

onMounted(() => {
 console.log(`组件挂载完成后！`)
})
</script>
```

代码清单10-4定义了一个简单的Vue组件，它显示了一个包含文本的h1标签。这个文本是响应式的，会随着message变量的改变而改变。当组件挂载完成后，执行onMounted钩子函数，输出"组件挂载完成后！"。

以上仅是Vue 3的部分功能，它还有许多其他功能等待我们去探索。通过深入了解这些特性和功能，我们将能够更加熟练地使用Vue 3来构建出色的前端应用程序。

10.2　安装和配置

本节将介绍如何安装Vue 3并进行基本的配置。Vue 3的安装和配置过程非常简单，让我们一步步来进行吧！

10.2.1　安装 Vue 3

要使用Vue 3，首先需要安装它。我们可以通过多种方式来安装Vue 3，包括使用CDN、npm或yarn。在本节中，将使用npm作为示例来演示Vue 3的安装过程。

打开命令行工具，并在项目文件夹中执行以下命令（见代码清单10-5）。

代码清单 10-5

```
npm install vue@next
```

这将安装最新版本的Vue 3。安装完成后，就可以在项目中使用Vue 3了。

10.2.2　创建 Vue 3 实例

安装完成后，让我们来创建一个简单的Vue 3实例。

步骤01 在 HTML 文件中引入 Vue 3，如代码清单 10-6 所示。

代码清单 10-6

```html
<!DOCTYPE html>
<html>
<head>
  <title>My Vue 3 App</title>
</head>
<body>
  <div id="app"></div>

  <script src="path/to/vue.js"></script>
  <!-- 或者使用CDN引入 -->
  <!-- <script src=" https://unpkg.com/vue@3/dist/vue.global.js"></script> -->
</body>
</html>
```

步骤02 在 JavaScript 中创建 Vue 3 实例，如代码清单 10-7 所示。

代码清单 10-7

```html
<script src="https://unpkg.com/vue@3/dist/vue.global.js"></script>

<div id="app">{{ message }}</div>

<script>
  const { createApp, ref } = Vue

  createApp({
    setup() {
      const message = ref('Hello vue!')
      return {
        message
      }
    }
  }).mount('#app')
</script>
```

在上面的代码中，首先通过Vue.createApp创建了一个Vue实例，并使用data选项定义了一个名为"message"的响应式数据。然后，使用app.mount('#app')将Vue实例挂载到id为"app"的HTML元素上。

10.2.3　运行 Vue 3 应用

现在，我们的Vue 3应用已经准备就绪，可以通过在浏览器中打开HTML文件来运行它了。如果一切顺利，我们将看到页面上显示着"Hello, Vue 3!"的字样，如图10-1所示。

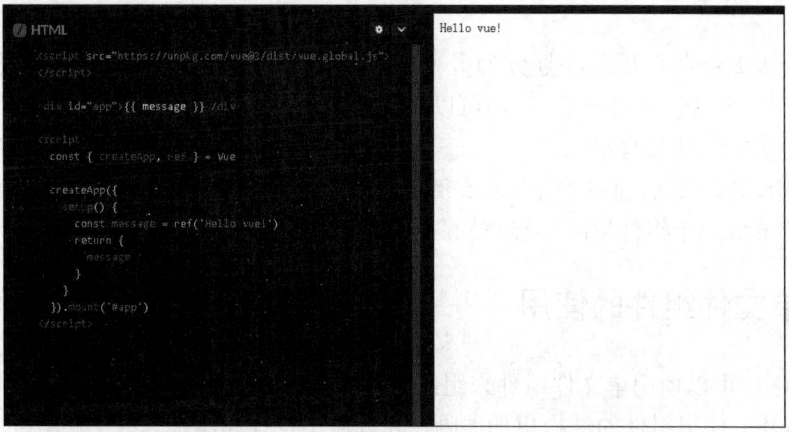

图 10-1　"Hello, Vue 3!"程序预览

10.2.4　Vue CLI

除了手动安装和配置Vue 3之外，还可以使用Vue CLI来快速搭建和管理Vue项目。Vue CLI提供了一些有用的命令和特性，让我们更轻松地开发Vue应用。

要安装Vue CLI，首先需要全局安装它。打开命令行工具，并执行以下命令（见代码清单10-8）。

代码清单 10-8

```
npm install -g @vue/cli
```

安装完成后，可以使用vue命令来创建新的Vue项目，如代码清单10-9所示。

代码清单 10-9

```
vue create my-vue-app
```

然后，进入项目目录并启动开发服务器，如代码清单10-10所示。

代码清单 10-10

```
cd my-vue-app
npm run serve
```

现在，Vue项目已经成功创建并运行起来了！

10.3 组件化开发和单文件组件的使用

本节介绍Vue 3的两个强大的特性——组件化开发和单文件组件（Single File Component，SFC）。

10.3.1 什么是组件化开发

组件化开发是指将应用程序划分为多个独立、可重用的组件，每个组件都包含自己的模板、逻辑和样式。通过组件化开发，我们可以将复杂的应用程序拆分成更小的、可管理的部分，使得开发变得更加高效和有组织。

在Vue 3中，每个组件都是一个Vue实例，可以通过Vue组件选项来定义。组件可以嵌套在其他组件中，形成一个组件树的层级结构。

10.3.2 单文件组件的使用

在Vue 3中，可以使用单文件组件来组织组件代码。单文件组件将模板、逻辑和样式都封装在一个文件中，使得组件的结构更加清晰，并且便于管理和维护。单文件组件的使用示例如下：

步骤01 安装 Vue CLI（如果尚未安装）。

如果尚未安装Vue CLI，请先进行安装，打开命令行工具，并执行以下命令（见代码清单10-11）。

代码清单 10-11

```
npm install -g @vue/cli
```

步骤02 创建一个新的 Vue 项目。

创建一个新的Vue项目，并进入项目目录，如代码清单10-12所示。

代码清单 10-12

```
vue create my-vue-app
cd my-vue-app
```

步骤03 创建一个单文件组件。

在src文件夹下，创建一个新文件夹，并命名为"components"。在components文件夹下，创建一个新的Vue单文件组件，并命名为"HelloWorld.vue"，如代码清单10-13所示。

代码清单 10-13

```
<!-- HelloWorld.vue -->
<template>
  <div>
```

```
    <h1>{{ message }}</h1>
    <button @click="changeMessage">Change Message</button>
  </div>
</template>

<script>
export default {
  data() {
    return {
      message: 'Hello, Vue 3!',
    };
  },
  methods: {
    changeMessage() {
      this.message = 'Hello, Single File Component!';
    },
  },
};
</script>

<style>
h1 {
  color: #42b983;
}
</style>
```

在代码清单10-13中，创建了一个名为"HelloWorld"的单文件组件。组件包含了一个数据属性message，以及一个方法changeMessage，当单击"Change Message"按钮时，会改变message的值。此外，我们还为h1标签添加了样式。

步骤 04 在主应用程序中使用组件。

在src文件夹下找到App.vue文件，然后将HelloWorld组件导入并注册为全局组件，如代码清单10-14所示。

代码清单 10-14

```
<template>
  <div id="app">
    <HelloWorld />
  </div>
</template>

<script>
import HelloWorld from './components/HelloWorld.vue';

export default {
  components: {
    HelloWorld,
  },
};
```

```
</script>
```

在代码清单10-14中，首先通过import语句导入了HelloWorld组件，并在components选项中注册了该组件。然后，在模板中使用<HelloWorld />标签来引用该组件。

步骤 05 运行 Vue 应用。

现在，我们的单文件组件已经准备就绪，让我们在浏览器中运行Vue应用程序看看效果吧。首先在命令行工具运行以下命令（见代码清单10-15）。

代码清单 10-15

```
npm run serve
```

然后打开浏览器，访问"http://localhost:8080"，我们将看到页面上显示着"Hello, Vue 3!"的字样。单击"Change Message"按钮，消息会更新为"Hello, Single File Component!"，如图10-2所示。

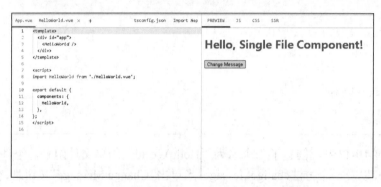

图 10-2　"Hello, Single File Component!"程序预览

至此，我们已经成功使用单文件组件创建和使用一个简单的Vue组件了。组件化开发是Vue 3中非常重要的特性，它可以帮助我们更好地组织和管理代码，从而提高开发效率和可维护性。

10.4　小　结

本章深入介绍了Vue 3的基本概念、安装配置、组件化开发以及单文件组件的使用。如果你是Vue 3的初学者，那么你已经迈出了掌握这个强大前端框架的第一步。下面让我们来总结一下本章的重要知识点。

- Vue 3的基本概念和核心特性

（1）Vue 3是一款流行的前端JavaScript框架，通过组件化开发，可以帮助我们构建现代化的交互式前端应用程序。

（2）Vue 3的核心特性包括组件化开发、响应式数据绑定、指令和事件处理、生命周期钩子函数等。

（3）通过组件化开发，我们可以将应用程序划分为多个独立、可重用的组件，使得开发更高效、有组织且易于维护。

- 安装和配置Vue 3

（1）要使用Vue 3，首先需要通过npm安装Vue 3的最新版本。

（2）创建一个Vue 3实例，并将其挂载到HTML中的某个元素上，即可开始使用Vue 3。

- 组件化开发和单文件组件的使用

（1）组件化开发是Vue 3最强大的特性之一，它将复杂的应用程序划分为多个小而独立的组件。

（2）单文件组件是一种组织组件代码的方式，它将模板、逻辑和样式封装在一个文件中，使得组件更易于管理和维护。

（3）要使用单文件组件，可以通过Vue.createApp创建Vue实例，并在components选项中注册和使用自定义组件。

第 **11** 章

Vue 3 基础知识

本章将深入介绍Vue 3的核心概念和基础知识，包括声明式渲染、属性绑定、事件监听、表单绑定、条件渲染、列表渲染和计算属性等重要概念。这些是使用Vue 3不可或缺的基本要素。

了解这些基础知识将帮助我们更好地理解Vue 3的工作原理，并能更加灵活地运用它来构建复杂的应用程序。

11.1 声明式渲染

本节将介绍Vue 3的一个重要概念——声明式渲染。声明式渲染是Vue的核心特性之一，它让我们可以更轻松地构建交互式前端应用程序。

11.1.1 什么是声明式渲染

在传统的前端开发中，我们通常需要手动操作DOM来更新页面上的内容。这样的开发方式往往会让代码变得复杂且难以维护。而在Vue 3中，可以使用声明式渲染的方式来更新页面上的内容。

声明式渲染是指我们只需要声明页面的状态和结构，而不需要关心具体的DOM操作，Vue 3会自动根据声明的状态来更新页面，使得整个开发过程更加简单和高效。

11.1.2 使用 Vue 3 进行声明式渲染

在Vue 3中，使用模板语法来实现声明式渲染。模板是一个以HTML为基础的语法，其中包含了Vue特有的指令和表达式。

下面通过一个简单的例子来了解如何在Vue中进行声明式渲染，如代码清单11-1所示。

代码清单 11-1

```
<template>
  <h1>{{ message }}</h1>
</template>

<script setup>
import { ref } from 'vue'
const message = ref('Hello, Vue 3!')
</script>
```

在代码清单11-1中，创建了一个Vue实例，并将message属性初始化为"Hello, Vue 3!"。在<div>标签中，使用双括号（{{ }}）来包裹message，这样Vue就知道要将message的值插入这个位置。这个用双括号包裹的表达式就是Vue的模板语法，它实现了声明式渲染。

在浏览器上运行这个Vue应用程序，将看到页面上显示着"Hello, Vue 3!"的字样，如图11-1所示。如果修改message的值，页面上的内容也会相应地更新。

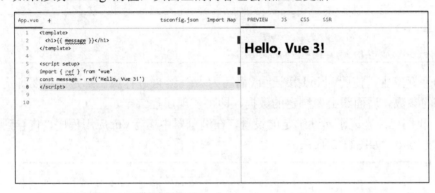

图 11-1　"Hello, Vue 3!"程序预览

11.2　属性绑定

本节将介绍Vue 3的另一个重要的概念——属性绑定。属性绑定是Vue 3中用于绑定HTML元素属性的一种技术，它使得我们可以更灵活地将数据绑定到DOM元素上。

11.2.1　什么是属性绑定

在前端开发中，我们经常需要将数据动态地绑定到HTML元素的属性上，这样在数据发生变化时，页面上的属性也会相应地更新。Vue 3中的属性绑定允许我们将Vue实例中的数据与HTML元素的属性建立关联，使得数据和视图保持同步。

11.2.2　使用 Vue 3 进行属性绑定

在Vue 3中，使用v-bind指令（简写为":"）来进行属性绑定。下面通过一个简单的例子来了解如何在Vue中进行属性绑定。

步骤01 首先创建一个 Vue 实例，如代码清单 11-2 所示。

代码清单 11-2

```
<template>
  <img v-bind:src="imageUrl" alt="Vue logo">
</template>

<script setup>
import { ref } from 'vue'
const imageUrl = ref('https://vuejs.org/images/logo.png')
</script>
```

在代码清单11-2中，创建了一个Vue实例，并将imageUrl属性初始化为Vue官方logo的URL。

步骤02 将 imageUrl 的值绑定到<img>元素的 src 属性上，如代码清单 11-3 所示。

代码清单 11-3

```
<img :src="imageUrl" alt="Vue logo">
```

在<img>标签中，使用v-bind指令（或简写为":"）来进行属性绑定。将要绑定的属性名作为v-bind的参数，后面跟上要绑定的数据，即可实现属性绑定。

现在，我们已经完成了属性绑定的设置，在浏览器中运行Vue应用程序，将看到页面上显示着Vue官方logo，如图11-2所示。

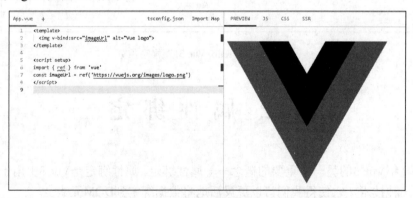

图 11-2　属性绑定预览

11.2.3　动态更新属性

属性绑定不仅可以绑定静态的属性值，还可以绑定动态的数据。这意味着当imageUrl的值发生变化时，<img>元素的src属性也会相应地更新。

例如，我们可以通过一个按钮来改变imageUrl的值，如代码清单11-4所示。

代码清单 11-4

```
<template>
  <div>
```

```
    <p><button @click="changeImageUrl">Change Image</button></p>
     <p><img :src="imageUrl" alt="Vue logo"></p>
  </div>
</template>

<script setup>
import { ref } from 'vue'
const imageUrl = ref('https://vuejs.org/images/logo.png')
function changeImageUrl() {
  imageUrl.value =
'https://cn.vuejs.org/assets/sponsor-placement-1.25fabbfe.png'
  }
</script>
```

现在，当单击"Change Image"按钮时，页面上Vue 3的logo图片会动态地切换为Vue 3的首页图片，如图11-3所示。

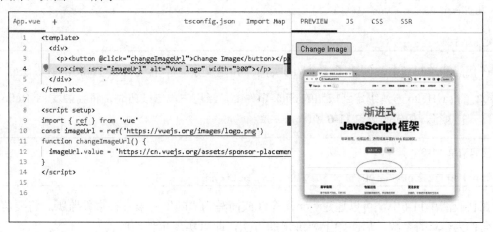

图 11-3　动态更新属性预览

11.3　事 件 监 听

在前面的章节中，已经介绍了Vue 3的声明式渲染和属性绑定。本节将介绍Vue 3的另一个重要特性——事件监听。事件监听使得我们可以在Vue应用程序中响应用户的交互操作。

11.3.1　什么是事件监听

在前端开发中，用户的交互操作（例如单击、输入、滚动等）通常会触发事件。事件监听是指我们可以在Vue 3中监听这些事件的发生，并在事件触发时执行相应的处理逻辑。

Vue 3使用v-on指令（简写为"@"）来进行事件监听。通过v-on指令，我们可以将Vue实例中定义的方法绑定到特定的事件上，当事件发生时，方法将被调用。

11.3.2 使用 Vue 3 进行事件监听

下面通过一个简单的例子来了解如何在Vue中进行事件监听。

步骤01 创建一个 Vue 实例，如代码清单 11-5 所示。

代码清单 11-5

```
<template>
  <div>
    <p><button v-on:click="sayHello">Say Hello</button></p>
  </div>
</template>

<script setup>
function sayHello() {
  alert('Hello, Vue 3!');
}
</script>
```

在代码清单11-5中，创建了一个Vue实例，并定义了一个名为"sayHello"的方法。

步骤02 将 sayHello 方法绑定到按钮的 click 事件上，当用户单击按钮时，将会触发 sayHello 方法的执行，如代码清单 11-6 所示。

代码清单 11-6

```
<button @click="sayHello">Say Hello</button>
```

在代码清单11-6中，可以通过v-on指令（或简写为"@"）来进行事件监听。将要监听的事件名作为v-on的参数，后面跟上要绑定的方法，即可实现事件监听。

现在，我们已经完成了事件监听的设置，在浏览器中运行Vue应用程序，当单击"Say Hello"按钮时，将会弹出一个提示框，显示"Hello, Vue 3!"的消息，如图11-4所示。

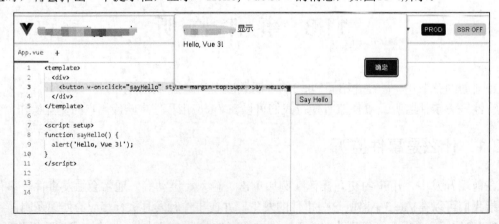

图 11-4 "Hello, Vue 3!"预览

11.3.3　传递参数

在实际开发中，我们可能需要将额外的参数传递给事件处理方法。例如，在单击按钮时，我们想要显示一个特定的消息，可以通过在方法调用中添加参数来实现这一点，如代码清单11-7所示。

代码清单 11-7

```
<template>
  <div>
    <p><button @click="showMessage('Welcome to Vue 3!')">Show Message</button></p>
  </div>
</template>

<script setup>
function showMessage(message) {
  alert(message);
}
</script>
```

现在，单击"Show Message"按钮，将会弹出一个提示框，显示"Welcome to Vue 3!"的消息，如图11-5所示。

图 11-5　"Welcome to Vue 3!"预览

11.4　表单绑定

在前面的章节中，已经介绍了Vue 3的声明式渲染、属性绑定和事件监听。本节继续介绍Vue 3的另一个重要特性——表单绑定。表单绑定使得我们可以更方便地处理表单元素的交互操作。

11.4.1　什么是表单绑定

在前端开发中，表单是收集用户输入信息的重要工具。表单绑定是指我们可以将Vue实例中的数据和表单元素的值进行绑定，使得用户输入的数据可以自动反映到Vue实例中的数据上，并且我们可以通过Vue实例中的数据来预设表单元素的初始值。

在Vue 3中，使用v-model指令来进行表单绑定，它是Vue框架提供的便捷工具，用于实现双向数据绑定。

11.4.2 使用 Vue 3 进行表单绑定

下面通过一个简单的例子来了解如何在Vue中进行表单绑定。

步骤01 创建一个 Vue 实例，如代码清单 11-8 所示。

代码清单 11-8

```
<template>
  <div id="app">
    <label for="username">Username:</label>
    <input type="text" id="username" v-model="username">
    <p>Your username is: {{ username }}</p>
  </div>
</template>

<script setup>
import { ref } from 'vue'
const username = ref('')
</script>
```

在代码清单11-8中，创建了一个Vue实例，并定义了一个名为"username"的数据属性。

步骤02 将 username 属性绑定到输入框的值上，这样当用户在输入框中输入内容时，username 的值也会相应地更新，如代码清单 11-9 所示。

代码清单 11-9

```
<input type="text" id="username" v-model="username">
```

在代码清单11-9中，通过v-model指令来进行表单绑定。将要绑定的数据属性名作为v-model的参数，即可实现双向数据绑定。

现在，我们已经完成了表单绑定的设置，在浏览器中运行Vue应用程序，当我们在输入框中输入内容时，下方的文本会实时更新为输入的内容，如图11-6所示。

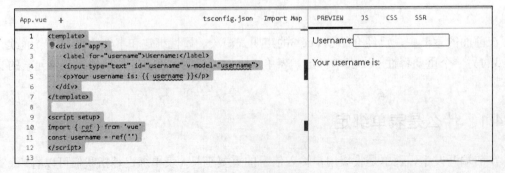

图 11-6　表单绑定预览

11.4.3　预设表单元素的初始值

通过表单绑定，我们还可以预设表单元素的初始值。例如，可以将username的初始值设置为"JohnDoe"，这样在页面加载时，输入框中会显示"JohnDoe"，如代码清单11-10所示。

代码清单 11-10

```
<template>
  <div id="app">
    <label for="username">Username:</label>
    <input type="text" id="username" v-model="username">
    <p>Your username is: {{ username }}</p>
  </div>
</template>

<script setup>
import { ref } from 'vue'
const username = ref('JohnDoe')
</script>
```

现在，当我们打开页面时，输入框中会显示"JohnDoe"，如图11-7所示。

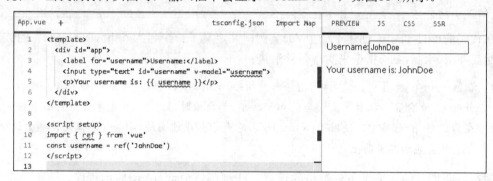

图 11-7　预设表单元素的初始值预览

11.5　条件渲染

本节将学习Vue 3的另一个重要特性——条件渲染。条件渲染使得我们可以根据特定的条件来动态地显示或隐藏DOM元素。

11.5.1　什么是条件渲染

在前端开发中，有时我们需要根据特定的条件来显示或隐藏某个DOM元素。条件渲染是指我们可以根据Vue实例中定义的数据或计算属性的值来决定是否渲染某个DOM元素。

在Vue 3中，使用v-if、v-else和v-else-if指令来实现条件渲染。这些指令允许我们根据不同的条件来决定DOM元素是否显示在页面上。

11.5.2 使用 Vue 3 进行条件渲染

下面通过一个简单的例子来了解如何在Vue中进行条件渲染，如代码清单11-11所示。

代码清单 11-11

```
<template>
 <div id="app">
  <p v-if="showMessage">Hello, Vue 3!</p>
  <p v-else>Click the button to show the message.</p>
  <button @click="toggleMessage">Toggle Message</button>
 </div>

</template>

<script setup>
import { ref } from 'vue'
const showMessage = ref(false)
function toggleMessage() {
 showMessage.value = !showMessage.value
}
</script>
```

在代码清单11-11中，创建了一个Vue实例，并定义了一个名为"showMessage"的数据属性，然后使用v-if和v-else指令来实现条件渲染：

- 在第一个<p>标签中，使用v-if指令来判断showMessage的值。当showMessage为true时，这个<p>元素会显示在页面上；当showMessage为false时，这个<p>元素会从页面中移除。
- 在第二个<p>标签中，使用了v-else指令，它表示如果前面的v-if条件不满足，那么这个<p>元素就会显示在页面上。

现在，我们已经完成了条件渲染的设置，在浏览器中运行Vue应用程序，页面上会显示"Click the button to show the message."的消息和一个"Toggle Message"按钮。当我们单击"Toggle Message"按钮时，"Hello, Vue 3!"的消息会动态地显示或隐藏，如图11-8所示。

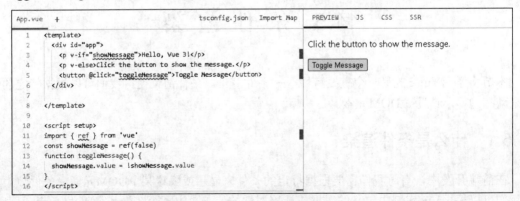

图 11-8　条件渲染预览

11.5.3　使用 v-else-if 进行多条件渲染

除了v-if和v-else之外，我们还可以使用v-else-if指令来进行多条件渲染。例如，可以根据messageType的值在页面上显示不同的消息，如代码清单11-12所示。

代码清单 11-12

```
<div v-if="messageType === 'success'">Success message</div>
<div v-else-if="messageType === 'warning'">Warning message</div>
<div v-else>Error message</div>
```

上代码清单11-12中表示当messageType的值为success时，显示"Success message"这个div元素；如果messageType的值不是success，但却是warning，则会显示"Warning message"这个div元素；如果messageTyp 的值既不是success，也不是warning，则会显示"Error message"这个div元素。

11.6　列　表　渲　染

本节继续介绍Vue 3的另一个重要特性——列表渲染。列表渲染使得我们可以动态地将数组数据渲染为多个DOM元素。

11.6.1　什么是列表渲染

在前端开发中，有时我们需要将数组数据展示为一组DOM元素。列表渲染是指我们可以通过Vue实例中的数组数据来动态地生成多个具有相同结构的DOM元素，并将数组中的每个元素都渲染成相应的DOM。

在Vue 3中，使用v-for指令来实现列表渲染。v-for指令可以遍历数组，为数组中的每个元素创建一个独立的DOM元素。

11.6.2　使用 Vue 3 进行列表渲染

下面通过一个简单的例子来了解如何在Vue中进行列表渲染。

步骤 01　创建一个 Vue 实例，如代码清单 11-13 所示。

代码清单 11-13

```
<template>
  <div id="app">
    <ul>
      <li v-for="item in items" :key="item.id">{{ item.name }}</li>
    </ul>
  </div>
</template>
```

```
<script setup>
import { ref } from 'vue'
const items = ref([
        { id: 1, name: 'Item 1' },
        { id: 2, name: 'Item 2' },
        { id: 3, name: 'Item 3' },
    ])
</script>
```

在上面的代码中，我们创建了一个Vue实例，并定义了一个名为"items"的数组。

步骤 02 使用 v-for 指令来实现列表渲染，如代码清单 11-14 所示。

代码清单 11-14

```
<li v-for="item in items" :key="item.id">{{ item.name }}</li>
```

在<li>标签中，使用v-for指令来遍历items数组，并将数组中的每个元素都渲染为一个<li>元素。:key属性是必需的，用于帮助Vue识别每个列表项的唯一性，以便进行高效的更新。

现在，我们已经完成了列表渲染的设置，在浏览器中运行Vue应用程序，页面上会显示一个有序列表，其中包含3个列表项：Item 1、Item 2和Item 3，如图11-9所示。

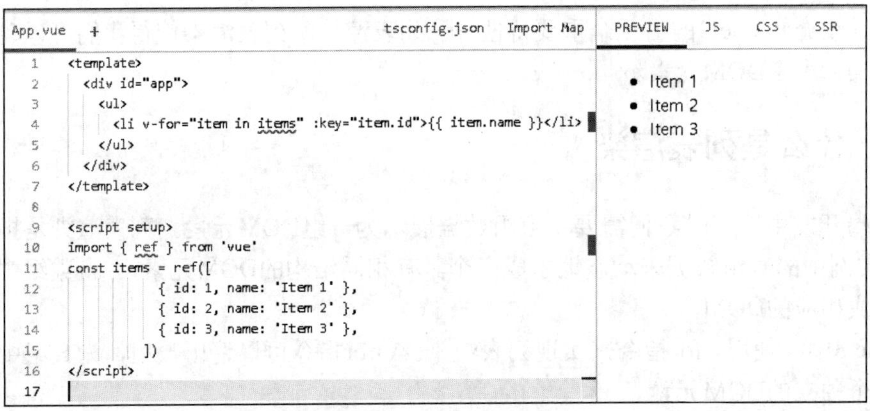

图 11-9　列表渲染预览

11.6.3　在列表渲染中使用索引

有时候，我们可能需要在列表渲染中使用当前项的索引。在Vue 3中，可以使用v-for指令的第2个参数来获取当前项的索引，如代码清单11-15所示。

代码清单 11-15

```
<li v-for="(item, index) in items" :key="item.id">
  {{ index + 1 }}. {{ item.name }}
</li>
```

现在，每个列表项前面会显示它们的索引编号，如图11-10所示。

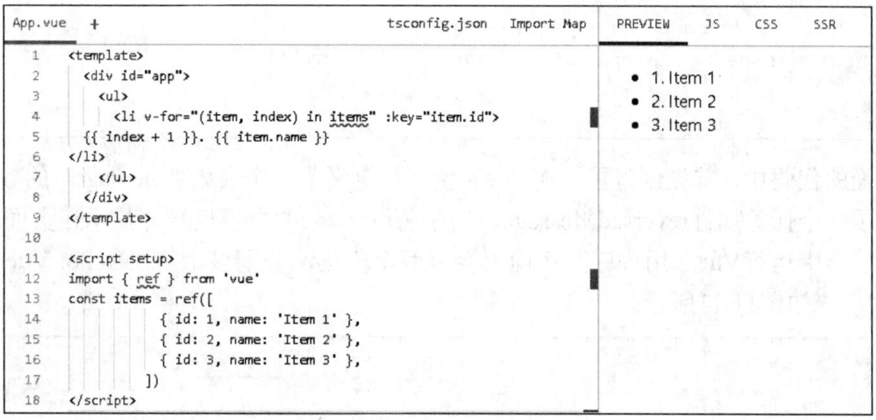

```
App.vue    +                          tsconfig.json   Import Map      PREVIEW    JS    CSS    SSR
1    <template>
2      <div id="app">                                              • 1.Item 1
3        <ul>                                                      • 2.Item 2
4          <li v-for="(item, index) in items" :key="item.id">     • 3.Item 3
5    {{ index + 1 }}. {{ item.name }}
6        </li>
7        </ul>
8      </div>
9    </template>
10
11   <script setup>
12   import { ref } from 'vue'
13   const items = ref([
14           { id: 1, name: 'Item 1' },
15           { id: 2, name: 'Item 2' },
16           { id: 3, name: 'Item 3' },
17         ])
18   </script>
```

图 11-10　使用当前项的索引

11.7　计 算 属 性

本节继续介绍Vue 3的另一个重要特性——计算属性。计算属性使得我们可以在Vue实例中声明一些依赖其他数据的计算属性，从而实现更复杂的数据处理和页面渲染。

11.7.1　什么是计算属性

在Vue应用程序中，有时我们需要根据已有的数据进行一些计算，并将计算结果用于页面的渲染或其他逻辑处理。计算属性是一种依赖于其他数据的动态属性，它们会根据依赖的数据进行计算，并将计算结果缓存起来，只有依赖的数据发生变化时，计算属性才会重新计算。

与计算属性类似的还有另一种属性——方法。方法和计算属性都可以用于进行数据的处理和计算，但是方法会在每次页面重新渲染时被调用，而计算属性只有在其依赖的数据发生变化时才会重新计算，这使得计算属性更高效。

11.7.2　使用 Vue 3 创建计算属性

下面通过一个简单的例子来了解如何在Vue中创建计算属性，如代码清单11-16所示。

代码清单 11-16

```
<template>
  <div id="app">
    <p>{{ message }}</p>
    <p>{{ reversedMessage }}</p>
  </div>
</template>

<script setup>
import { ref, computed } from 'vue'
const message = ref('Hello, Vue 3')
```

```
const reversedMessage = computed(() => {
  return message.value.split('').reverse().join('')
})
</script>
```

在上面的代码中,首先创建了一个Vue实例,并定义了一个名为"message"的数据属性。然后创建了一个计算属性reversedMessage,用于将message的内容反转并显示在页面上。

在浏览器中运行Vue应用程序,页面上会有两个段落,分别显示着"Hello, Vue 3"和"3 euV ,olleH",如图11-11所示。

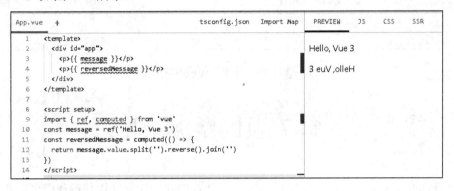

图 11-11　计算属性

11.7.3　对比计算属性和方法

在11.7.2节的例子中,我们使用了计算属性来反转message的内容。现在,让我们将这个功能实现为一个方法,以对比计算属性和方法的不同之处,如代码清单11-17所示。

代码清单 11-17

```
<template>
  <div id="app">
    <p>{{ message }}</p>
    <p>{{ reversedMessage }}</p>
    <p>{{ getReversedMessage() }}</p>
  </div>
</template>

<script setup>
import { ref, computed } from 'vue'
const message = ref('Hello, Vue 3')
const reversedMessage = computed(() => {
  return message.value.split('').reverse().join('')
})
function getReversedMessage(){
  return message.value.split('').reverse().join('')
}
</script>
```

在页面上调用计算属性,如代码清单11-18所示。

代码清单 11-18

```
<p>{{ reversedMessage }}</p>
```

在页面上调用方法，如代码清单11-19所示。

代码清单 11-19

```
<p>{{ getReversedMessage () }}</p>
```

看看效果吧，如图11-12所示。

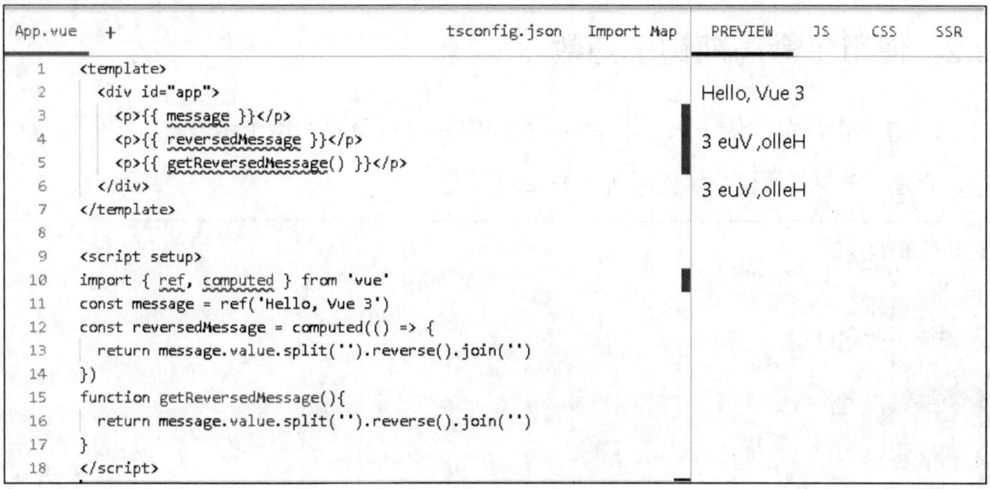

```
App.vue    +                        tsconfig.json  Import Map      PREVIEW    JS    CSS    SSR
 1   <template>
 2     <div id="app">                                             Hello, Vue 3
 3       <p>{{ message }}</p>
 4       <p>{{ reversedMessage }}</p>                             3 euV ,olleH
 5       <p>{{ getReversedMessage() }}</p>
 6     </div>                                                     3 euV ,olleH
 7   </template>
 8
 9   <script setup>
10   import { ref, computed } from 'vue'
11   const message = ref('Hello, Vue 3')
12   const reversedMessage = computed(() => {
13     return message.value.split('').reverse().join('')
14   })
15   function getReversedMessage(){
16     return message.value.split('').reverse().join('')
17   }
18   </script>
```

图 11-12　计算属性和方法预览

11.8　生命周期和模板引用

本节继续介绍Vue 3的另两个重要主题——生命周期和模板引用。生命周期使得我们可以在Vue实例的不同阶段执行特定的操作，而模板引用则允许我们在模板中获取DOM元素或Vue组件实例。

11.8.1　生命周期

Vue实例在创建、更新和销毁的过程中，会触发一系列的生命周期钩子函数，以允许我们在不同阶段进行特定的操作。在Vue 3中，生命周期钩子函数有一些变化，下面介绍一下常用的生命周期钩子函数：

- setup()：开始创建组件之前执行的函数，在beforeCreate和created之前执行。创建的是data和method。
- onBeforeMount()：组件挂载到节点之前执行的函数。
- onMounted()：组件挂载完成后执行的函数。
- onBeforeUpdate()：组件更新之前执行的函数。

- onUpdated()：组件更新完成之后执行的函数。
- onBeforeUnmount()：组件卸载之前执行的函数。
- onUnmounted()：组件卸载完成后，执行的函数
- onActivated()：包含在<keep-alive>中的组件，会多出两个生命周期钩子函数onActivated()和onDeactivated()。组件被激活时执行。
- onDeactivated()：例如从A组件切换到B组件，A组件消失时执行。
- onErrorCaptured()：当捕获一个来自子孙组件的异常时激活该钩子函数（以后用到再讲，此处不好展现）。

11.8.2 使用生命周期钩子函数

下面通过一个简单的例子来了解如何在Vue中使用生命周期钩子函数。

步骤 01 创建一个 Vue 实例，如代码清单 11-20 所示。

代码清单 11-20

```
<template>
 <div id="app">
 </div>
</template>

<script>
import {
 onMounted,
 onBeforeMount,
 onBeforeUpdate,
 onUpdated,
} from "vue"

export default {
 setup() {
  console.log("1-开始创建组件-----setup()")

  onBeforeMount(() => {
    console.log("2-组件挂载到页面之前执行-----onBeforeMount()")
  });

  onMounted(() => {
    console.log("3-组件挂载到页面之后执行-----onMounted()")
  });

  onBeforeUpdate(() => {
    console.log("4-组件更新之前-----onBeforeUpdate()")
  });

  onUpdated(() => {
    console.log("5-组件更新之后-----onUpdated()")
  })
```

```
  }
 }
</script>
```

在上面的代码中，我们使用了各个生命周期钩子函数，并在每个钩子函数中输出了相应的日志。

步骤 02 在浏览器中运行 Vue 应用程序，并打开浏览器控制台，查看生命周期钩子函数的执行顺序和日志输出。在控制台中可以看到如下类似输出，如代码清单 11-21 所示。

代码清单 11-21

```
1-开始创建组件-----setup()")
2-组件挂载到页面之前执行-----onBeforeMount()
3-组件挂载到页面之后执行-----onMounted()
4-组件更新之前-----onBeforeUpdate()
5-组件更新之后-----onUpdated()
```

11.8.3 模板引用

模板引用是指我们可以在模板中使用ref属性给DOM元素或Vue组件实例添加一个引用。通过这个引用，我们可以在Vue实例中访问到这些DOM元素或组件实例，从而进行一些操作。

下面通过一个例子来了解如何在Vue中使用模板引用，如代码清单11-22所示。

代码清单 11-22

```
<template>
  <div id="app">
    <input type="text" ref="inputRef">
    <button @click="focusInput">Focus Input</button>
  </div>
</template>

<script setup>
import { ref } from 'vue'
const inputRef = ref(null)
function focusInput() {
  inputRef.value.focus();
}
</script>
```

在上面的代码中，在<input>标签中使用了ref属性来给输入框添加一个引用名"inputRef"。然后，通过inputRef在focus方法中访问这个输入框的DOM元素，并使其获得焦点。

11.9 侦听器

本节继续介绍Vue 3的另一个重要特性——侦听器。侦听器允许我们监听Vue实例中数据的变化，并在数据变化时执行特定的操作。

11.9.1　什么是侦听器

在Vue应用程序中，有时我们需要对数据的变化做出响应，例如当数据发生变化时，我们可能需要重新计算一些数据、请求数据或更新页面中的内容。侦听器允许我们在Vue实例中声明一个侦听函数，当指定的数据发生变化时，侦听函数就会被触发。

在Vue 3中，使用watch选项来定义侦听器。watch选项是一个对象，其中的每个属性名是要侦听的数据属性名称，而属性值则是一个侦听函数，该函数会在相应数据发生变化时被调用。

11.9.2　使用 Vue 3 的侦听器

下面通过一个简单的例子来了解如何在Vue中使用侦听器，如代码清单11-23所示。

代码清单 11-23

```
<template>
  <div id="app">
    <p>Count: {{ count }}</p>
    <button @click="incrementCount">Increment</button>
  </div>
</template>

<script setup>
import { ref,watch } from 'vue'
const count = ref(0)

function incrementCount() {
  count.value++;
}

watch(count, async (newValue, oldValue) => {
  console.log(`Count changed from ${oldValue} to ${newValue}`)
})
</script>
```

在上面的代码中，首先创建了一个Vue实例，并定义了名为"count"的数据属性。同时，在methods选项中定义了一个方法incrementCount，用于增加"count"的值。然后，使用watch选项来定义一个侦听器，该侦听器会监听count的变化，并在数据发生变化时，输出相应的日志。

我们已经创建了侦听器，在浏览器中运行Vue应用程序，现在页面上会显示一个计数值和一个按钮。每次单击该按钮，计数值都会增加，并在控制台中输出相应的日志，如图11-13所示。

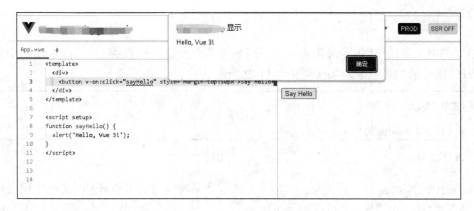

图 11-13　事件监听预览

11.9.3　深度侦听

除了简单的侦听外，Vue 3还支持深度侦听，允许我们在侦听对象或数组的变化时，进一步监听它们内部的数据变化。

在定义侦听器时，直接给watch()传入一个响应式对象，会隐式地创建一个深层侦听器——该回调函数在所有嵌套的属性变更时被触发，如代码清单11-24所示。

代码清单 11-24

```
const obj = reactive({ count: 0 })

watch(obj, (newValue, oldValue) => {
  // 在嵌套的属性变更时触发
  // 注意：此处newValue和oldValue是相等的
  // 因为它们是同一个对象
})

obj.count++
```

11.10　小　　结

本章涵盖了许多Vue 3的核心特性和基本概念，让我们来回顾一下。

● 声明式渲染

Vue 3采用了声明式渲染的方式，通过将数据与视图进行绑定，实现了数据的自动渲染，让开发者只需要关注数据的变化，而无须手动操作DOM，如代码清单11-25所示。

代码清单 11-25

```
<div id="app">
  <p>{{ message }}</p>
</div>
```

- 属性绑定

在Vue 3中，可以使用v-bind指令（可简写为":"）来进行属性绑定，将Vue实例中的数据绑定到HTML元素的属性上，如代码清单11-26所示。

代码清单 11-26

```
<img :src="imageUrl" alt="Image">
```

- 事件监听

Vue 3提供了v-on指令（可简写为"@"）来进行事件监听，可以在Vue实例中定义对应的方法来处理事件，如代码清单11-27所示。

代码清单 11-27

```
<button @click="handleClick">Click me</button>
```

- 表单绑定

在Vue 3中，可以使用v-model指令来实现表单元素与Vue实例数据的双向绑定，如代码清单11-28所示。

代码清单 11-28

```
<input type="text" v-model="username">
```

- 条件渲染

Vue 3提供了v-if和v-else指令，允许我们根据条件动态地渲染HTML元素，如代码清单11-29所示。

代码清单 11-29

```
<div v-if="isLoggedin">Welcome back!</div>
<div v-else>Please log in to continue.</div>
```

- 列表渲染

通过v-for指令，我们可以遍历数组数据，并动态地将数组中的每个元素都渲染为多个DOM元素，如代码清单11-30所示。

代码清单 11-30

```
<li v-for="item in items" :key="item.id">{{ item.name }}</li>
```

- 计算属性

计算属性允许我们根据其他数据进行计算，并将计算结果缓存起来，只有依赖的数据发生变化时才会重新计算，如代码清单11-31所示。

代码清单 11-31

```
computed: {
```

```
fullName() {
  return this.firstName + ' ' + this.lastName;
},
},
```

- 生命周期和模板引用

Vue实例在创建、更新和销毁的过程中，会触发一系列的生命周期钩子函数，以允许我们在不同阶段执行特定的操作。模板引用允许我们在模板中获取DOM元素或Vue组件实例，如代码清单11-32所示。

代码清单 11-32

```
beforeCreate() {
  // 生命周期钩子函数
},
```

````html
<input type="text" ref="inputRef">
````

- 侦听器

侦听器允许我们监听Vue实例中数据的变化，并在数据变化时执行特定的操作，如代码清单11-33所示。

代码清单 11-33

```
watch: {
  count(newValue, oldValue) {
    // 侦听器
  },
},
```

第 **12** 章

组件开发

Vue 3的核心思想之一是组件化开发。组件的使用可以大大提高代码的可维护性和复用性，让应用程序结构更加清晰。本章将全面介绍组件的概念和开发，包括如何创建和注册全局组件与局部组件，以及如何在组件间传递数据和通信。通过组件开发，我们将能够更加系统地组织和管理Vue 3应用程序。

12.1　组件生命周期和钩子函数

组件是Vue 3中最重要的特性之一，它允许我们将页面拆分成独立的、可复用的模块。本节将深入介绍Vue 3中组件的生命周期和钩子函数，帮助读者理解组件在不同阶段的行为，并优化组件的性能和功能。

12.1.1　什么是组件生命周期

组件生命周期是指每个Vue组件实例在创建时都需要经历一系列的初始化步骤，例如设置数据侦听、编译模板、挂载实例到DOM，以及在数据改变时更新DOM。在此过程中，它也会运行被称为生命周期钩子的函数，让开发者有机会在特定阶段运行自己的代码。

12.1.2　组件钩子函数

在每个生命周期阶段，Vue 3提供了一系列的钩子函数，用于执行相关操作。组件钩子函数可以帮助我们在合适的时机做出响应，例如在组件创建前做一些初始化工作，在组件更新时重新计算数据，在组件销毁前清理资源，等等。

12.1.3 使用组件钩子函数

让我们通过一个简单的例子来了解如何在Vue中使用组件钩子函数，如代码清单12-1所示。

代码清单 12-1

```
<template>
  <div id="app">
  </div>
</template>

<script>
import {
 onMounted,
 onBeforeMount,
 onBeforeUpdate,
 onUpdated,
} from "vue"

export default {
 setup() {
  console.log("1-开始创建组件-----setup()")

  onBeforeMount(() => {
    console.log("2-组件挂载到页面之前执行-----onBeforeMount()")
  });

  onMounted(() => {
    console.log("3-组件挂载到页面之后执行-----onMounted()")
  });

  onBeforeUpdate(() => {
    console.log("4-组件更新之前-----onBeforeUpdate()")
  });

  onUpdated(() => {
    console.log("5-组件更新之后-----onUpdated()")
  })
 }
}
</script>
```

在代码清单12-1中，我们创建了一个简单的Vue组件，我们在组件中使用了几个常用的钩子函数，并在每个钩子函数中输出相应的日志。

12.1.4 在控制台查看输出

让我们在浏览器中运行Vue应用程序，并在控制台中查看组件的生命周期钩子函数的执行顺序和日志输出，如代码清单12-2所示。

代码清单 12-2

```
1-开始创建组件-----setup()")
2-组件挂载到页面之前执行-----onBeforeMount()
3-组件挂载到页面之后执行-----onMounted()
4-组件更新之前-----onBeforeUpdate()
5-组件更新之后-----onUpdated()
```

12.2 Props

在Vue 3中，组件是构建灵活和可复用的用户界面的基本构建块，因此组件之间的通信就显得尤为重要。在前面的章节中，我们学习了组件的生命周期和钩子函数，本节继续探索Vue 3中另一个重要的特性——Props。

12.2.1 什么是 Props

Props是一种组件之间通信的机制，用于父组件向子组件传递数据。通过Props，我们可以将数据从父组件传递到子组件，并在子组件中使用这些数据。这使得我们可以将组件设计得更加灵活和可配置，同时实现了组件之间的数据传递和通信。

12.2.2 如何使用 Props

在Vue 3中，使用Props选项来定义子组件接收的数据的属性。在父组件中，通过在子组件的标签上绑定属性值，将数据传递给子组件。下面通过一个示例来演示如何使用Props。

步骤 01 创建一个简单的子组件 ChildComponent，用于接收父组件传递的数据，如代码清单 12-3 所示。

代码清单 12-3

```
<template>
  <div>
    <p>{{ message }}</p>
  </div>
</template>

<script setup>
const props = defineProps(['message'])
</script>
```

步骤 02 在父组件中使用 ChildComponent，并在 ChildComponent 标签上绑定 Props 数据，如代码清单 12-4 所示。

代码清单 12-4

```
<template>
```

```
  <div>
    <ChildComponent :message="parentMessage" />
  </div>
</template>

<script setup>
import ChildComponent from './ChildComponent.vue'
import { ref } from 'vue'
const parentMessage = ref('Hello from parent component!')
</script>
```

在代码清单12-4中，通过":message="parentMessage""将parentMessage的值传递给子组件的message属性。

现在，我们已经定义了Props并在父组件中传递了数据，在浏览器中运行Vue应用程序，看看子组件是否成功接收并显示了父组件传递的数据。结果如图12-1所示，页面上会显示子组件中显示了父组件传递的数据。

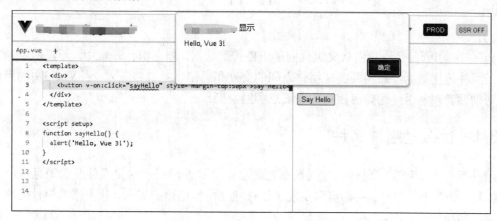

图 12-1　子组件中显示了父组件传递的数据

12.2.3　Props 验证

除了简单地传递数据外，Vue 3还允许我们对Props进行验证，以确保传递的数据满足特定的要求。我们可以使用Props选项的对象形式来定义Props，并为每个Props设置验证规则，如代码清单12-5所示。

代码清单 12-5

```
<template>
  <div>
    <p>{{ message }}</p>
  </div>
</template>

<script setup>
const props = defineProps({
message: {
    type: String, // 类型为字符串
```

```
    required: true, // 必需的属性
    default: 'Default Message', // 默认值
    validator(value) {
    // 自定义验证函数
      return String(value).length <= 10
      }
    }
})
</script>
```

在上面的代码中，定义了一个Vue组件，该组件接收一个名为"message"的Props，它必须是一个长度不超过10个字符的字符串，否则会触发验证错误。如果没有提供message Props，则它的默认值是"Default Message"。

12.3 组 件 事 件

Vue 3中的Props允许我们从父组件向子组件传递数据，但在组件开发中，不仅需要从父组件向子组件传递数据，还需要实现组件之间的交互和通信。本节将深入介绍Vue 3中的组件事件，帮助读者理解组件间如何相互传递消息和触发操作。

12.3.1 什么是组件事件

组件事件是一种在子组件中定义和触发的自定义事件，用于向父组件发送消息或触发特定的操作。通过组件事件，我们可以实现子组件向父组件通信的需求，让不同的组件之间实现更加灵活和高效的互动。

12.3.2 在子组件中定义事件

在Vue 3中，可以使用emit方法在子组件中定义和触发事件。例如，在子组件中定义一个自定义事件，如代码清单12-6所示。

代码清单 12-6

```
<template>
  <div>
    <button @click="handleClick">Click me</button>
  </div>
</template>

<script setup>
const emit = defineEmits(['button-clicked'])

function handleClick() {
  emit('button-clicked');
}
```

```
</script>
```

在上面的代码中，使用emit ('button-clicked')来触发一个名为"button-clicked"的自定义事件。

12.3.3 在父组件中监听事件

我们在父组件中使用子组件，并监听子组件的自定义事件，如代码清单12-7所示。

代码清单 12-7

```
<template>
 <div>
   <ChildComponent @button-clicked="handleButtonClicked" />
 </div>
</template>

<script setup>
import ChildComponent from './ChildComponent.vue'
function handleButtonClicked() {
    console.log('Button clicked in child component');
}
</script>
```

在上面的代码中，在ChildComponent标签上绑定了@button-clicked="handleButtonClicked"，当子组件中触发了button-clicked事件时，父组件中的handleButtonClicked方法会被调用。

12.3.4 向子组件传递参数

除了触发事件外，我们还可以向子组件传递参数。在子组件中使用emit方法时，可以传递额外的参数，供父组件在监听事件时使用，如代码清单12-8所示。

代码清单 12-8

```
<template>
 <div>
   <button @click="handleClick">Click me</button>
 </div>
</template>

<script setup>
const emit = defineEmits(['button-clicked'])

function handleClick() {
 emit('button-clicked','Hello from child component');
}
</script>
```

在父组件中接收参数时，我们可以通过事件对象来获取子组件传递的数据，如代码清单12-9所示。

代码清单 12-9

```
<template>
  <div>
    <ChildComponent @button-clicked="handleButtonClicked" />
  </div>
</template>

<script setup>
import ChildComponent from './ChildComponent.vue'
function handleButtonClicked(messageFromChild) {
  console.log('Button clicked in child component with message:', messageFromChild);
}
</script>
```

12.4　组件 v-model

在Vue 3中，v-model是一种用于实现组件双向绑定的特殊语法糖。它允许我们在使用自定义组件时，可以像使用原生HTML元素一样，通过v-model指令实现数据的双向绑定。本节将深入介绍Vue 3中的组件v-model，以及如何在自定义组件中实现双向绑定。

12.4.1　什么是组件 v-model

在Vue 3中，v-model是Vue提供的一种语法糖，它允许我们在使用自定义组件时，通过v-model指令实现对组件的数据进行双向绑定。通过使用v-model，我们可以将父组件中的数据绑定到子组件的属性上，并通过监听子组件属性的变化来同步更新父组件中的数据。

12.4.2　如何在组件中使用 v-model

要在自定义组件中使用v-model，首先需要在子组件中声明modelValue作为传入的Props，以及update:modelValue作为触发更新的事件。然后，在子组件的模板中使用v-bind绑定modelValue到合适的元素上，并使用$emit方法触发update:modelValue事件来更新父组件中的数据。下面通过一个简单的示例来渲染如何在组件中使用V-model。

步骤01 创建一个简单的子组件 CustomInput，它使用 v-model 来实现对输入框的双向绑定，如代码清单 12-10 所示。

代码清单 12-10

```
<template>
  <div>
    <input
    :value="modelValue"
    @input="$emit('update:modelValue', $event.target.value)"
    />
```

```
    </div>
  </template>

  <script setup>
  defineProps(['modelValue'])
  defineEmits(['update:modelValue'])
  </script>
```

在上面的代码中，将modelValue绑定到输入框的value属性，并通过在输入框的输入事件中使用$emit方法触发update:modelValue事件来更新父组件中的数据。

步骤 02 在父组件中使用 CustomInput 组件，并通过 v-model 实现对子组件数据的双向绑定，如代码清单 12-11 所示。

代码清单 12-11

```
<template>
  <div>
   <p>Value in parent component: {{ inputValue }}</p>
    <CustomInput v-model="inputValue" />
  </div>
</template>

<script setup>
import { ref } from 'vue'
import CustomInput from './CustomInput.vue'
const inputValue = ref('')
</script>
```

在上面的代码中，使用v-model来绑定inputValue到ChildComponent组件上，并实现了数据在父子组件之间的双向绑定。

12.5 透传 Attributes

本节将介绍Vue 3中的透传Attributes，以及如何在自定义组件中使用它。

12.5.1 什么是透传 Attributes

在Vue 3中，透传Attributes是一种让父组件将非Props的属性传递给子组件的技术。默认情况下，当在父组件中使用自定义组件时，父组件的属性（除了Props）将不会传递给子组件。然而，有时候我们可能希望将父组件的某些特定属性传递到子组件的某个元素上，从而实现更灵活的组件开发，此时就可以使用透传Attributes。

12.5.2 如何使用透传 Attributes

在Vue 3中，我们可以通过v-bind="$attrs"将父组件的非Props属性透传给子组件的某个元素。

这样，父组件的属性将会被应用到子组件的对应元素上。下面通过一个示例来演示如何使用透传Attributes。

步骤01 创建一个简单的子组件 CustomButton，并在子组件的某个元素上使用透传 Attributes，如代码清单 12-12 所示。

代码清单 12-12

```
<template>
  <div>
    <button v-bind="$attrs" @click="handleButtonClick">Click me</button>
    <p><span>Fallthrough attribute: {{ $attrs }}</span></p>
  </div>
</template>

<script setup>
defineOptions({
  inheritAttrs: false
})
function handleButtonClick() {
    console.log('Button clicked in children component');
}
</script>
```

在上面的代码中，使用v-bind="$attrs"将父组件的所有非Props属性透传给子组件的按钮元素。

步骤02 在父组件中使用 CustomButton 组件，并向它传递一些非 Props 属性，如代码清单 12-13 所示。

代码清单 12-13

```
<template>
  <div>
    <CustomButton class="custom-button" @click="handleButtonClick" title="Click
me" />
  </div>
</template>

<script setup>
import CustomButton from './CustomButton.vue'
function handleButtonClick() {
  console.log('Button clicked in parent component');
}
</script>
```

在上面的代码中，将class、title等非Props属性传递给CustomButton组件，并使用透传Attributes将它们应用到子组件的按钮元素上。

同样地，单击事件也能进行透穿，子组件上面有一个单击事件handleButtonClick，父组件也有一个同名的单击事件handleButtonClick，单击按钮时最终这两个单击事件都能触发，如图

12-2所示。

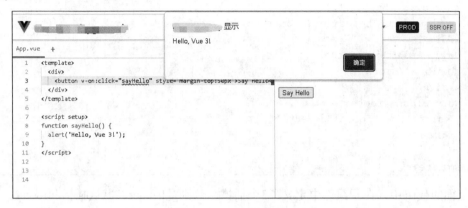

图 12-2 透传单击事件

12.5.3 注意事项

注意，使用透传Attributes时，必须确保子组件的对应元素支持这些属性，否则，Vue 3会发出警告。

12.6 插 槽

在Vue 3中，插槽（Slots）是一种强大的组件功能，它允许父组件向子组件传递内容，使得子组件的内容可以由父组件动态决定。插槽为我们提供了一种组件组合的方式，使得组件更加灵活和可复用。本节将介绍Vue 3中的插槽，以及如何在自定义组件中使用它。

12.6.1 什么是插槽

插槽是一种允许父组件向子组件传递内容的机制。通过使用插槽，我们可以在父组件中定义子组件的一部分内容，然后将这部分内容传递给子组件，使得子组件可以根据父组件的需求来显示不同的内容。

12.6.2 如何使用插槽

在Vue 3中，可以在子组件中使用<slot>标签来定义插槽。在父组件中，可以在子组件标签之间插入内容，并将这些内容传递给子组件的插槽。下面通过一个示例来演示如何使用插槽。

步骤 01 创建一个简单的子组件 Card，它包含一个插槽，用于显示父组件传递的内容，如代码清单 12-14 所示。

代码清单 12-14

```
<template>
```

```
    <div class="card">
      <div class="header">
        <slot name="header"></slot>
      </div>
      <div class="content">
        <slot></slot>
      </div>
      <div class="footer">
        <slot name="footer"></slot>
      </div>
    </div>
</template>
```

在上面的代码中，在子组件中定义了3个插槽，分别是header、默认插槽和footer。

步骤 02 在父组件中使用 Card 组件，并在标签之间插入内容，将这些内容传递给子组件的插槽，如代码清单 12-15 所示。

代码清单 12-15

```
<template>
  <div>
    <card>
      <template v-slot:header>
        <h2>Title</h2>
      </template>

      <p>This is the main content of the card.</p>

      <template v-slot:footer>
        <button>Click me</button>
      </template>
    </card>
  </div>
</template>

<script setup>
import Card from './Card.vue'
</script>
```

在上面的代码中，使用v-slot指令来将内容传递给子组件的对应插槽：通过v-slot:header，将标题传递给子组件的header插槽；通过v-slot:footer，将按钮传递给子组件的footer插槽；没有使用v-slot的内容将传递给子组件的默认插槽。

12.6.3 作用域插槽

除了默认插槽外，Vue 3还支持作用域插槽（Scoped Slots）。作用域插槽允许子组件向父组件传递数据，使得父组件可以在插槽中使用这些数据。这样，我们就可以实现更灵活和复杂的组件组合。

12.7 依 赖 注 入

在Vue 3中，依赖注入是一种让父组件向子组件传递依赖的机制。通过使用依赖注入，可以在父组件中定义共享的依赖项，并将它们传递给子组件，从而实现组件之间的解耦和数据共享。本节将介绍Vue 3中的依赖注入，以及如何在自定义组件中使用它。

12.7.1 什么是依赖注入

依赖注入是一种让父组件向子组件传递依赖的机制。在Vue 3中，通过使用provide和inject，可以在父组件中定义依赖项，并在子组件中使用inject来接收这些依赖项。这样，父组件的数据和方法就可以被子组件访问，从而实现了组件之间的解耦和数据共享。

12.7.2 如何使用依赖注入

本节通过一个具体的例子来说明如何在父组件中提供依赖项，并在子组件中接收和使用这些依赖项。

步骤01 创建一个父组件 DataProvider，在这个组件中使用 provide 来定义一个共享的数据项 dataItem，并定义一个共享的方法 sharedMethod，如代码清单 12-16 所示。

代码清单 12-16

```
<template>
  <div>
    <!-- 父组件模板内容 -->
    <slot></slot>
  </div>
</template>

<script setup>
import { ref, provide } from 'vue'
const dataItem = ref('This is a shared data item')

function sharedMethod() {
  console.log('This is a shared method')
}

provide('location', {
  dataItem,
  sharedMethod
})
</script>
```

在上面的代码中，使用provide来定义dataItem和sharedMethod，它们将作为依赖项传递给子组件。

步骤 02 创建一个子组件 DataConsumer，在这个组件中使用 inject 来接收父组件提供的依赖项，并在模板中使用这些依赖项，如代码清单 12-17 所示。

代码清单 12-17

```
<template>
  <div>
    <!-- 子组件模板内容 -->
    <p>Received data from parent: {{ dataItem }}</p>
    <button @click="callSharedMethod">Click me</button>
  </div>
</template>

<script setup>
import { inject } from 'vue'

const { dataItem, sharedMethod } = inject('location')

function callSharedMethod() {
    sharedMethod();
}
</script>
```

在上面的代码中，使用inject来接收父组件提供的dataItem和sharedMethod，然后在模板中使用它们。

步骤 03 在父组件中使用 DataProvider 和 DataConsumer 组件来实现依赖注入的效果，如代码清单 12-18 所示。

代码清单 12-18

```
<template>
  <div>
    <data-provider>
      <data-consumer />
    </data-provider>
  </div>
</template>

<script setup>
import DataProvider from './DataProvider.vue'
import DataConsumer from './DataConsumer.vue'
</script>
```

在上面的代码中，将DataConsumer组件放在DataProvider组件中，这样DataConsumer组件就可以接收来自DataProvider组件提供的依赖项。

12.7.3 注意事项

使用provide和inject时，推荐将需要共享的依赖项封装在一个对象中，这样可以提高代码的可维护性和可读性。

子组件中的inject会在组件创建时自动执行，因此请确保在使用inject时，父组件已经提供了对应的依赖项。

12.8 异 步 组 件

在Vue 3中，异步组件是一种优化技术，它允许我们将组件的加载延迟到组件真正需要被渲染时进行，从而提高应用程序的性能和加载速度。异步组件在处理大型应用程序或需要动态加载组件的场景下非常有用。本节将介绍Vue 3中的异步组件，以及如何在应用程序中使用它。

12.8.1 什么是异步组件

在Vue 3中，异步组件是指在组件需要被渲染时才进行加载的组件。传统上，所有的组件都会在应用程序初始化时被加载，但是对于一些较大的组件或者只在特定条件下才需要渲染的组件，这样的加载方式可能会影响应用程序的性能和加载速度。

通过将组件设置为异步组件，我们可以将组件的加载延迟到组件真正需要被渲染时进行，从而避免了在初始化时加载不必要的组件，提高了应用程序的性能。

12.8.2 如何使用异步组件

在Vue 3中，可以使用defineAsyncComponent函数来创建异步组件。下面通过一个具体的例子来说明如何创建异步组件并在应用程序中使用它。

步骤 01 使用 defineAsyncComponent 函数来创建一个异步组件 AsyncComponent，如代码清单 12-19 所示。

代码清单 12-19

```
<template>
  <div>
    <!-- 异步组件模板内容 -->
    <p>This is an async component.</p>
  </div>
</template>

<script setup>
// 导入defineAsyncComponent函数
import { defineAsyncComponent } from 'vue';

// 创建异步组件
const AsyncComponent = defineAsyncComponent(() => {
  // 这里返回组件的import函数，用于延迟加载组件
  return import('./AsyncComponent.vue');
});
```

```
</script>
```

在上面的代码中，使用defineAsyncComponent函数来创建AsyncComponent异步组件，并在函数中返回组件的import函数，用于延迟加载组件。

步骤 02 在应用程序中使用异步组件 AsyncComponent，如代码清单 12-20 所示。

代码清单 12-20

```
<template>
  <div>
   <!-- 应用程序模板内容 -->
   <button @click="showAsyncComponent">Show Async Component</button>
   <div v-if="showComponent">
     <async-component />
   </div>
  </div>
</template>

<script setup>
import {ref} from 'vue'
import AsyncComponent from './AsyncComponent.vue';

const showComponent = ref(false)

function showAsyncComponent() {
    showComponent.value = true;
}
</script>
```

在上面的代码中，通过单击按钮来显示异步组件AsyncComponent。当单击按钮时，异步组件才会被加载和渲染。

12.8.3 注意事项

使用异步组件时，应该考虑组件加载的顺序和依赖关系，以确保组件在正确的时机被加载和渲染。

异步组件只在组件需要被渲染时加载一次，之后会被缓存，避免了重复加载。

12.9 小 结

本章深入介绍了Vue 3中的组件开发。组件是Vue应用程序的核心构建块，通过组件化开发，我们可以将复杂的应用程序拆分成多个可复用和独立的组件，使得代码更加模块化，可维护性更高。

下面回顾一下本章的重点内容：

- 组件生命周期和钩子函数

Vue 3中的组件生命周期由一系列的钩子函数组成，这些钩子函数允许我们在组件不同的阶段执行自定义逻辑。常用的钩子函数包括created、mounted、updated和beforeUnmount等，它们分别在组件的创建、挂载、更新和销毁阶段执行。

- Props

Props是组件之间进行通信的一种方式。使用Props，我们可以将数据从父组件传递给子组件，通过在父组件中传递数据给子组件，子组件可以接收并使用这些数据，使得组件更加灵活和可配置。

- 组件事件

组件事件允许子组件向父组件传递消息。通过使用自定义事件和$emit方法，子组件可以将消息发送给父组件，从而实现组件之间的通信。

- 组件v-model

v-model是一个语法糖，它允许我们更方便地在组件中使用双向绑定。通过使用v-model指令，我们可以在组件中使用value和input属性来实现父子组件之间的双向绑定。

- 透传Attributes

透传Attributes允许我们将父组件的属性传递给子组件，使得子组件可以直接使用这些属性，而不需要重新声明。透传Attributes可以提高组件的灵活性和可配置性。

- 插槽

插槽允许父组件向子组件传递内容，使得子组件的一部分内容可以由父组件动态决定。插槽为我们提供了一种组件组合的方式，使得组件更加灵活和可复用。

- 依赖注入

依赖注入允许父组件向子组件传递依赖，实现了组件之间的解耦和数据共享。通过使用provide和inject，我们可以在父组件中定义依赖项，并在子组件中使用它们。

- 异步组件

异步组件是一种优化技术，它允许我们将组件的加载延迟到组件真正需要被渲染时进行，从而提高了应用程序的性能和加载速度。异步组件适用于处理大型应用程序或需要动态加载组件的场景。

组件化开发是Vue框架的一个重要特性，它使得应用程序更加模块化、可维护性更高。在实际开发中，我们可以充分利用组件化开发，构建出更加强大和复杂的Vue应用程序。

第 13 章

路　由

路由是现代Web应用程序中必不可少的一部分，它允许我们在不同的页面间进行导航，并且能够保持页面状态。本章将探讨Vue 3中的路由管理，包括如何集成Vue Router到Vue 3应用程序中、如何定义路由和导航，以及路由的嵌套、传参和路由守卫等高级用法。

13.1　路由组件 Vue Router

路由是现代Web应用程序的关键组成部分之一。它允许我们根据URL的不同路径显示不同的内容，并实现页面之间的无缝切换。在Vue 3中，可以使用Vue Router来实现路由功能。

13.1.1　什么是路由

在Web开发中，路由指的是根据URL路径将不同的页面或视图映射到对应的组件或页面内容的过程。通过路由，我们可以在单页应用程序（SPA）中实现多个视图的切换，而无须刷新整个页面。这使得应用程序的交互更加流畅，用户体验更好。

13.1.2　Vue Router 简介

Vue Router是Vue.js官方提供的路由管理器。它与Vue.js紧密集成，提供了一种简单而强大的方式来管理应用程序的路由。Vue Router允许我们定义不同的路由路径，将这些路径映射到Vue组件，并在用户浏览不同路径时自动加载对应的组件内容。

13.1.3　安装和配置 Vue Router

在安装和配置Vue Router之前，首先确保已经创建了一个Vue 3的项目。如果还没有，可以使用Vue CLI来创建一个新的项目。下面开始安装和配置Vue Router。

步骤 **01** 使用 npm 安装 Vue Router，如代码清单 13-1 所示。

代码清单 13-1

```
npm install vue-router@4
```

步骤 **02** 创建并配置 Vue Router。

在项目的main.js（或其他入口文件）中，进行Vue Router的配置和启用，如代码清单13-2所示。

代码清单 13-2

```
import { createApp } from 'vue';
import App from './App.vue';
import { createRouter, createWebHistory } from 'vue-router';

const routes = [
  // 这里定义路由路径和对应的组件
  { path: '/', component: Home },
  { path: '/about', component: About },
  // 其他路由定义
];

const router = createRouter({
  history: createWebHistory(),
  routes,
});

const app = createApp(App);
app.use(router);
app.mount('#app');
```

在上面的代码中，首先导入vue-router库，并创建一个包含路由路径和组件映射的routcs数组。然后，使用createRouter函数创建一个Vue Router实例，并通过use方法将它应用到Vue应用程序中。

13.1.4 创建一个基本路由

现在我们已经配置了Vue Router，下面来创建一个简单的路由。假设应用程序包含两个组件：Home和About，创建路由如代码清单13-3所示。

代码清单 13-3

```
<template>
  <div>
    <!-- 这里是应用程序的导航栏 -->
    <router-link to="/">Home</router-link> |
    <router-link to="/about">About</router-link>

    <!-- 这里根据路由显示不同组件的内容 -->
```

```
    <router-view></router-view>
  </div>
</template>
```

在上面的代码中，首先使用router-link组件来定义应用程序的导航栏，并设置不同的to属性来导航到不同的路由路径。然后，使用router-view组件来显示根据路由路径加载的不同组件的内容。

13.2 动 态 路 由

动态路由是Vue Router中的一个重要特性，它允许我们根据不同的参数或数据动态生成路由路径。通过使用动态路由，我们可以实现更加灵活和可配置的路由配置。

13.2.1 什么是动态路由

在实际开发中，有些路由需要根据特定的参数或数据来动态生成。例如，我们可能需要根据不同的用户ID来显示不同用户的信息页面，或者根据不同商品的ID来显示不同商品的详情页面。这种情况下，我们就需要使用动态路由来实现。

13.2.2 在路由中使用动态参数

在Vue Router中，可以通过在路由路径中使用冒号（:）来定义动态参数。当用户访问带有动态参数的URL时，Vue Router会自动将参数提取出来，并传递给对应的组件。

下面通过一个例子来演示如何在路由中使用动态参数。

假设有一个User组件用于显示不同用户的信息，我们希望根据不同的用户ID来动态生成路由路径，以显示不同用户的信息。路由配置如代码清单13-4所示。

代码清单 13-4

```
// 路由配置
const routes = [
  { path: '/user/:userId', component: User }
];
```

在上面的路由配置中，使用动态参数“:userId”来定义动态路由。当用户访问“/user/1”时，“1”会作为参数传递给User组件，我们可以在User组件中通过$route.params.userId来获取该参数，如代码清单13-5所示。

代码清单 13-5

```
<!-- User组件 -->
<template>
  <div>
    <!-- 根据动态参数显示不同用户的信息 -->
```

```
    <h1>User ID: {{ $route.params.userId }}</h1>
    <!-- 其他用户信息的展示 -->
  </div>
</template>
```

13.2.3　动态路由和组件复用

使用动态路由时需要注意，当从一个动态路由切换到另一个动态路由时，Vue默认情况下会复用同一个组件实例。这意味着组件的生命周期钩子不会重新执行，组件的数据也不会重新初始化。

如果需要在动态路由之间实现组件的完全刷新，可以通过在路由配置中添加key属性来实现，如代码清单13-6所示。

代码清单 13-6

```
const routes = [
  { path: '/user/:userId', component: User, key: 'user' }
];
```

在上面的路由配置中，为User组件添加了一个key属性，这样当从一个用户的详情页切换到另一个用户的详情页时，User组件会重新创建和初始化。

13.3　嵌 套 路 由

嵌套路由是Vue Router中的一个强大特性，它允许我们在一个父路由下定义多个子路由，从而实现更复杂的页面布局和组织方式。通过使用嵌套路由，可以构建出更加结构化和层次化的单页应用程序。

13.3.1　什么是嵌套路由

嵌套路由是指在Vue Router中，可以在一个父路由下定义多个子路由。这些子路由将嵌套在父路由的页面内容中，形成多层次的页面结构。通过嵌套路由，我们可以将应用程序的页面按照层次结构进行组织，使得页面结构更加清晰和可维护。

13.3.2　在路由中使用嵌套路由

在Vue Router中，可以通过在父路由的children属性中定义子路由来实现嵌套路由。

下面通过一个示例来演示如何在路由中使用嵌套路由。

假设有一个Dashboard组件用于显示用户的仪表盘信息，其中包含多个子页面：Overview、Orders和Settings。我们希望这些子页面在Dashboard组件中嵌套显示，路由配置如代码清单13-7所示。

代码清单 13-7

```
// 路由配置
const routes = [
  {
    path: '/dashboard',
    component: Dashboard,
    children: [
      { path: '', component: Overview }, // 默认子页面为Overview
      { path: 'orders', component: Orders },
      { path: 'settings', component: Settings }
    ]
  }
];
```

在上面的路由配置中，在"/dashboard"路径下定义了一个父路由Dashboard，并在其children属性中定义了3个子路由：Overview、Orders和Settings。当用户访问"/dashboard"路径时，默认子页面Overview会嵌套在Dashboard组件中显示，而当用户访问"/dashboard/orders"或"/dashboard/settings"时，对应的子页面会在Dashboard组件中嵌套显示。

13.3.3 使用 router-view 嵌套子页面

为了在父组件中显示子路由的内容，我们需要在父组件模板中使用router-view组件来标记子页面的位置，如代码清单13-8所示。

代码清单 13-8

```
<!-- Dashboard组件模板 -->
<template>
  <div>
    <!-- 这里是Dashboard的导航栏 -->

    <!-- 这里是Dashboard的内容区域 -->
    <router-view></router-view>
  </div>
</template>
```

在上面的代码中，使用router-view组件来标记Dashboard组件的内容区域，子页面的内容会根据访问的路径动态加载在这个位置上。

13.4 路 由 导 航

路由导航是指在Vue应用程序中进行路由之间的导航和跳转，使用户能够流畅地浏览不同的页面内容。本节将介绍如何在Vue 3中进行路由导航，以及如何在页面之间进行切换。

13.4.1　使用 router-link 进行路由导航

在Vue Router中，可以使用router-link组件来实现路由之间的导航。router-link组件是Vue Router提供的一个专门用于路由导航的组件，它会自动根据路由配置生成正确的URL，并处理导航的单击事件。

让我们看一个具体的例子，如代码清单13-9所示。

代码清单 13-9

```
<!-- 在模板中使用router-link组件 -->
<template>
  <div>
    <!-- 导航到Home页面 -->
    <router-link to="/">Home</router-link>

    <!-- 导航到About页面 -->
    <router-link to="/about">About</router-link>
  </div>
</template>
```

在上面的代码中，使用了两个router-link组件来实现路由导航。当用户单击Home链接时，路由会自动导航到配置中的"/"路径，即Home页面。同样地，当用户单击About链接时，路由会导航到配置中的"/about"路径，即About页面。

13.4.2　使用编程式导航

除了使用router-link进行路由导航外，还可以通过编程方式实现路由导航。在Vue组件中，可以使用this.$router对象来进行编程式导航。

让我们看一个具体的例子，如代码清单13-10所示。

代码清单 13-10

```
// 在组件方法中进行编程式导航
export default {
 methods: {
   goToHome() {
     // 编程式导航到Home页面
     this.$router.push('/');
   },
   goToAbout() {
     // 编程式导航到About页面
     this.$router.push('/about');
   }
  }
}
```

在上面的代码中，通过调用this.$router.push()方法来实现编程式导航。当调用this.$router.push('/')时，路由会导航到配置中的"/"路径，即Home页面。同样地，当调用

this.$router.push('/about')时，路由会导航到配置中的"/about"路径，即About页面。

13.4.3　路由导航传参

在实际开发中，我们可能需要将一些参数传递给目标页面，以便根据参数的不同显示不同的内容。在路由导航时，可以通过在to属性中添加params来传递参数，如代码清单13-11所示。

代码清单 13-11

```
<router-link :to="{ path: '/user', params: { userId: 123 }}">User 123</router-link>
```

在上面的代码中，使用params属性来传递参数userId，当用户单击"User 123"链接时，路由会导航到配置中的"/user"路径，并传递参数userId为"123"。

在目标页面的组件中，可以通过this.$route.params来获取传递的参数，如代码清单13-12所示。

代码清单 13-12

```
export default {
  created() {
    // 获取传递的参数
    const userId = this.$route.params.userId;
    // 根据参数显示不同的内容
  }
}
```

13.5　命 名 路 由

命名路由是Vue Router中的一个重要概念，它允许我们给路由配置起一个易于识别和记忆的名称，从而在进行路由导航时更加方便和灵活。本节将介绍如何在Vue 3中使用命名路由，以便在路由配置中拥有更好的管理和组织能力。

13.5.1　为什么使用命名路由

在实际开发中，路由配置可能会变得非常复杂，特别是在涉及多个嵌套路由和动态参数传递时。如果直接使用URL路径进行路由导航，很容易出现混淆和错误。

命名路由允许我们给每个路由配置起一个易于识别和记忆的名称，而不是直接使用URL路径。这样，在进行路由导航时，我们只需要使用配置的名称，而不必关心具体的URL路径，从而使得路由导航更加直观和方便。

13.5.2　如何使用命名路由

在Vue Router中，可以在路由配置中使用name属性来为路由配置命名。

让我们看一个具体的例子，如代码清单13-13所示。

代码清单 13-13

```
// 路由配置
const routes = [
  { path: '/', component: Home, name: 'home' },
  { path: '/about', component: About, name: 'about' },
  { path: '/user/:userId', component: User, name: 'user' }
];
```

在上面的代码中，为每个路由配置都添加了name属性，分别为home、about和user。这样，我们就为这些路由配置起了易于识别和记忆的名称。

13.5.3　使用命名路由进行导航

在进行路由导航时，可以使用router-link组件或编程式导航来使用命名路由。

使用router-link组件，如代码清单13-14所示。

代码清单 13-14

```
<router-link :to="{ name: 'home' }">Home</router-link>
<router-link :to="{ name: 'about' }">About</router-link>
<router-link :to="{ name: 'user', params: { userId: 123 }}">User 123</router-link>
```

在上面的代码中，使用了name属性来指定要导航到的路由配置的名称。当用户单击Home链接时，路由会导航到name为home的路由配置；同样地，当单击About链接时，路由会导航到name为about的路由配置。当单击User 123链接时，路由会导航到name为user的路由配置，并传递参数userId为123。

使用编程式导航，如代码清单13-15所示。

代码清单 13-15

```
export default {
  methods: {
    goToHome() {
      // 编程式导航到name为home的路由配置
      this.$router.push({ name: 'home' });
    },
    goToAbout() {
      // 编程式导航到name为about的路由配置
      this.$router.push({ name: 'about' });
    },
    goToUser() {
      // 编程式导航到name为user的路由配置，并传递参数
      this.$router.push({ name: 'user', params: { userId: 123 } });
    }
  }
}
```

在上面的代码中，在组件方法中使用this.$router.push()方法来实现编程式导航。通过传递

一个包含name属性的对象，可以导航到指定名称的路由配置，并传递参数（如果有的话）。

13.6 命 名 视 图

命名视图是Vue Router中的一个强大特性，它允许我们在同一个路由下使用多个视图来实现更复杂的页面布局和渲染。通过使用命名视图，我们可以在一个页面中同时显示多个组件，每个组件对应一个命名视图，从而实现更灵活和丰富的页面显示效果。本节介绍如何在Vue 3中使用命名视图，以充分发挥其优势。

13.6.1 什么是命名视图

命名视图是指在Vue Router中，可以在同一个路由配置中定义多个视图。每个视图对应一个组件，并通过命名来进行区分。当导航到该路由时，每个命名视图对应的组件都会在指定位置进行渲染，从而实现多组件同时显示的效果。

13.6.2 如何使用命名视图

在路由配置中，可以使用components属性来定义命名视图。components属性是一个包含命名视图的对象，其中每个键对应一个视图的名称，值对应一个组件。

让我们看一个具体的例子，如代码清单13-16所示。

代码清单 13-16

```
const routes = [
  {
    path: '/dashboard',
    components: {
      default: Dashboard,
      header: DashboardHeader,
      sidebar: DashboardSidebar
    }
  }
];
```

在上面的代码中，我们在 "/dashboard" 路径下定义了一个路由，其中使用了components属性来定义3个命名视图：default、header和sidebar。它们分别对应了Dashboard、DashboardHeader和DashboardSidebar这3个组件。

13.6.3 在模板中使用命名视图

在使用命名视图时，需要在父组件的模板中使用router-view组件，并通过name属性指定要渲染的命名视图，如代码清单13-17所示。

代码清单 13-17

```
<!-- Dashboard组件模板 -->
<template>
  <div>
    <!-- 这里是Dashboard的导航栏 -->
    <router-view name="header"></router-view>

    <!-- 这里是Dashboard的内容区域 -->
    <router-view></router-view>

    <!-- 这里是Dashboard的侧边栏 -->
    <router-view name="sidebar"></router-view>
  </div>
</template>
```

在上面的代码中，在Dashboard组件模板中使用了3个router-view组件，并通过name属性指定了要渲染的命名视图。<router-view name="header"></router-view>会渲染DashboardHeader组件，<router-view></router-view>会渲染Dashboard组件（默认视图），<router-view name="sidebar"></router-view>会渲染DashboardSidebar组件。

13.7　重　定　向

重定向是Vue Router中一个非常实用的功能，它允许我们在进行路由导航时将用户重定向到另一个页面。重定向可以帮助我们优化用户体验，使用户更加方便地访问所需的页面。本节将介绍如何在Vue 3中实现重定向，以便在应用程序中实现页面的跳转和重定向。

13.7.1　什么是重定向

重定向是指当用户访问某个页面时，自动将它导航到另一个页面的过程。它通常用于处理一些特殊情况，例如当用户访问一个需要登录的页面时，如果用户未登录，可以重定向到登录页面进行登录。

13.7.2　如何实现重定向

在Vue Router中，可以使用redirect属性来实现重定向。在路由配置中，可以为某个路由配置添加redirect属性，并指定要重定向的目标页面。

让我们看一个具体的例子，如代码清单13-18所示。

代码清单 13-18

```
const routes = [
  { path: '/', component: Home },
  { path: '/about', component: About },
```

```
    { path: '/login', component: Login },
    { path: '/dashboard', component: Dashboard, meta: { requiresAuth: true } },
    { path: '/profile', redirect: '/dashboard' },
    { path: '/logout', redirect: '/' }
];
```

在上面的代码中，为两个路由配置添加了redirect属性。当用户访问"/profile"路径时，路由会自动将其重定向到"/dashboard"页面；同样地，当用户访问"/logout"路径时，路由会自动将其重定向到根路径"/"。

13.7.3 使用条件重定向

除了简单的重定向之外，我们还可以根据一些条件来实现条件重定向。例如，可以在重定向时检查用户是否已登录，如果未登录则重定向到登录页面。

在路由配置中，可以使用一个函数来作为redirect属性的值，该函数可以根据一些条件来动态决定重定向的目标。

让我们看一个具体的例子，如代码清单13-19所示。

代码清单 13-19

```
const routes = [
  { path: '/', component: Home },
  { path: '/about', component: About },
  { path: '/login', component: Login },
  { path: '/dashboard', component: Dashboard, meta: { requiresAuth: true } },
  { path: '/profile', redirect: (to) => {
    if (isUserLoggedIn) {
      return '/dashboard';
    } else {
      return '/login';
    }
  }
  }
];
```

在上面的代码中，在"/profile"路径下使用了一个函数作为redirect属性的值。在这个函数中，我们检查了isUserLoggedIn变量的值，如果用户已登录，则重定向到"/dashboard"页面；如果用户未登录，则重定向到登录页面"/login"。

13.8 路 由 传 参

路由传参是一个非常常见和重要的功能，通过路由传参，可以将数据从一个页面传递到另一个页面，实现更丰富和个性化的页面内容。本节将介绍如何在Vue 3中实现路由传参，为应用程序增添更多的灵活性和交互性。

13.8.1　为什么需要路由传参

在开发实际应用中，很多时候需要将数据从一个页面传递到另一个页面。例如，用户在商品列表页面选择了一个商品，在跳转到商品详情页面时，希望能将选中的商品信息传递过去。这时就需要使用路由传参来实现。

13.8.2　路由传参的两种方式

在Vue 3中，可以通过两种方式进行路由传参：动态路由参数和查询参数。

1. 动态路由参数

动态路由参数是通过在路由路径中使用占位符来实现的。在路由配置中，我们可以在路径中使用"："来定义动态路由参数，并在实际导航时通过提供参数值来替换占位符。

让我们看一个具体的例子，如代码清单13-20所示。

代码清单 13-20

```
// 路由配置
const routes = [
  { path: '/user/:id', component: UserProfile }
];
```

在上面的代码中，定义了一个动态路由参数"：id"，它对应一个名为"UserProfile"的组件。当用户导航到"/user/123"路径时，"：id"会被替换成"123"，并传递给UserProfile组件。

2. 查询参数

查询参数是通过在URL中使用?和key=value的形式来传递数据的。在实际导航时，我们可以通过在router-link中使用to属性或者在编程式导航中使用router.push方法来传递查询参数。

让我们看一个具体的例子，如代码清单13-21所示。

代码清单 13-21

```
<!-- 使用router-link传递查询参数 -->
<router-link :to="{ path: '/product', query: { id: 123, category: 'electronics' }}">
查看商品详情</router-link>

// 路由配置
const routes = [
  { path: '/product', component: ProductDetail }
];
```

在上面的代码中，使用router-link传递了两个查询参数：id和category。当用户单击"查看商品详情"链接时，路由会导航到"/product"路径，并在URL中带上查询参数"?id=123&category=electronics"，这些参数将被传递给ProductDetail组件。

13.8.3 在组件中获取路由参数

在接收路由参数的组件中，可以通过$route对象来获取传递的参数。

对于动态路由参数，可以通过$route.params来获取，如代码清单13-22所示。

代码清单 13-22

```
<template>
  <div>
    <p>User ID: {{ $route.params.id }}</p>
  </div>
</template>
```

对于查询参数，可以通过$route.query来获取，如代码清单13-23所示。

代码清单 13-23

```
<template>
  <div>
    <p>Product ID: {{ $route.query.id }}</p>
    <p>Category: {{ $route.query.category }}</p>
  </div>
</template>
```

13.9 小　　结

Vue Router提供的强大功能可以帮助我们构建更复杂、交互性更强的单页面应用程序。下面回顾一下本章的重点内容：

- 路由组件Vue Router

介绍了Vue Router的基本概念和用法。Vue Router是Vue.js官方的路由管理器，它可以帮助我们在Vue应用程序中实现路由导航和页面跳转。

- 动态路由

介绍了如何在路由中定义动态参数，以及如何在实际导航时传递参数值。动态路由允许我们根据不同的参数值加载不同的页面内容。

- 嵌套路由

介绍了如何在Vue Router中配置嵌套路由，将页面组织成层级结构，实现更复杂的页面布局和导航。

- 路由导航

介绍了如何通过编程式导航和<router-link>组件实现路由导航，让用户在页面之间进行跳转。

- 命名路由

介绍了如何为路由配置命名，以便在进行路由导航时使用可读性更好的名称。

- 命名视图

介绍了如何在同一个页面中使用多个视图，并为每个视图命名，以实现更灵活的页面布局。

- 重定向

介绍了如何在路由配置中实现重定向，将用户自动导航到另一个页面，以提供更好的用户体验。

- 路由传参

介绍了如何通过动态路由参数和查询参数来在页面之间传递数据，实现更丰富和个性化的页面内容。

Vue Router是Vue.js中不可或缺的一部分，它提供了强大的路由管理功能，让我们能够更好地组织和管理Vue应用程序的页面。

第 14 章

状态管理——Pinia

状态管理在大型应用程序中是非常重要的，它可以让不同组件共享和管理数据，使得状态的管理变得更加简洁和可控。

Pinia是Vue 3官方推荐的状态管理库，本章将介绍如何集成Pinia到Vue 3应用程序中，并了解如何在组件中使用和更新状态。

14.1 状态管理库 Pinia

在现代的前端应用程序中，状态管理是一个重要的主题。当应用程序变得复杂时，组件之间的状态共享和管理变得非常关键。Vue 3提供了一个轻量级、直观且高效的状态管理库——Pinia，它可以帮助我们更好地管理Vue应用程序中的状态。

14.1.1 什么是状态管理

在讲解Pinia之前，先了解一下什么是状态管理。在Vue应用程序中，状态可以被理解为驱动应用程序界面的数据。状态可以是各种各样的数据，比如用户信息、应用程序配置、购物车数据等。在传统的Vue组件中，我们通过data选项来定义组件的局部状态。然而，当应用程序的状态需要在多个组件之间共享时，组件之间的状态管理就变得更加复杂。

状态管理的目标是实现应用程序中数据的共享和响应式更新。通过状态管理，我们可以将数据集中存储在一个全局的"存储库"中，并在需要的时候在各个组件中使用。这样可以避免状态在多个组件之间出现不同步的情况，也使得状态的管理和维护更加简单和可靠。

14.1.2 为什么使用 Pinia

在Vue 2中，通常使用Vuex来进行状态管理。而在Vue 3中，Pinia是一个更加现代化和推荐的状态管理库。与Vuex相比，Pinia具有以下优点：

（1）更好的类型推导：Pinia是使用Vue 3的Composition API编写的，因此可以更好地利用TypeScript的类型推导功能，让我们在开发过程中获得更好的代码提示和类型检查。

（2）更小的体积：Pinia是一个轻量级的状态管理库，它只包含必要的功能，因此体积更小，加载速度更快。

（3）更直观的API：Pinia的API设计非常直观，让我们可以更快地上手和编写代码。

14.1.3　安装 Pinia

要使用Pinia，首先需要安装它。在Vue 3项目中，可以通过npm或yarn来安装Pinia，如代码清单14-1所示。

代码清单 14-1

```
# 使用npm安装
npm install pinia

# 或者使用yarn安装
yarn add pinia
```

14.2　Store

本节将介绍Pinia的核心部分——Store。Store是Pinia中的一个重要概念，它是用来存储和管理应用程序状态的地方。通过Store，我们可以更好地组织和共享Vue应用程序中的数据，实现更好的状态管理。

14.2.1　创建 Store

在使用Pinia之前，需要先创建一个Store。一个Store可以看作一个全局的容器，用于存储应用程序状态。创建Strore如代码清单14-2所示。

代码清单 14-2

```
// store.js
import { defineStore } from 'pinia';

export const useCounterStore = defineStore('counter', {
  state: () => ({
    count: 0,
  }),
  getters: {
    doubleCount: (state) => state.count * 2,
  },
  actions: {
    increment() {
```

```
      this.count++;
    },
    reset() {
      this.count = 0;
    },
  },
});
```

在上面的代码中，使用defineStore函数创建了一个名为"counter"的Store。在Store的配置对象中，定义了state、getters和actions三个部分：

- state：用于定义Store中的状态。这里定义了一个名为"count"的状态，并初始化为0。
- getters：用于定义计算属性，可以从Store的状态中派生出新的数据。这里定义了一个名为"doubleCount"的计算属性，它是count状态的两倍。
- actions：用于定义Store中的异步操作。这里定义了两个方法，即increment和reset，用于增加和重置count状态的值。

14.2.2　使用 Store

创建好Store后，我们可以在Vue组件中使用它。要在组件中使用Store，需要导入Stroe并通过useCounterStore函数来获取Store实例，如代码清单14-3所示。

代码清单 14-3

```
<template>
  <div>
    <p>Count: {{ counter.count }}</p>
    <p>Double Count: {{ counter.doubleCount }}</p>
    <button @click="counter.increment">Increment</button>
    <button @click="counter.reset">Reset</button>
  </div>
</template>

<script>
import { useCounterStore } from './store';

export default {
  setup() {
    const counter = useCounterStore();

    return { counter };
  },
};
</script>
```

在上面的代码中，通过useCounterStore函数获取了counter实例，并在模板中使用它的状态和方法。

值得注意的是，Pinia中的Store是单例模式的，这意味着无论在应用程序中的哪个地方导入和使用Store，都会得到同一个实例。这样确保了应用程序中的状态始终是同步和共享的。

14.2.3　在组件之外使用 Store

有时候，我们可能需要在组件之外使用Store，例如在服务中使用Store来管理数据。在这种情况下，可以通过useStore函数来获取Store实例，如代码清单14-4所示。

代码清单 14-4

```
import { useStore } from 'pinia';

const store = useStore();

export function fetchData() {
 return fetch('/api/data')
   .then((response) => response.json())
   .then((data) => {
    store.count = data.count;
   });
}
```

在上面的代码中，在一个服务文件中使用了Store来管理数据。通过useStore函数，我们获取了Store实例并在fetchData函数中修改了Store的状态。

14.3　小　　结

本章深入介绍了Pinia的核心概念——Store，并讲解了如何在Vue 3应用程序中使用Pinia来进行状态管理。现在来回顾一下本章的重点内容：

- Pinia的Store

Store是Pinia中的核心概念，它是用来存储和管理应用程序状态的地方。通过defineStore函数创建Store，并在Store的配置对象中定义状态、计算属性和异步操作。

- 使用Store

要在Vue组件中使用Store，需要导入Store并通过useStore函数来获取Store实例。在组件中使用Store的状态和方法，可以方便地共享和管理应用程序中的数据。

- 单例模式

Pinia中的Store是单例模式的，这意味着无论在应用程序中的哪个地方导入和使用Store，都会得到同一个实例。这样确保了应用程序中的状态始终是同步和共享的。

● 在组件之外使用Store

有时候，我们可能需要在组件之外使用Store，例如在服务中使用Store来管理数据。在这种情况下，我们可以通过useStore函数来获取Store实例。

状态管理是现代Web应用程序中不可或缺的一部分，通过合理的状态管理，可以提高应用程序的可维护性、可扩展性和用户体验。Pinia作为Vue 3推荐的状态管理库，为我们提供了更好的类型推导、更小的体积和更直观的API，使得状态管理变得更加简单和高效。

第 **15** 章

与服务器通信——axios

现代Web应用程序通常需要与服务器进行数据交互，本章就来介绍如何在Vue 3应用程序中使用axios发送GET、POST、PUT和DELETE请求，以及处理请求的响应和错误。通过使用axios与服务器通信，Vue 3应用程序能够从服务器获取数据，为用户提供更好的体验。

15.1　axios 的安装

在现代Web应用程序中，与服务器进行数据通信是非常常见的需求。在Vue 3中，我们可以使用第三方库axios来简化和优化与服务器的交互过程。axios是一个流行的基于Promise的HTTP客户端，它支持在浏览器和Node.js环境中发送HTTP请求。

首先，需要在项目中安装axios。可以使用npm或者yarn来安装axios，具体命令如下（见代码清单15-1）。

代码清单 15-1

```
# 使用npm安装
npm install axios

# 使用yarn安装
yarn add axios
```

安装完成后，我们就可以在项目中使用axios了。

15.2　基 本 用 法

通过axios，可以发送各种类型的HTTP请求，如GET、POST、PUT、DELETE等。本节就来介绍axios的基本用法。

15.2.1　发送 GET 请求

发送GET请求是最常见的与服务器通信的方式之一，通常用于获取数据。下面是一个简单的例子，演示如何使用axios发送GET请求获取数据，如代码清单15-2所示。

代码清单 15-2

```
import axios from 'axios';

axios.get('https://api.example.com/data')
  .then((response) => {
    // 请求成功，处理返回的数据
    console.log(response.data);
  })
  .catch((error) => {
    // 请求失败，处理错误
    console.error(error);
  });
```

通过axios.get方法，我们可以发送一个GET请求，并在then方法中处理返回的数据，同时在catch方法中处理请求失败的情况。

15.2.2　发送 POST 请求

除了获取数据，我们还经常需要向服务器提交数据，这时就需要使用POST请求。POST请求通常用于创建新资源或提交表单数据。发送POST请求的示例，如代码清单15-3所示。

代码清单 15-3

```
import axios from 'axios';

// 要提交的数据
const formData = {
  name: 'John Doe',
  email: 'john@example.com',
};

axios.post('https://api.example.com/users', formData)
  .then((response) => {
    // 请求成功，处理返回的数据
    console.log(response.data);
  })
  .catch((error) => {
    // 请求失败，处理错误
    console.error(error);
```

```
});
```

通过axios.post方法，可以发送一个POST请求，并在请求的第2个参数中传递要提交的数据。同样地，我们也可以在then和catch方法中处理请求的结果和错误。

15.2.3 其他请求方法

除了GET和POST，axios还支持PUT、DELETE和其他自定义的HTTP请求方法。要发送其他类型的请求，只需使用相应的方法即可。例如，发送PUT请求的方法如代码清单15-4所示。

代码清单 15-4

```
import axios from 'axios';

// 要更新的数据
const updatedData = {
  name: 'Updated Name',
  email: 'updated@example.com',
};

通过axios.put方法来发送put请求('https://api.example.com/users/1', updatedData)
  .then((response) => {
// 请求成功，处理返回的数据
    console.log(response.data);
  })
  .catch((error) => {
// 请求失败，处理错误
    console.error(error);
  });
```

15.2.4 异步请求

axios发送的请求是异步的，它返回一个Promise对象，可以使用then和catch方法来处理请求的结果和错误。这样可以确保应用程序不会在等待服务器响应时被阻塞。

15.2.5 请求配置

除了请求方法和数据之外，我们还可以在请求中添加一些配置选项，如请求头、超时时间等。例如，设置请求头的方法如代码清单15-5所示。

代码清单 15-5

```
import axios from 'axios';

const config = {
  headers: {
```

```
    'Content-Type': 'application/json',
    'Authorization': 'Bearer your_access_token',
  },
};

axios.post('https://api.example.com/data', { key: 'value' }, config)
  .then((response) => {
    console.log(response.data);
  })
  .catch((error) => {
    console.error(error);
  });
```

在上面的例子中，使用config对象来设置请求的Content-Type和Authorization头。

15.3 创建实例

除了直接使用全局的axios对象，我们还可以创建axios实例，以便在不同场景下使用不同的配置。创建axios实例可以提供更灵活和定制化的配置，比如设置默认的请求头、拦截请求和响应等。本节就来介绍如何创建axios实例。

15.3.1 为什么要创建实例

在某些情况下，我们可能需要在项目中使用不同的axios配置。例如，我们可能需要在不同的请求中设置不同的请求头，或者在请求中添加统一的拦截器来处理特定的逻辑。这时，可以通过创建axios实例来实现更灵活和定制化的配置。

15.3.2 创建 axios 实例

可以使用axios.create方法来创建axios实例。该方法接收一个配置对象作为参数，并允许我们设置实例的默认配置。创建axios实例的示例如代码清单15-6所示。

代码清单 15-6

```
import axios from 'axios';

// 创建axios实例
const instance = axios.create({
  baseURL: 'https://api.example.com',
  timeout: 5000,
  headers: {
    'Content-Type': 'application/json',
    'Authorization': 'Bearer your_access_token',
  },
```

```
});

// 使用实例发送请求
instance.get('/data')
  .then((response) => {
    console.log(response.data);
  })
  .catch((error) => {
    console.error(error);
  });
```

在上面的代码中，使用axios.create方法创建了一个名为"instance"的axios实例，并在配置对象中设置了baseURL、timeout和headers等参数。然后，就可以通过instance实例来发送请求，它将使用预先设置的配置。

15.3.3　使用实例发送请求

创建了axios实例后，我们可以使用实例来发送请求，它将继承我们在实例创建时设置的默认配置，这使得在不同请求中使用不同配置变得非常简单，如代码清单15-7所示。

代码清单 15-7

```
// 使用实例发送不同类型的请求
instance.get('/data')
  .then((response) => {
    console.log(response.data);
  })
  .catch((error) => {
    console.error(error);
  });

instance.post('/users', { name: 'John Doe', email: 'john@example.com' })
  .then((response) => {
    console.log(response.data);
  })
  .catch((error) => {
    console.error(error);
  });
```

在上面的例子中，使用instance实例来分别发送了GET和POST请求，并在不同请求中使用了不同的配置。

15.4　小　　结

本章介绍了如何使用axios在Vue 3项目中与服务器进行通信。通过axios，我们可以轻松地发送各种类型的HTTP请求，与服务器进行数据交换，并处理返回的数据和错误。下面回顾一下本章的主要内容：

首先，介绍了如何安装axios。接着，进一步介绍了axios的基本用法。包括如何发送GET、POST、PUT和其他类型的HTTP请求。通过不同类型的请求，我们可以与服务器进行数据的获取和提交，实现与后端的数据交互。

为了更好地管理axios的配置，最后介绍如何创建axios实例。通过创建实例，我们可以在不同场景下使用不同的配置，使得通信代码更加灵活和定制化。在大型项目中，使用实例能够帮助我们更好地组织和管理与服务器的通信代码。

第 16 章

Vue 3 程序的测试和调试

测试和调试是每个开发者都应该重视的方面。通过测试和调试能够帮助我们及早发现潜在的问题，确保应用程序始终保持稳定和可靠。本章将介绍如何为Vue 3应用程序编写测试，并掌握常用的调试技巧。

16.1　编写单元测试和集成测试

测试是保证代码质量和稳定性的关键步骤。在Vue 3项目中，可以使用各种测试工具来编写单元测试和集成测试，以确保组件和功能按预期工作。本节就来介绍如何编写这些测试，以及测试在项目中的重要性。

16.1.1　为什么要进行测试

在开发过程中，随着代码逐渐增多，应用程序变得越来越复杂。为了确保新功能的添加不会影响现有功能的正常运行，以及避免引入bug，必须进行测试。测试可以帮助我们发现潜在的问题，提高代码的稳定性和可靠性。同时，测试还能够为项目提供文档化的验证，方便团队成员理解代码的预期行为。

16.1.2　单元测试和集成测试的区别

我们通常会遇到两种类型的测试：单元测试和集成测试。它们有不同的目标和范围。

- 单元测试：单元测试是对应用程序中的最小单元进行测试，比如函数、方法或组件的单独功能。通过单元测试，我们可以验证这些最小单元是否按照预期工作，以确保它们的功能和逻辑是正确的。
- 集成测试：集成测试是对应用程序中的多个组件或模块进行测试，以验证它们在一起协同工作的情况。通过集成测试，我们可以测试整个应用程序的流程和交互是否正确，以确保各个组件之间的集成是有效的。

16.1.3 编写单元测试

对于Vue 3中的组件，可以使用工具如Jest和Vue Test Utils来编写单元测试。Vue Test Utils是Vue官方提供的一个测试工具库，可以帮助我们在Node.js环境中运行和测试Vue组件。

下面是一个简单的组件单元测试的示例，如代码清单16-1所示。

代码清单 16-1

```
// 组件代码
// MyComponent.vue
<template>
  <div>
    <p>{{ message }}</p>
    <button @click="increment">Increase</button>
  </div>
</template>

<script>
export default {
  data() {
    return {
      message: 'Hello, Vue 3!',
      count: 0,
    };
  },
  methods: {
    increment() {
      this.count++;
    },
  },
};
</script>


// 单元测试代码
// MyComponent.spec.js
import { mount } from '@vue/test-utils';
import MyComponent from './MyComponent.vue';

describe('MyComponent', () => {
  it('renders message correctly', () => {
    const wrapper = mount(MyComponent);
    expect(wrapper.find('p').text()).toBe('Hello, Vue 3!');
  });

  it('increments count when button is clicked', async () => {
    const wrapper = mount(MyComponent);
```

```
    const button = wrapper.find('button');
    await button.trigger('click');
    expect(wrapper.vm.count).toBe(1);
  });
});
```

在上面的代码中，使用Vue Test Utils的mount方法来挂载组件并获取组件的实例，然后通过断言来验证组件的行为是否符合预期。

16.1.4　编写集成测试

集成测试是对整个应用程序的测试，通常涉及多个组件之间的交互和通信。对于集成测试，可以使用类似于Cypress的工具，它可以模拟用户与应用程序进行交互，测试应用程序的整体功能，如代码清单16-2所示。

代码清单 16-2

```
// 集成测试代码
// app.spec.js
describe('My App', () => {
  it('renders the app correctly', () => {
    cy.visit('/');
    cy.contains('Hello, Vue 3!');
    cy.get('button').click();
    cy.contains('Hello, Vue 3!').should('not.exist');
    cy.contains('1');
  });
});
```

在上面的代码中，使用Cypress来访问应用程序的根URL，然后模拟单击按钮并验证应用程序的行为。

16.2　使用 Vue Test Utils 进行组件测试

在Vue 3项目中，组件是应用程序的基本构建块之一。为了确保组件的正确性和稳定性，我们需要编写针对组件的单元测试。Vue Test Utils是Vue官方提供的一个测试工具库，它可以帮助我们在Node.js环境中运行和测试Vue组件。本节将介绍如何使用Vue Test Utils来编写组件测试，并探索一些常见的测试用例。

16.2.1　安装 Vue Test Utils

首先，需要安装Vue Test Utils。在Vue 3项目中，Vue Test Utils是一个单独的npm包，需要单独安装它，如代码清单16-3所示。

代码清单 16-3

```
npm install @vue/test-utils --save-dev
```

16.2.2 编写组件测试

假设我们有以下简单的Vue组件，如代码清单16-4所示。

代码清单 16-4

```
// MyComponent.vue
<template>
  <div>
    <p>{{ message }}</p>
    <button @click="increment">Increase</button>
  </div>
</template>

<script>
export default {
  data() {
    return {
      message: 'Hello, Vue 3!',
      count: 0,
    };
  },
  methods: {
    increment() {
      this.count++;
    },
  },
};
</script>
```

现在，使用Vue Test Utils来编写组件测试。在测试文件中，可以使用mount方法来挂载组件，并通过wrapper来访问组件实例，如代码清单16-5所示。

代码清单 16-5

```
// MyComponent.spec.js
import { mount } from '@vue/test-utils';
import MyComponent from './MyComponent.vue';

describe('MyComponent', () => {
  it('renders message correctly', () => {
    const wrapper = mount(MyComponent);
    expect(wrapper.find('p').text()).toBe('Hello, Vue 3!');
  });

  it('increments count when button is clicked', async () => {
    const wrapper = mount(MyComponent);
    const button = wrapper.find('button');
```

```
    await button.trigger('click');
    expect(wrapper.vm.count).toBe(1);
  });
});
```

在上面的代码中，编写了两个测试用例。第一个测试用例验证组件是否正确地渲染了消息文本。第二个测试用例验证当按钮被单击时，组件是否正确地增加了计数值。

16.2.3　使用断言进行验证

在编写测试用例时，我们可以使用断言来验证组件的行为是否符合预期。在16.2.2节的测试用例中，使用了expect和toBe断言来进行验证。Vue Test Utils支持各种断言库，比如Jest的expect，Chai的should和Mocha的assert。

16.2.4　模拟用户交互

在测试中，我们经常需要模拟用户的交互行为来测试组件的交互性。在16.2.2节的测试用例中，使用了trigger方法来模拟按钮的单击行为。通过这种方式，我们可以测试组件在用户交互时是否能够正确地进行响应。

16.3　调试应用程序的技巧和工具

在Vue 3项目开发中，调试是一个非常重要的环节。当应用程序出现bug或者功能未按预期工作时，我们需要使用调试技巧和工具来定位和解决问题。本节将介绍一些常用的Vue 3调试技巧和工具，帮助读者更高效地调试应用程序。

16.3.1　使用 Vue 开发者工具

Vue开发者工具是一款浏览器插件，提供了丰富的调试功能。它可以帮助我们检查Vue组件的层次结构、数据、组件状态以及进行性能分析。同时，它还支持实时编辑组件数据和样式，方便我们在调试过程中做出实时修改和查看效果。

可以在浏览器的插件商店搜索Vue Devtools，并安装到常用的浏览器中。安装完成后，打开开发者工具，将在"Vue"选项卡下看到Vue Devtools。

16.3.2　使用 Chrome 开发者工具

除了Vue开发者工具之外，Chrome开发者工具也是调试Vue 3应用程序的利器。在Chrome开发者工具中，可以使用Elements选项卡来检查和编辑Vue组件的DOM结构。还可以在Console选项卡中输入JavaScript代码与Vue实例进行交互，并实时查看数据和状态的变化。

16.3.3 添加调试语句

在Vue 3项目中，可以使用console.log()或者debugger语句来添加调试输出。在需要调试的地方插入这些语句，可以观察代码的执行流程、输出变量的值，以及定位潜在问题，如代码清单16-6所示。

代码清单 16-6

```
export default {
  mounted() {
    console.log('组件已挂载');
    // 一些代码逻辑
    debugger; // 添加断点，暂停代码执行，进入调试模式
    // 更多代码逻辑
  },
};
```

16.3.4 使用 Vue CLI 的调试功能

如果使用Vue CLI作为项目的脚手架工具，那么它也提供了一些调试功能。我们可以在vue.config.js中进行配置，开启sourcemap来提供更准确的调试信息，如代码清单16-7所示。

代码清单 16-7

```
// vue.config.js
module.exports = {
  configureWebpack: {
    devtool: 'source-map',
  },
};
```

开启sourcemap后，可以在浏览器的开发者工具中看到源代码，而不是编译后的代码，从而更方便地进行调试。

16.3.5 性能分析

在调试过程中，除了定位问题，还需要关注应用程序的性能。Vue 3提供了@vue/cli-plugin-performance插件，可以用于性能分析。我们可以使用Vue CLI进行安装和配置，然后运行性能分析命令，如代码清单16-8所示。

代码清单 16-8

```
# 安装性能分析插件
vue add @vue/cli-plugin-performance

# 运行性能分析
npm run build -- --mode production --report
```

性能分析将生成报告，包含应用程序的各项性能指标，帮助我们优化应用程序的性能。

16.4　性能测试和优化建议

在开发Vue 3应用程序时，性能是一个非常重要的考虑因素。优化应用程序的性能可以提高用户体验，加快页面加载速度，并节省服务器资源。本节将介绍一些常用的性能测试方法和优化建议，帮助读者优化Vue 3应用程序的性能。

16.4.1　性能测试工具

在进行性能优化之前，首先需要对应用程序进行性能测试，以了解当前应用程序的性能表现。常用的性能测试工具有以下两种：

1. Lighthouse

Lighthouse是一个由Google开发的开源工具，用于评估网页的性能、可访问性、最佳实践和SEO等方面的表现。我们可以在Chrome开发者工具的Audits选项卡中使用Lighthouse进行性能测试。

2. Vue CLI 的性能分析插件

在16.3.4节已经介绍了Vue CLI的性能分析插件，它可以帮助我们分析应用程序的性能指标，如加载时间、资源占用等。

16.4.2　优化建议

根据性能测试的结果，我们可以进行有针对性的优化。以下是一些常见的Vue 3性能优化建议：

（1）懒加载：对丁大型的Vue应用程序，可以考虑使用懒加载来减少初始加载时间。懒加载可以将组件按需加载，只有在需要时才加载相应的组件代码。

（2）路由懒加载：如果应用程序使用了Vue Router进行页面导航，那么可以使用路由懒加载来延迟加载路由对应的组件，从而减少初始加载时间，如代码清单16-9所示。

代码清单 16-9

```
// 使用路由懒加载
const Home = () => import('./views/Home.vue');
const About = () => import('./views/About.vue');

const routes = [
  { path: '/', component: Home },
  { path: '/about', component: About },
];
```

在上述代码中，使用了路由懒加载后，当用户访问"/"路径时，应用会渲染Home组件；当用户访问"/about"路径时，应用会渲染About组件。由于使用了路由懒加载，这两个组件只有在需要时才会被加载，这有助于提高首屏加载速度和性能优化。

（3）优化图片：图片是页面加载中常见的性能瓶颈，可以使用压缩图片、使用WebP格式、延迟加载图片等方法来优化图片加载。

（4）避免不必要的计算：在Vue组件中，避免不必要的计算和渲染可以提高性能。我们可以使用v-if来条件渲染组件，避免无谓的计算，如代码清单16-10所示。

代码清单 16-10

```
<!-- 避免不必要的计算和渲染 -->
<template v-if="showComponent">
  <SomeComponent />
</template>
```

在上述代码中，使用v-if来进行条件渲染，如果`showComponent`为真，则渲染`SomeComponent`组件；否则，不渲染任何内容。

（5）使用虚拟列表：对于大型列表渲染，可以考虑使用虚拟列表技术来优化性能。虚拟列表只渲染可见区域的列表项，而不是所有的列表项。

（6）使用缓存：对于一些计算量较大的数据，可以使用缓存技术，将计算结果缓存起来，避免重复计算。

16.5 小　　结

本章深入介绍了Vue 3中的测试和调试技术，以及常见的性能优化建议。测试和调试是开发过程中不可或缺的环节，它们可以帮助我们保证代码质量，发现潜在问题，并提升应用程序的性能。

单元测试和集成测试是保证代码质量的重要手段。我们可以使用Jest测试框架和Vue Test Utils库来编写单元测试和集成测试。通过编写测试用例，可以对组件的功能进行全面的测试，确保组件的行为符合预期。

Vue Test Utils是Vue官方提供的用于测试Vue组件的工具库。它提供了一系列方法来模拟组件的行为、触发事件、读取数据等。我们可以利用这些方法来编写测试用例，测试组件的各种情况和交互。

调试是开发过程中必不可少的技能。在Vue 3中常用的调试技巧包括使用开发者工具进行调试，使用console.log输出调试信息，以及使用debugger语句设置断点调试等。这些调试技巧可以帮助我们快速定位问题，加快开发效率。

优化应用程序的性能是提高用户体验的关键，常用的性能测试工具包括Lighthouse和Vue CLI的性能分析插件。此外，还给出了一些常见的性能优化建议，如懒加载、路由懒加载、图片优化、避免不必要的计算等。这些优化建议可以帮助我们提高应用程序的加载速度和运行效率。

通过阅读本章的内容，相信读者已经掌握了Vue 3中的测试和调试技术，以及性能优化的方法。在日常开发中，务必牢记测试和调试的重要性，编写高质量的测试用例，及时调试并优化应用程序，以提供更稳定、更高效的Vue 3应用程序。

第 **17** 章

Vue 3 程序的部署

本章将讨论Vue 3应用程序的部署问题，包括如何将应用程序打包成生产环境所需的文件，并将其部署到Web服务器上。

17.1 生产部署

在前面的章节中，已经介绍了如何开发Vue 3应用程序，包括基本概念、核心特性、组件开发、路由、状态管理、与服务器通信、测试和调试等。当我们的应用程序开发完成并通过测试，就可以考虑将它部署到生产环境，供真实用户访问和使用了。

在本节中，我们将探讨如何将Vue 3应用程序部署到生产环境。生产部署是一个关键的环节，它涉及许多重要的方面，如性能优化、安全性、可靠性等。下面让我们一步一步来了解如何进行生产部署。

1. 代码打包和压缩

在生产环境中，我们通常会对应用程序的代码进行打包和压缩，以减少文件大小和加载时间。Vue 3应用程序使用Vue CLI进行打包，可以使用以下命令将代码打包到生产环境，如代码清单17-1所示。

代码清单 17-1

```
npm run build
```

这将生成一个dist目录，包含了打包后的生产代码。在dist目录中，通常会有一个index.html文件和一些打包后的JavaScript和CSS文件。

2. 静态资源优化

在生产部署中，优化静态资源的加载对于提升应用程序性能至关重要。我们可以使用CDN

（内容分发网络）来加速静态资源的加载，减少服务器的负载，提高页面加载速度，如代码清单17-2所示。

代码清单 17-2

```
<!-- 在index.html中使用CDN引入Vue和其他依赖 -->
<script
src="https://cdn.jsdelivr.net/npm/vue@3.0.0/dist/vue.global.js"></script>
<!-- ...其他静态资源CDN链接... -->
```

3. 服务器配置

在部署Vue 3应用程序时，确保服务器配置适当且符合需求。服务器的配置会直接影响应用程序的性能和稳定性。建议配置服务器以支持gzip压缩，启用HTTP/2、使用缓存策略等来优化网络性能。

4. HTTPS

在生产部署中，强烈建议使用HTTPS来加密数据传输，以提高应用程序的安全性。HTTPS不仅能保护用户数据不被窃取，而且在现代浏览器中，它还可以提供更好的性能，因为许多新特性只对使用HTTPS的网站开放。

5. 监控和错误追踪

在生产环境中，监控和错误追踪是必不可少的。我们可以使用一些监控工具来监测应用程序的性能和稳定性，及时发现潜在的问题并进行修复。常见的监控工具包括Google Analytics、Sentry等。

6. 定期更新和维护

部署到生产环境后，不要忽视应用程序的定期更新和维护。随着需求的变化和新功能的添加，及时更新应用程序变得非常重要。此外，定期维护服务器和依赖项，可以确保应用程序始终处于最佳状态。

17.2　性能优化

在部署Vue 3应用程序时，性能优化是至关重要的。优化应用程序的性能可以提高页面加载速度、降低资源消耗、提升用户体验，并在一定程度上提高搜索引擎的排名。本节将介绍一些部署性能优化的技巧和策略，确保Vue 3应用在生产环境中运行得更加出色。

1. 代码分割

在Vue 3中，我们可以使用动态导入（Dynamic Import）来进行代码分割。代码分割将应用程序拆分成较小的代码块，并只在需要的时候加载，从而减少初始加载时间和资源消耗。这可以通过使用import()函数或路由的component配置来实现，如代码清单17-3所示。

代码清单 17-3

```
// 使用动态导入进行代码分割
const Home = () => import('./views/Home.vue');
const About = () => import('./views/About.vue');
```

在上述代码中，定义了两个组件：Home 和 About。这两个组件分别异步加载了"./views/Home.vue"和"./views/About.vue"文件，并在加载完成后返回相应的组件。这样，当需要渲染这些组件时，它们才会被加载，从而减少了初始加载时间和网络流量。

2. 图片优化

优化图片可以显著提升页面加载速度。建议使用现代的图片格式（如WebP），以及使用图片压缩工具或在线服务来压缩图片，减小图片的体积，如代码清单17-4所示。

代码清单 17-4

```
<!-- 使用WebP格式图片 -->
<picture>
  <source srcset="image.webp" type="image/webp">
  <img src="image.jpg" alt="Image">
</picture>
```

3. CSS 和 JavaScript 压缩

在生产部署中，对CSS和JavaScript进行压缩可以减小文件体积，加快加载速度。可以使用工具如Terser和CSSNano来进行压缩。

4. 使用缓存

使用浏览器缓存可以显著减少重复加载资源的次数，从而提升页面加载速度。可以通过设置合适的缓存策略和Expires头来启用缓存。

5. 服务端渲染（SSR）

如果应用程序对搜索引擎优化和首屏加载速度要求较高，那么可以考虑使用Vue的服务端渲染来提供更好的性能和用户体验。

6. HTTP/2

使用HTTP/2协议可以在一个连接上并行加载多个资源，从而减少页面加载时间，提升性能。

7. 懒加载

对于长页面或图片较多的页面，可以使用懒加载延迟加载一些不太重要的内容，先加载核心内容，以提高页面的初次渲染速度。

8. 移动优先

确保Vue 3应用在移动设备上也能提供出色的性能。移动设备的资源有限，所以需要特别关注性能优化。

9. 使用 CDN

使用CDN可以将静态资源缓存在全球多个节点，从而提高资源加载速度，减少服务器压力。

17.3 小　　结

本章介绍了关于Vue 3应用程序的部署和性能优化的重要知识。部署是将我们开发的Vue应用程序推向真实生产环境的过程，确保它们在用户手中稳定、高效地运行。而性能优化则是保证我们的应用程序在各种设备和网络环境下都能够快速加载和响应，提供最佳的用户体验。

在生产部署阶段，应该遵循一系列的步骤来准备和发布Vue 3应用程序。这包括代码分割、优化图片、压缩CSS和JavaScript文件，启用浏览器缓存，以及使用HTTP/2和CDN等技术来加速资源加载。同时，如果我们的应用对搜索引擎加速和首屏加载速度有较高要求，可以考虑使用Vue的服务端渲染来提供更好的性能。

性能优化是我们持续关注的领域，它可以让应用在各种环境下都表现出色。我们应该关注图片优化、懒加载、移动优先的设计理念，以及合理使用缓存等策略，不断提升应用的性能。

通过精心部署和优化，可以让用户在任何设备上都能够快速访问Vue 3应用程序，享受流畅的用户体验。同时，良好的性能也可以提升搜索引擎的排名，吸引更多的用户，为我们的业务带来更多的价值。

第 **18** 章

案例：博客网站

前面已经介绍了ASP.NET Core和Vue 3的相关知识，从本章开始，将结合它们来开发3个具体应用，将理论知识应用到具体实际当中。本章将实现一个功能齐全的博客网站，涵盖用户注册和登录、博客列表展示、博客详情查看、发表博客、评论功能、用户身份管理、博客分类、标签管理、博客搜索以及博客点赞和收藏等功能。

18.1　需求功能说明

本节将详细介绍博客网站的需求功能，了解这些功能将帮助我们对博客网站的整体架构和实现方式有一个清晰的认识。

1. 用户注册和登录

用户注册和登录是博客网站的基本功能之一。通过注册和登录，用户可以创建自己的账号，并使用这些账号登录到博客网站，从而享受更多的功能和特权。在注册时，用户需要提供一些基本信息，例如用户名和密码。注册成功后，用户可以使用他们的凭据登录到博客网站。

2. 博客列表展示

博客列表展示是博客网站的核心功能之一。在博客网站的首页，会展示最新的博客列表，供用户浏览和阅读。博客列表按照发布时间或热度进行排序，并提供分页功能，以便用户浏览更多的博客内容。

3. 博客详情查看

当用户单击博客列表中的博客标题时，会跳转到博客的详情页面。在博客详情页面，用户可以查看完整的博客内容和相关信息，例如博客的作者、发布时间和评论等。博客详情页面提供了更详细的展示，使用户能够更好地阅读和理解博客内容。

4. 发表博客

注册用户可以发表自己的博客，与其他用户分享自己的观点和经验。发表博客需要填写标题、内容和标签等信息，并将这些信息保存到数据库中。发表成功后，博客将在博客列表中显示，并可以被其他用户阅读和评论。

5. 评论功能

博客网站提供了评论功能，让用户可以对博客进行评论和讨论。用户可以在博客详情页面中发表自己的评论，并查看其他用户的评论。评论功能促进了用户之间的互动和交流，增强了博客网站的社区氛围。

6. 用户身份管理

管理员可以管理用户账号，包括禁用账号、修改用户权限等。用户身份管理功能确保了博客网站的安全性和合规性。管理员可以对用户账号进行必要的操作，以维护博客网站的秩序和稳定性。

7. 博客分类

为了方便用户浏览和检索博客内容，博客可以按照不同的分类进行归类。例如，可以按照技术、生活、旅行等分类来组织博客。用户可以选择感兴趣的分类，查看该分类下的相关博客列表。

8. 标签管理

管理员可以管理博客的标签，包括新增、编辑和删除标签。标签是博客的关键词或主题，可以帮助用户快速找到感兴趣的博客内容。通过合理管理和使用标签，博客网站可以提供更好的用户体验和信息检索功能。

9. 博客搜索

用户可以通过关键词搜索博客，系统将返回相关的博客列表。博客搜索功能提供了更快速和精确的博客检索方式，使用户能够更方便地找到自己感兴趣的博客内容。

10. 博客点赞和收藏

用户可以对喜欢的博客进行点赞和收藏操作。点赞和收藏功能允许用户表达对博客内容的喜爱和支持，并方便用户在以后快速查找和浏览自己收藏的博客。

以上是博客网站的需求功能说明。在接下来的章节中，我们将逐步实现这些功能，以打造一个功能完善的博客网站。

18.2　实现用户注册和登录

用户注册和登录是博客网站的基本功能之一。本节将介绍如何使用ASP.NET Core框架和Vue 3实现用户注册和登录功能。

18.2.1　注册功能

用户注册功能允许用户创建一个新的账号，并将账号信息保存到数据库中。在注册过程中，我们需要收集用户的基本信息，例如用户名、密码和电子邮件等。同时，需要对用户输入的数据进行验证，确保数据的合法性和安全性。

使用ASP.NET Core的身份验证功能实现用户注册的示例代码如代码清单18-1所示。

代码清单 18-1

```
/// <summary>
/// 用户注册
/// </summary>
/// <param name="input"></param>
/// <returns></returns>
[HttpPost]
public async Task<ApiResult> Register(UserRegisterInDto input)
{
    if (ModelState.IsValid)
    {
        input.Id = NewId.NextGuid();
        var result = await _service.Register(input);

        if (!result)
        {
            return Failure("用户注册失败！");
        }
    }
    return Success();
}
```

在上述代码中，通过_service.Register()方法来创建新用户。如果注册成功，那么可以在result属性为true时执行相关的处理逻辑；如果注册失败，那么可以通过Failure方法将错误信息显示给用户。

18.2.2　登录功能

用户登录功能允许已注册用户使用他们的凭据登录到博客网站。在登录过程中，需要验证用户提供的凭据，并根据验证结果来决定用户的登录状态。

使用ASP.NET Core的身份验证功能实现用户登录的示例代码如代码清单18-2所示。

代码清单 18-2

```
/// <summary>
/// 用户登录
/// </summary>
/// <param name="input"></param>
/// <returns></returns>
[HttpPost]
public async Task<ApiResult> Login(UserLoginInDto input)
```

```
{
    if (ModelState.IsValid)
    {
        var result = await _service.Login(input);

        if (!result)
        {
            return Failure("用户登录失败！");
        }
    }
    return Success();
}
```

在上述代码中，使用_service.Login(input)方法来验证用户提供的用户名和密码。如果验证成功，那么可以在result属性为true时执行相关的处理逻辑；如果验证失败，可以通过Failure方法添加错误消息并提供给用户。

18.2.3　视图和表单

为了实现用户注册和登录功能，需要创建相应的视图和表单来收集用户输入的数据。在视图中，我们可以使用Vue来创建用户界面，并与后台代码进行交互。

用户注册的视图示例代码如代码清单18-3所示。

代码清单 18-3

```
<template>
  <div>
    <div>用户名称: <input v-model="formData.Username"></div>
    <div>用户邮箱: <input v-model="formData.Email"></div>
    <div>用户密码: <input v-model="formData.Password" type="password"></div>
    <div>确认密码: <input v-model="formData.ConfirmPassword"
Lype="password"></div>
    <div class="buttons">
      <button @click="register">注册</button>
    </div>
  </div>
</template>

<script setup>
import axios from 'axios';
import { reactive } from 'vue'

// 要提交的数据
const formData = reactive({
  Username: '',
  Email: '',
  Password: '',
  ConfirmPassword: '',
});
```

```
function register() {
  console.log(formData)
  axios.post('https://localhost:7235/api/Blog/User/Register', formData)
    .then((response) => {
      // 请求成功，处理返回的数据
      console.log(response.data);
    })
    .catch((error) => {
      // 请求失败，处理错误
      console.error(error);
    });
}
</script>
```

在上述视图代码中，使用了v-model属性来绑定视图和模型之间的数据。这样，在用户提交表单时，Vue框架将自动将表单数据与formData对象绑定起来，从而简化了数据处理的过程。

18.2.4　数据验证

为了确保用户输入的数据的合法性和安全性，我们需要进行数据验证。ASP.NET Core提供了丰富的数据验证功能，可以通过模型的属性和特性来实现验证规则。

使用数据验证特性的示例代码如代码清单18-4所示。

代码清单 18-4

```
public class UserRegisterInDto
{
    public Guid Id { get; set; }

    [Required]
    [StringLength(20, ErrorMessage = "{0}的长度必须至少为{2}个字符，最多为{1}个字符。",
MinimumLength = 6)]
    public string UserName { get; set; } = null!;

    [Required]
    [EmailAddress]
    public string Email { get; set; } = null!;

    [Required]
    [DataType(DataType.Password)]
    public string Password { get; set; } = null!;

    [DataType(DataType.Password)]
    [Compare("Password", ErrorMessage = "密码和确认密码不匹配。")]
    public string ConfirmPassword { get; set; } = null!;

}
```

在上述代码中，使用了一些常见的数据验证特性，例如Required、StringLength、EmailAddress和Compare等。这些特性可以帮助我们验证用户名、电子邮件和密码等数据的合法性。

通过以上步骤，我们已经实现了用户注册和登录功能。用户现在可以在博客网站上创建自己的账号并登录，以便享受更多的功能和特权。

18.3 实现博客列表展示

博客列表展示是博客网站的核心功能之一。在博客网站的首页，会展示最新的博客列表，供用户浏览和阅读。本节将介绍如何使用ASP.NET Core框架和Vue 3实现博客列表的展示功能。

18.3.1 获取博客列表

首先，我们需要从数据库中获取博客数据，以便在博客列表中展示。可以使用数据访问技术（例如EF Core）来检索博客数据，并将其传递给视图以进行展示。

获取博客列表的示例代码如代码清单18-5所示。

代码清单 18-5

```
// 获取博客列表
[HttpGet]
public async Task<ApiResult<IList<ArticleQueryOutDto>>> QueryAll()
{
    var query = from a in _dbContext.Articles.AsNoTracking()
                orderby a.PublishDate
                select a;

    var items = await query
        .ToListAsync();

    var itemDtos = Mapper.Map<IList<ArticleQueryOutDto>>(items);

    return Success(itemDtos);
}
```

在上述代码中，首先通过LINQ语句从数据库中获取博客数据，并使用orderby方法按照发布时间对博客进行排序。然后，将排序后的博客列表传递给视图进行展示。

18.3.2 创建博客列表视图

为了在前端页面上展示博客列表，需要创建一个视图。在视图中，我们可以使用Vue模板来呈现博客数据，并使用循环语句将每篇博客显示为一个列表项。

创建博客列表视图的示例代码如代码清单18-6所示。

代码清单 18-6

```
<template>
```

```
  <div v-for="article in articles">
    <h2>{{ article.title }}</h2>
    <p>{{ article.content }}</p>
  </div>
</template>

<script setup>
import axios from 'axios';
import { ref, onMounted } from 'vue'

const articles = ref([]);

onMounted(() => {
  axios.get('https://localhost:7235/api/Blog/Article/QueryAll')
    .then((response) => {
      // 请求成功，处理返回的数据
      console.log(response.data)
      const result = response.data
      if (result.code == 0) {
        articles.value = result.data
      }
      else {
        // 请求失败，处理错误
        console.error(result.message)
      }
    })
    .catch((error) => {
      // 请求失败，处理错误
      console.error(error)
    });
})
</script>
```

在上述代码中，首先使用了axios.get指令来获取一个博客列表给视图。然后，使用v-for循环语句遍历博客列表，并将每篇博客的标题和内容呈现为HTML元素。

18.3.3　显示分页功能

博客列表通常会包含大量的博客数据，因此需要提供分页功能，以便用户可以浏览更多的博客内容。为了实现分页功能，可以使用Skip和Take框架提供的分页操作。

使用Skip和Take实现分页功能的示例代码如代码清单18-7所示。

代码清单 18-7

```
// 获取分页的博客列表
[HttpGet]
public async Task<ApiResult<PagingOut<ArticleQueryOutDto>>> QueryPage(int? page)
{
    var pageNumber = page ?? 1;
    var pageSize = 10; // 每页显示的博客数量
```

```
    var query = from a in _dbContext.Articles.AsNoTracking()
            orderby a.PublishDate
            select a;

    var total = await query.CountAsync();

    var items = await query
        .Skip((pageNumber - 1) * pageSize)
        .Take(pageSize)
        .ToListAsync();

    var itemDtos = Mapper.Map<IList<ArticleQueryOutDto>>(items);

    return Success(new PagingOut<ArticleQueryOutDto>(total, itemDtos));
}
```

在上述代码中，首先定义每页显示的博客数量为10。然后，使用Skip和Take方法将排序后的博客列表转换为分页的博客列表。最后，将分页的博客列表传递给视图进行展示。

视图中的分页导航如代码清单18-8所示。

代码清单 18-8

```
<template>
  <ul>
    <li v-for="article in articles">
      <h2>{{ article.title }}</h2>
      <p>{{ article.content }}</p>
    </li>
  </ul>
  共 {{ total }} 记录
</template>

<script setup>
import axios from 'axios';
import { ref, onMounted } from 'vue'

const articles = ref([]);
const currentPage = ref(1);
const total = ref(0);

onMounted(() => {
  axios.get('https://localhost:7235/api/Blog/Article/QueryPage', {
    params: {
      page: currentPage.value
    }
  })
    .then((response) => {
      // 请求成功，处理返回的数据
      console.log(response.data)
      const result = response.data
      if (result.code == 0) {
```

```
      articles.value = result.data.items
      total.value = result.data.total
    }
    else {
      // 请求失败，处理错误
      console.error(result.message)
    }
  })
  .catch((error) => {
    // 请求失败，处理错误
    console.error(error)
  });
})
</script>
```

在上述代码中，使用currentPage变量定义了当前分页的页码，通过改变分页页码可以获取当前分页博客列表。

通过以上步骤，我们已经实现了博客列表展示功能。用户现在可以在博客网站的首页上浏览最新的博客列表，并使用分页导航浏览更多的博客内容。

18.4 实现博客详情查看

博客详情查看是博客网站的重要功能之一，它允许用户单击博客列表中的博客标题，以查看完整的博客内容和相关信息。本节将介绍如何使用ASP.NET Core框架和Vue 3实现博客详情查看功能。

18.4.1 获取博客数据

首先，需要从数据库中获取特定博客的详细数据，以便在博客详情页面中展示。我们可以使用数据访问技术（例如EF Core）来检索博客数据。

获取博客数据的示例代码如代码清单18-9所示。

代码清单 18-9

```
// 博客详情
[HttpGet]
public async Task<ApiResult<ArticleGetOutDto>> GetDetail(Guid id)
{
    var query = from a in _dbContext.Articles.AsNoTracking()
                orderby a.Id
                where a.Id == id
                select a;

    var items = await query.FirstOrDefaultAsync();

    if (items == null)
```

```
    {
        return Failure<ArticleGetOutDto>("该博客不存在！");
    }

    var result = Mapper.Map<ArticleGetOutDto>(items);

    return Success(result);
}
```

在上述代码中，通过LINQ语句根据博客的ID从数据库中获取博客数据。如果博客不存在，则返回"该博客不存在！"页面提示。如果博客存在，则将获取到的博客数据传递给视图进行展示。

18.4.2　创建博客详情视图

为了在前端页面上展示博客的详细内容，需要创建一个博客详情视图。在视图中，我们可以使用Vue来呈现博客数据。

博客详情视图的示例代码如代码清单18-10所示。

代码清单 18-10

```
<template>
  <ul>
    <h2>{{ article.title }}</h2>
    <p>{{ article.content }}</p>
    <p>发布时间：{{ article.publishDate }}</p>
  </ul>
</template>

<script setup>
import axios from 'axios';
import { ref, onMounted } from 'vue'
import { useRoute } from 'vue-router'

const route = useRoute()
const article = ref({});

onMounted(() => {
  axios.get('https://localhost:7235/api/Blog/Article/GetDetail', {
    params: {
      id: route.params.id
    }
  })
    .then((response) => {
    // 请求成功，处理返回的数据
    console.log(response.data)
    const result = response.data
    if (result.code == 0) {
      article.value = result.data
    }
```

```
    else {
      // 请求失败，处理错误
      console.error(result.message)
    }
  })
  .catch((error) => {
    // 请求失败，处理错误
    console.error(error)
  });
})
</script>
```

在上述代码中，使用article表示将传递一个单个博客对象给视图。然后，我们可以直接访问博客对象的属性（例如标题、内容和发布日期）并将其呈现为HTML元素。

18.4.3　错误处理

在获取博客数据时，如果指定ID的博客不存在，则需要对此进行适当的错误处理。在代码清单18-9中，使用了"return Failure<ArticleGetOutDto>("该博客不存在！");"来告知用户请求的博客不存在。

我们还可以根据需要进行其他错误处理操作，例如重定向到错误页面、显示错误消息等。这取决于具体需求和用户体验设计。

通过以上步骤，我们已经实现了博客详情查看功能。现在，用户可以通过单击博客列表中的博客标题来查看完整的博客内容和相关信息。

18.5　实现发表博客

发表博客是博客网站的核心功能之一，它允许注册用户创建并发布自己的博客文章。本节将介绍如何使用ASP.NET Core框架和Vue 3实现发表博客的功能。

18.5.1　创建博客发布页面

首先，需要创建一个博客发布页面，以便注册用户可以在该页面上填写博客的标题、内容和其他相关信息。

博客发布页面的示例代码如代码清单18-11所示。

代码清单 18-11

```
<template>
  <div>
    <div><label>标题: </label><input v-model="formData.title"></div>
    <div><label>内容: </label><textarea
v-model="formData.content"></textarea></div>
    <div class="buttons">
```

```
        <button @click="create">发布</button>
      </div>
    </div>
</template>

<script setup>
import axios from 'axios';
import { reactive, onMounted } from 'vue'

// 要提交的数据
const formData = reactive({
  title: '',
  content: ''
});

function create() {
  axios.post('https://localhost:7235/api/Blog/Article/Create', formData)
    .then((response) => {
      // 请求成功，处理返回的数据
      console.log(response.data);
      const result = response.data
      if (result.code == 0) {
        alert("成功发布！")
      }
      else {
        // 请求失败，处理错误
        console.error(result.message)
      }
    })
    .catch((error) => {
      // 请求失败，处理错误
      console.error(error);
    });
}
</script>
```

在上述代码中，使用了formData来绑定视图和模型之间的数据。当用户提交表单时，ASP.NET Core框架将自动将表单数据与后台代码中的模型绑定起来。

18.5.2 处理博客发布请求

接下来，需要编写后台代码来处理博客发布请求。当用户单击"发布"按钮时，后台代码将接收并处理博客数据，并将其保存到数据库中。

处理博客发布请求的示例代码如代码清单18-12所示。

代码清单 18-12

```
// 发布博客
[HttpPost]
public async Task<ApiResult> Create(ArticleCreateInDto input)
```

```
{
    var model = new Article
    {
        Id = NewId.NextGuid(),
        Title = input.Title,
        Content = input.Content,
        PublishDate = DateTime.Now
    };

    await _dbContext.Articles.AddAsync(model);
    await _dbContext.SaveChangesAsync();

    return Success();
}
```

在上述代码中，首先使用HttpPost属性将方法标记为处理HTTP POST请求。当用户单击"发布"按钮时，表单数据将被自动绑定到ArticleCreateInDto模型的属性中。我们可以根据需要对数据进行验证和处理。如果数据验证通过，就创建一个新的Article对象，并将用户输入的博客标题、内容和发布日期等信息赋值给它。然后，使用_dbContext.Articles.AddAsync()方法将博客对象保存到数据库中。在发布成功后，可以执行相关的处理逻辑，例如可以发送通知给用户、更新博客列表缓存等。最后，使用Success()方法返回成功信息。

18.5.3　数据验证

在博客发布过程中，需要对用户输入的数据进行验证，以确保数据的合法性和安全性。使用数据验证特性的示例代码如代码清单18-13所示。

代码清单 18-13

```
public class ArticleCreateInDto
{
    [Required]
    public string Title { get; set; }

    [Required]
    public string Content { get; set; }
}
```

在上述代码中，使用了Required特性来标记标题和内容属性为必填项。这样，当用户提交表单时，如果这些字段为空，将会触发验证错误。

根据需要，我们还可以使用其他数据验证特性，例如字符串长度限制、正则表达式匹配等。

18.5.4　增加富文本编辑器

下面将进一步增强博客发布功能，通过添加富文本编辑器，使用户可以更方便地编辑和格式化博客内容和评论。

1. 选择富文本编辑器

在实现富文本编辑器功能之前，需要选择一个适合的富文本编辑器库。市场上有很多开源和商业的富文本编辑器可供选择，例如TinyMCE、CKEditor、Quill等。

在本例中，我们选择Quill富文本编辑器。Quill是一个功能强大、易于集成的富文本编辑器，适用于各种Web应用程序。

2. 安装和配置 Quill

首先，需要通过使用包管理器npm或yarn来安装VueQuill，如代码清单18-14所示。

代码清单 18-14

```
npm install @vueup/vue-quill@latest --save
# OR
yarn add @vueup/vue-quill@latest
```

使用单文件组件时，推荐使用npm或yarn进行安装，然后就可以在应用程序中注册该组件。

3. 在发表博客和评论页面使用 Quill

接下来，我们需要将Quill富文本编辑器应用到发表博客和评论的页面中，以便用户可以使用富文本编辑器来编辑内容。

以下是一个示例代码，演示如何在发表博客和评论页面使用Quill富文本编辑器，如代码清单18-15所示。

代码清单 18-15

```
<template>
  <div>
    <div><label>标题: </label><input v-model="formData.title"></div>
    <div><label>内容: </label><QuillEditor theme="snow"
v-model:content="formData.content" contentType="html"/></div>
    <div class="buttons">
      <button @click="create">发布</button>
    </div>
  </div>
</template>

<script setup>
import axios from 'axios';
import { reactive } from 'vue'
import { QuillEditor } from '@vueup/vue-quill'
import '@vueup/vue-quill/dist/vue-quill.snow.css';

// 要提交的数据
const formData = reactive({
  title: '',
  content: ''
});

function create() {
```

```
console.log(formData)
axios.post('https://localhost:7235/api/Blog/Article/Create', formData)
  .then((response) => {
    // 请求成功，处理返回的数据
    console.log(response.data);
    const result = response.data
    if (result.code == 0) {
      alert("成功发布！")
    }
    else {
      // 请求失败，处理错误
      console.error(result.message)
    }
  })
  .catch((error) => {
    // 请求失败，处理错误
    console.error(error);
  });
}
</script>
```

在上述代码中，在HTML表单中添加了一个容纳Quill编辑器的元素，并使用v-model:content将它绑定到属性formData.content上，以便将编辑器的HTML内容传递到后台。

4. 后台处理富文本内容

在后台处理发表博客和评论的动作方法中，可以通过接收的输入字段的值来获取富文本编辑器的HTML内容，并进行相应的处理和存储。

以下是一个示例代码，演示如何在后台处理发表博客和评论的动作方法中获取富文本内容，如代码清单18-16所示。

代码清单 18-16

```
[HttpPost]
public async Task<ApiResult> Create(ArticleCreateInDto input)
{
    if (ModelState.IsValid)
    {
        // 获取富文本编辑器的HTML内容
        var content = input.Content;

        // 进行处理和存储操作
        // ...

        var model = new Article
        {
            CategoryId = new Guid("01890000-385c-84a9-c29b-08dbbb117319"),
            Id = NewId.NextGuid(),
            Title = input.Title,
            Content = content,
            PublishDate = DateTime.Now
```

```
    };

    await _dbContext.Articles.AddAsync(model);
    await _dbContext.SaveChangesAsync();

    return Success();
    }
    return Failure();
}
```

在上述代码中，首先通过input.Content获取值，即富文本编辑器的HTML内容，然后在后台进行进一步的处理和存储操作。

通过以上步骤，我们已经实现了博客发布功能。现在，注册用户可以在博客网站上发表自己的博客文章了。

18.6　实现评论功能

评论功能是博客网站的重要组成部分之一，它允许用户对博客进行评论和讨论，促进用户之间的互动和交流。本节将介绍如何使用ASP.NET Core框架和Vue 3实现评论功能。

18.6.1　创建评论模型

首先，需要创建一个评论模型来表示用户的评论。评论模型通常包含评论内容、评论者的名称和评论的发布日期等属性。

评论模型的示例代码如代码清单18-17所示。

代码清单 18-17

```
public class Comment
{
    public Guid Id { get; set; }
    public string Content { get; set; }
    public string AuthorName { get; set; }
    public DateTime PublishDate { get; set; }

    public Guid ArticleId { get; set; }
    public Article Article { get; set; }
}
```

在上述代码中，定义了评论的一些常见属性，例如内容、作者名称和发布日期等。同时，还使用了ArticleId和Article属性来建立了评论和博客之间的关联关系。

18.6.2　创建评论视图模型

为了在前端页面上收集用户的评论内容，需要创建一个评论视图模型。评论视图模型包含与评论相关的属性，例如评论内容和作者名称等。

评论视图模型的示例代码如代码清单18-18所示。

代码清单 18-18

```
public class CommentCreateInDto
{
    [Required]
    public string Content { get; set; }

    [Required]
    public string AuthorName { get; set; }

    public Guid ArticleId { get; set; }
}
```

在上述代码中，定义了评论视图模型的属性，包括评论内容、作者名称和博客ID。当用户提交评论时，这些属性将用于传递评论数据到后台代码。

18.6.3　创建评论功能

接下来，需要编写后台代码来处理用户提交的评论。当用户单击"提交评论"按钮时，后台代码将接收和处理评论数据，并将评论保存到数据库中。

处理评论提交的示例代码如代码清单18-19所示。

代码清单 18-19

```
[HttpPost]
public async Task<ApiResult> Create(CommentCreateInDto model)
{
    if (ModelState.IsValid)
    {
        var comment = new Comment
        {
            Content = model.Content,
            AuthorName = model.AuthorName,
            PublishDate = DateTime.Now,
            ArticleId = model.ArticleId
        };

        await _dbContext.Comments.AddAsync(comment);

        await _dbContext.SaveChangesAsync();

        // 评论提交成功后的处理逻辑
        // ...

        return Success();
    }
    return Failure();
```

```
}
```

在上述代码中，首先使用HttpPost属性将方法标记为处理HTTP POST请求。当用户提交评论时，表单数据将自动绑定到CommentCreateInDto模型的属性中。如果数据验证通过，就创建一个新的Comment对象，并将用户输入的评论内容、作者名称、发布日期和关联的博客ID赋值给它。然后，使用_dbContext.Comments.AddAsync(comment)方法将评论对象保存到数据库中。在评论提交成功后，可以执行相关的处理逻辑，例如可以发送通知给博客作者、更新博客的评论数量等。最后，使用Success方法将用户重定向回博客详情页面，以便他们可以查看自己的评论。

18.6.4 显示评论列表

在博客详情页面上，需要显示博客的评论列表，以便用户可以查看和回复其他用户的评论。在博客详情页面显示评论列表的示例代码如代码清单18-20所示。

代码清单 18-20

```
<template>
  <div>
    <h2>{{ article.title }}</h2>
    <p>{{ article.content }}</p>
    <p>发布时间：{{ article.publishDate }}</p>
    <p>
      <RouterLink :to="{ path: '/article/' + article.id +'/comment/create' }">发
布评论</RouterLink>
    </p>
    <div v-for="comment in article.comments">
      <p>{{ comment.content }}</p>
      <p>评论人：{{ comment.authorName }}</p>
      <p>发布时间：{{ comment.publishDate }}</p>
    </div>
  </div>
</template>

<script setup>
import axios from 'axios';
import { ref, onMounted } from 'vue'
import { useRoute } from 'vue-router'

const route = useRoute()
const article = ref({});

onMounted(() => {
  axios.get('https://localhost:7235/api/Blog/Article/GetDetail', {
    params: {
      id: route.params.id
    }
  })
    .then((response) => {
      // 请求成功，处理返回的数据
      console.log(response.data)
```

```
      const result = response.data
      if (result.code == 0) {
        article.value = result.data
      }
      else {
        // 请求失败，处理错误
        console.error(result.message)
      }
    })
    .catch((error) => {
      // 请求失败，处理错误
      console.error(error)
    });
  })
</script>
```

在上述代码中，使用了v-for循环语句遍历评论列表，并将每个评论的内容、作者名称和发布日期呈现为HTML元素。

通过以上步骤，我们已经实现了评论功能。现在，用户可以在博客详情页面上发表评论，并查看其他用户的评论。评论功能增强了博客网站的社区氛围和用户互动性。

18.7 实现用户身份管理

用户身份管理是博客网站的重要功能之一，它允许管理员管理用户账号、权限和角色，以及提供用户自身管理账号信息的功能。本节将介绍如何使用ASP.NET Core框架和Vue 3实现用户身份管理功能。

18.7.1 注册和登录

首先，需要实现用户注册和登录功能，以便用户可以创建账号并使用账号登录。18.2节中已经介绍了如何实现用户注册和登录功能，请参考该节。

18.7.2 用户角色管理

用户角色管理允许管理员为用户分配角色和权限。角色可以用来区分用户的身份和权限级别，以便控制他们对博客网站的访问和操作权限。

在ASP.NET Core中，可以使用ASP.NET Core Identity提供的角色管理功能来实现用户角色管理。

使用ASP.NET Core Identity进行用户角色管理的示例代码如代码清单18-21所示。

代码清单 18-21

```
// 添加用户到角色
public async Task<ApiResult> AddToRole(string userId, string roleName)
```

```
{
    var user = await _userManager.FindByIdAsync(userId);

    if (user != null)
    {
        await _userManager.AddToRoleAsync(user, roleName);
        return RedirectToAction("Index");
    }

    return NotFound();
}
```

在上述代码中,通过_userManager.AddToRoleAsync()方法将指定的用户添加到指定的角色中。通过这个方法,我们可以在后台代码中实现用户角色的分配功能。

18.7.3 用户权限管理

除了角色管理之外,我们还可以使用授权策略来管理用户的权限。通过授权策略,可以定义不同的授权规则,并根据这些规则来限制用户对博客网站的访问和操作权限。

使用授权策略管理用户权限的示例代码如代码清单18-22所示。

代码清单 18-22

```
// 定义授权策略
public void ConfigureServices(IServiceCollection services)
{
    // ...

    services.AddAuthorization(options =>
    {
        options.AddPolicy("RequireAdminRole", policy =>
            policy.RequireRole("Admin"));

        options.AddPolicy("RequireModeratorRole", policy =>
            policy.RequireRole("Moderator"));

        options.AddPolicy("RequireLoggedInUser", policy =>
            policy.RequireAuthenticatedUser());
    });

    // ...
}
```

在上述代码中,通过AddAuthorization()方法定义了3个授权策略,分别为需要管理员角色、需要Moderator角色和需要登录用户。我们可以在需要限制访问的Controller或Action上使用这些策略。

使用授权策略的示例代码如代码清单18-23所示。

代码清单 18-23

```
// 限制访问
[Authorize(Policy = "RequireAdminRole")]
[HttpGet]
public async Task<ApiResult> AdminPanel()
{
    // 只有管理员可以访问该页面
    // ...
}
```

在上述代码中，使用Authorize属性将Action限制为只有具有管理员角色的用户才能访问。

通过以上步骤，我们已经实现了用户身份管理功能。现在，管理员可以管理用户角色和权限，并控制用户对博客网站的访问和操作权限。

18.8 实现博客分类

博客分类是博客网站的重要功能之一，它允许管理员为博客添加分类标签，以便用户可以根据分类浏览和检索相关的博客文章。本节将介绍如何使用ASP.NET Core框架和Vue 3实现博客分类功能。

18.8.1 创建分类模型

首先，需要创建一个分类模型来表示博客的分类信息。分类模型通常包含分类名称、描述和其他相关属性。

分类模型的示例代码如代码清单18-24所示。

代码清单 18-24

```
public class Category
{
    public int Id { get; set; }
    public string Name { get; set; }
    public string Description { get; set; }

    public ICollection<Article> Articles { get; set; }
}
```

在上述代码中，定义了分类的一些常见属性，例如名称和描述。同时，还使用了Blogs属性来建立分类和博客之间的关联关系。

18.8.2 创建分类管理功能

接下来，需要实现分类管理功能，以便管理员可以创建、编辑和删除分类。

以下是一个示例代码，演示如何实现分类管理功能，如代码清单18-25所示。

代码清单 18-25

```
/// <summary>
/// 新增分类
/// </summary>
/// <param name="input"></param>
/// <returns></returns>
[HttpPost]
public async Task<ApiResult<CategoryCreateOutDto>> Create(CategoryCreateInDto input)
{
    input.Id = NewId.NextGuid();
    var result = await _service.Create(input);
    return Success(result);
}


/// <summary>
/// 更新分类
/// </summary>
/// <param name="input"></param>
/// <returns></returns>
[HttpPost]
public async Task<ApiResult<CategoryUpdateOutDto>> Update(CategoryUpdateInDto input)
{
    var result = await _service.Update(input);
    return Success(result);
}


/// <summary>
/// 删除分类
/// </summary>
/// <param name="input"></param>
/// <returns></returns>
[HttpPost]
public async Task<ApiResult<CategoryDeleteOutDto>> Delete(CategoryDeleteInDto input)
{
    var result = await _service.Delete(input);
    return Success(result);
}


/// <summary>
/// 获取清单
/// </summary>
/// <param name="input"></param>
/// <returns></returns>
[HttpGet]
public async Task<ApiResult<PagingOut<CategoryQueryOutDto>>> Query([FromQuery]
CategoryQueryInDto input)
{
    var result = await _service.Query(input);
```

```
    return Success(result);
}
```

在上述代码中，通过Query方法获取所有的分类信息，并将其传递给视图进行展示。

在创建、编辑和删除分类的方法中，如果数据验证通过，将执行相应的操作并将用户重定向到分类管理页面。

18.8.3　与博客关联分类

为了将分类与博客关联起来，需要在博客模型中添加一个外键属性，指向所属的分类。

以下是一个示例代码，演示如何在博客模型中添加分类外键属性，如代码清单18-26所示。

代码清单 18-26

```
public class Article
{
    public Guid Id { get; set; }
    public string Title { get; set; }
    public string Content { get; set; }
    public DateTime PublishDate { get; set; }

    public Guid CategoryId { get; set; }
    public Category Category { get; set; }
}
```

在上述代码中，添加了一个名为"CategoryId"的属性，表示博客所属的分类ID。通过这个属性，我们可以在数据库中建立博客和分类之间的关联关系。

通过以上步骤，我们已经实现了博客分类功能。现在，管理员可以创建和管理博客的分类，用户可以根据分类来浏览和检索相关的博客文章。

18.9　实现标签管理

标签管理是博客网站的重要功能之一，它允许管理员为博客添加标签，以便用户可以根据标签浏览和检索相关的博客文章。本节将介绍如何使用ASP.NET Core框架和Vue 3实现标签管理功能。

18.9.1　创建标签模型

首先，需要创建一个标签模型来表示博客的标签信息。标签模型通常包含标签名称、描述和其他相关属性。

标签模型的示例代码如代码清单18-27所示。

代码清单 18-27

```
public class Tag
```

```
{
    public int Id { get; set; }
    public string Name { get; set; }
    public string Description { get; set; }

    public ICollection<Article> Articles { get; set; }
}
```

在上述代码中，定义了标签的一些常见属性，例如名称和描述。同时，还使用了Articles
属性来建立标签和博客之间的关联关系。

18.9.2 创建标签管理功能

接下来，需要实现标签管理功能，以便管理员可以创建、编辑和删除标签。

以下是一个示例代码，演示如何实现标签管理功能，如代码清单18-28所示。

代码清单 18-28

```
/// <summary>
/// 新增标签
/// </summary>
/// <param name="input"></param>
/// <returns></returns>
[HttpPost]
public async Task<ApiResult<TagCreateOutDto>> Create(TagCreateInDto input)
{
    input.Id = NewId.NextGuid();
    var result = await _service.Create(input);
    return Success(result);
}

/// <summary>
/// 更新标签
/// </summary>
/// <param name="input"></param>
/// <returns></returns>
[HttpPost]
public async Task<ApiResult<TagUpdateOutDto>> Update(TagUpdateInDto input)
{
    var result = await _service.Update(input);
    return Success(result);
}

/// <summary>
/// 删除标签
/// </summary>
/// <param name="input"></param>
/// <returns></returns>
[HttpPost]
public async Task<ApiResult<TagDeleteOutDto>> Delete(TagDeleteInDto input)
{
```

```
            var result = await _service.Delete(input);
            return Success(result);
    }


    /// <summary>
    /// 获取标签清单
    /// </summary>
    /// <param name="input"></param>
    /// <returns></returns>
    [HttpGet]
    public async Task<ApiResult<PagingOut<TagQueryOutDto>>> Query([FromQuery]
TagQueryInDto input)
    {
        var result = await _service.Query(input);
        return Success(result);
    }
```

在上述代码中，通过Query方法获取所有的标签信息，并将其传递给视图进行展示。

在创建、编辑和删除标签的方法中，如果数据验证通过，我们将执行相应的操作并将用户重定向到标签管理页面。

18.9.3　与博客关联标签

为了将标签与博客关联起来，需要在博客模型中建立一个多对多的关联关系，这意味着一个博客可以有多个标签，而一个标签也可以被多个博客使用。

以下是一个示例代码，演示如何在博客模型中建立多对多的关联关系，如代码清单18-29所示。

代码清单 18-29

```
public class Article
{
    public int Id { get; set; }
    public string Title { get; set; }
    public string Content { get; set; }
    public DateTime PublishDate { get; set; }

    public ICollection<ArticleTag> ArticleTags { get; set; }
}

public class Tag
{
    public int Id { get; set; }
    public string Name { get; set; }
    public string Description { get; set; }

    public ICollection<ArticleTag> ArticleTags { get; set; }
}

public class BlogTag
```

```
{
    public int BlogId { get; set; }
    public Article Article { get; set; }

    public int TagId { get; set; }
    public Tag Tag { get; set; }
}
```

在上述代码中，创建了一个名为"ArticleTag"的关联实体，它将博客和标签之间的关联关系表示为多对多的关系。通过这个关联实体，可以在数据库中建立博客和标签之间的关联关系。

通过以上步骤，我们已经实现了标签管理功能。现在，管理员可以创建和管理博客的标签，用户可以根据标签浏览和检索相关的博客文章。

18.10 实现博客搜索

博客搜索是博客网站的常见功能之一，它允许用户根据关键词搜索相关的博客文章，以便快速找到感兴趣的内容。本节将介绍如何使用ASP.NET Core框架和Vue 3实现博客搜索功能。

18.10.1 创建搜索功能页面

首先，需要创建一个搜索功能的页面，以便用户可以在该页面上输入关键词进行搜索。搜索页面的示例代码如代码清单18-30所示。

代码清单 18-30

```
<template>
  <input type="text" v-model="keyword" placeholder="Enter keyword..." />
  <button @click="search">搜索</button>

  <ul>
    <li v-for="article in articles">
      <h2>
        <RouterLink :to="{ path: '/article/detail/' +
article.id }">{{ article.title }}</RouterLink>
      </h2>
      <p>{{ article.content }}</p>
    </li>
  </ul>
</template>

<script setup>
import axios from 'axios';
import { ref, onMounted } from 'vue'

const articles = ref([]);
const keyword = ref('');
```

```
function search() {
  axios.get('https://localhost:7235/api/Blog/Article/QuerySearch', {
    params: {
      keyword: keyword.value
    }
  })
    .then((response) => {
      // 请求成功，处理返回的数据
      console.log(response.data)
      const result = response.data
      if (result.code == 0) {
        articles.value = result.data
      }
      else {
        // 请求失败，处理错误
        console.error(result.message)
      }
    })
    .catch((error) => {
      // 请求失败，处理错误
      console.error(error)
    });
}
</script>>
```

在上述代码中，使用了一个表单来收集用户输入的关键词。当用户单击“搜索”按钮时，表单数据将以GET请求的方式提交到名为“Search”的操作方法中。

18.10.2　创建搜索功能

接下来，需要编写后台代码来处理用户提交的搜索请求，并返回相关的博客文章。

处理搜索请求的示例代码如代码清单18-31所示。

代码清单 18-31

```
[HttpGet]
public async Task<ApiResult<IList<ArticleQueryOutDto>>> QuerySearch(string
keyword)
{
    var result = await _service.QuerySearch(keyword);
    return Success(result);
}
```

在上述代码中，首先创建了一个名为“QuerySearch”的操作方法，并使用参数keyword来接收用户提交的关键词。然后通过调用_service.QuerySearch(keyword)方法，可以根据关键词在数据库中检索相关的博客文章。最后，将检索到的博客文章传递给视图进行展示。

18.10.3 实现博客搜索逻辑

在博客搜索的实现中，我们可以使用各种方法和技术来优化搜索结果的准确性和性能。

以下是一个示例代码，演示如何在博客仓储中实现基本的博客搜索逻辑，如代码清单18-32所示。

代码清单 18-32

```
public IEnumerable<Blog> SearchBlogs(string keyword)
{
    return _dbContext.Blogs
        .Where(b => b.Title.Contains(keyword) || b.Content.Contains(keyword))
        .ToList();
}
```

在上述代码中，使用了LINQ查询来过滤博客文章，只保留标题或内容中包含关键词的文章。然后，使用了.ToList()方法将查询结果转换为一个博客列表，并返回给调用方。

我们可以根据实际情况扩展和优化搜索逻辑。例如，可以添加更多的过滤条件、使用全文搜索引擎、使用缓存来提高搜索性能等。

通过以上步骤，我们已经实现了博客搜索功能。现在，用户可以在博客网站上根据关键词进行快速搜索，并找到感兴趣的博客文章了。

18.11　实现博客点赞和收藏

博客点赞和收藏是博客网站的常见功能之一，它们允许用户与喜欢的博客文章进行互动，并将喜欢的文章保存在自己的个人收藏中。本节将介绍如何使用ASP.NET Core框架和Vue 3实现博客点赞和收藏功能。

18.11.1 实现博客点赞功能

博客点赞功能允许用户对博客文章表示喜欢或赞赏。每个用户可以对每篇博客进行一次点赞操作，并可以取消点赞。

以下是一个示例代码，演示如何实现博客点赞功能，如代码清单18-33所示。

代码清单 18-33

```
[HttpPost]
public async Task<ApiResult> Like(Guid id)
{
    var model = await _dbContext.Articles.SingleAsync(x => x.Id.Equals(id));
    model.Likes++;
    await _dbContext.SaveChangesAsync();
    return Success();
}
```

在上述代码中，首先创建了一个名为"Like"的操作方法，并使用参数id来接收要点赞的博客文章的ID。然后通过LINQ查询获取要点赞的博客文章对象。接着，增加博客的点赞数并更新博客对象。最后，使用Success方法将用户重定向回博客详情页面，以便他们可以查看最新的点赞数。

18.11.2 实现博客收藏功能

博客收藏功能允许用户将喜欢的博客文章保存在自己的个人收藏中，以便随时查看和阅读。

以下是一个示例代码，演示如何实现博客收藏功能，如代码清单18-34所示。

代码清单 18-34

```
public async Task<ApiResult> AddToCollection(Guid id)
{

var userId = _userManager.GetUserId(User); // 获取当前登录用户的ID
    var collection = new BlogCollection
    {
        UserId = userId,
        ArticleId = id
    };
    await _dbContext.ArticleCollections.AddAsync(collection);
await _dbContext.SaveChangesAsync();
return Success();

}
```

在上述代码中，首先创建了一个名为"AddToCollection"的操作方法，并使用参数id来接收要收藏的博客文章的ID。然后通过调用userManager.GetUserId方法获取当前登录用户的ID，并创建一个新的BlogCollection对象，将用户ID和博客ID赋值给它。最后，使用_dbContext.ArticleCollections.AddAsync(collection)方法将收藏对象保存到数据库中。

18.11.3 显示点赞和收藏数量

为了让用户了解博客的点赞和收藏情况，我们可以在博客详情页面上显示点赞和收藏的数量。

以下是一个示例代码，演示如何在博客详情页面上显示点赞和收藏数量，如代码清单18-35所示。

代码清单 18-35

```
<p>点赞数：{{ article.likes }}</p>
<p>收藏数：{{ article.collections.Count }}</p>
```

在上述代码中，使用article.likes来显示博客的点赞数量，并使用article.collections.Count来显示博客的收藏数量。

通过以上步骤，我们已经实现了博客点赞和收藏功能。现在，用户可以对喜欢的博客进行点赞，并将它们保存在个人收藏中。

18.12 小　　结

本章介绍了如何使用ASP.NET Core与Vue 3实现一个博客网站，覆盖了多个功能模块，包括用户注册和登录、博客展示、评论管理、用户身份管理、博客分类、标签管理、博客搜索、博客点赞和收藏等。

通过对这些功能的实现，我们构建了一个功能完善的博客网站，提供了丰富的交互和个性化的体验。同时，也深入学习了ASP.NET Core与Vue 3的各种特性和技术，包括模型绑定、身份验证、授权、依赖注入等，为今后的项目开发打下了坚实的基础。

在实际的项目开发中，我们可以根据需求进一步扩展和优化这个博客网站，例如添加更多的功能模块、改进用户界面、优化性能和安全性等。

第 **19** 章

案例：通用权限系统

本章将介绍如何设计和实现一个通用的权限系统，涵盖用户管理、权限定义和分配、组织架构管理、访问控制以及操作和审计日志记录等关键概念和功能。

19.1 需求功能说明

本节将详细介绍通用权限系统的需求功能。通过了解这些功能，我们将对所需的权限系统有更清晰的了解，并能更好地规划和设计系统的实现。

1. 用户管理

权限系统的核心是对用户进行管理和认证。用户管理功能的主要需求如下：

（1）用户注册和认证：用户应该能够注册一个账户并进行身份验证，以获取访问权限。

（2）用户角色分配：每个用户可以被分配一个或多个角色，每个角色代表一组权限。用户的角色将他定其可以访问的功能和资源。

（3）用户信息管理：管理员应该能够管理用户的信息，包括用户的个人资料、密码重置和账户状态管理等。

2. 权限定义和分配

权限系统需要具备灵活且精细的权限管理功能。权限定义和分配功能的主要需求如下：

（1）权限管理：管理员应该能够定义和管理系统中的各种权限。权限可以包括读取、写入、删除等，用于限制用户对资源的访问。

（2）角色管理：管理员应该能够创建、编辑和删除角色，并为每个角色分配相应的权限。这样，可以更好地组织和管理大量用户的权限。

（3）用户权限分配：管理员应该能够将角色分配给用户，或直接为用户分配特定的权限。这样，可以根据组织内用户的职责和需求，灵活地分配权限。

3. 组织架构管理

为了更好地组织和管理用户，权限系统可以引入组织架构管理。组织架构管理功能的主要需求如下：

（1）部门管理：管理员应该能够创建、编辑和删除组织中的部门。通过建立部门层次结构，可以更好地组织和管理组织内的用户。

（2）部门权限：管理员应该能够为每个部门分配特定的权限，以控制部门内成员的功能访问。这样，每个部门可以根据职责和需求，限制其成员的权限范围。

（3）员工管理：管理员应该能够添加、删除和管理组织中的员工，并分配适当的角色和权限。通过员工管理，可以灵活地管理组织内的用户。

4. 访问控制

一个好的权限系统应该能够对用户的访问进行细粒度的控制，包括对资源和功能的访问限制。访问控制功能的主要需求如下：

（1）资源访问控制：系统应该根据用户的角色或权限定义，限制用户对特定资源（如文件、数据库、API等）的访问。这样，只有经过授权的用户才能访问受保护的资源。

（2）功能访问控制：系统应该根据用户的角色或权限定义，限制用户对特定功能或操作（如创建、编辑、删除等）的访问。这样，可以确保只有具备相应权限的用户才能执行敏感操作。

（3）数据行级别的访问控制：在某些情况下，我们需要对数据库中的特定数据行进行访问控制。系统应该能够基于用户角色或权限定义限制用户对特定数据行的访问，以确保用户只能访问其所需的数据。

5. 操作和审计日志记录

为了保证系统的安全性和追溯性，权限系统应该能够记录用户的操作和生成审计日志。操作和审计日志记录功能的主要需求如下：

（1）操作日志：系统应该能够记录用户的操作日志，包括登录、权限变更和资源访问记录等。操作日志可以帮助我们追踪用户的活动，并进行故障排查和审计。

（2）审计日志：系统应该能够生成详细的审计日志，记录用户的权限变更、资源访问和敏感操作等。审计日志可以用于安全审计和分析，帮助我们发现潜在的安全威胁或违规行为。

通过满足上述需求功能，我们可以构建一个强大且灵活的通用权限系统，确保只有经过授权的用户能够访问系统中的功能和资源。

接下来，我们将深入探讨如何实现这些功能，并提供相应的代码示例和视觉元素来更好地理解和应用这些概念。

19.2　实现用户管理

本节将重点介绍如何实现权限系统中的用户管理功能。用户管理是权限系统的核心部分，它涉及用户的注册、认证以及角色分配。通过有效的用户管理，可以确保只有经过授权的用户才能访问系统的功能和资源。

19.2.1 用户注册和认证

用户注册和认证是权限系统中的第一步。用户应该能够注册一个账户并进行身份验证，以获取访问权限。实现用户注册和认证的示例代码如代码清单19-1所示。

代码清单 19-1

```
// 用户注册
public ActionResult Register(RegisterViewModel model)
{
    // 验证注册信息的有效性
    if (!ModelState.IsValid)
    {
        return View(model);
    }

    // 创建用户并保存到数据库
    var user = new User
    {
        UserName = model.UserName,
        Email = model.Email,
        // 其他用户信息
    };

    // 执行用户注册逻辑

    // 注册成功后，重定向到登录页面
    return RedirectToAction("Login");
}

// 用户登录
public ActionResult Login(LoginViewModel model)
{
    // 验证登录信息的有效性
    if (!ModelState.IsValid)
    {
        return View(model);
    }

    // 执行用户登录逻辑

    // 登录成功后，设置用户认证凭证
    var claims = new List<Claim>
    {
        new Claim(ClaimTypes.Name, model.UserName),
        // 其他用户角色、权限等信息
    };
```

```
    var identity = new ClaimsIdentity(claims, "ApplicationCookie");

    // 在用户的浏览器中设置身份验证 cookie
    HttpContext.GetOwinContext().Authentication.SignIn(identity);

    // 登录成功后，重定向到主页或其他受限制的页面
    return RedirectToAction("Index", "Home");
}

// 用户注销
public ActionResult Logout()
{
    // 清除用户的身份验证 cookie
    HttpContext.GetOwinContext().Authentication.SignOut("ApplicationCookie");

    // 注销后，重定向到登录页面
    return RedirectToAction("Login");
}
```

上述代码示例中，分别通过注册视图模型RegisterViewModel和登录视图模型
LoginViewModel来接收用户输入的注册和登录信息。在注册方法中验证注册信息的有效性，
并将用户信息保存到数据库中。在登录方法中验证登录信息的有效性，执行用户登录逻辑，并
设置用户的身份验证凭证（使用ASP.NET Core中的认证机制）。

19.2.2　用户角色分配

用户角色分配是权限系统中的关键部分。通过为每个用户分配适当的角色，我们可以根
据角色来限制用户对功能和资源的访问权限。下面是一个示例，展示如何为用户分配角色，如
代码清单19-2所示。

代码清单 19-2

```
// 分配角色给用户
public ActionResult AssignRole(string userId, string roleId)
{
    // 根据用户ID和角色ID查找用户和角色对象
    var user = _userService.GetUserById(userId);
    var role = _roleService.GetRoleById(roleId);

    // 检查用户和角色对象的有效性

    // 执行角色分配逻辑
    _userService.AssignRole(user, role);

    // 角色分配成功后，重定向到用户管理页面或其他适当的页面
    return RedirectToAction("UserManagement");
}
```

在上述示例代码中，通过用户ID和角色ID查找用户和角色对象，并执行角色分配逻辑（例

如，将角色对象关联到用户对象）。角色分配的具体实现可以根据具体业务需求进行调整。

19.2.3　用户信息管理

管理员应该能够管理用户的信息，包括用户的个人资料、密码重置和账户状态管理等。以下是一个示例，展示如何实现用户信息管理功能，如代码清单19-3所示。

代码清单 19-3

```
// 编辑用户信息
public ActionResult EditUser(string userId)
{
    // 根据用户ID查找用户对象
    var user = _userService.GetUserById(userId);

    // 检查用户对象的有效性

    // 将用户信息传递给编辑视图，并显示表单让管理员修改用户信息
    return View(user);
}

// 更新用户信息
[HttpPost]
public ActionResult EditUser(UserViewModel model)
{
    // 验证用户信息的有效性
    if (!ModelState.IsValid)
    {
        return View(model);
    }

    // 更新用户信息并保存到数据库
    var user = _userService.GetUserById(model.UserId);

    // 更新用户的属性

    // 保存用户信息的更新

    // 用户信息更新成功后，重定向到用户管理页面或其他适当的页面
    return RedirectToAction("UserManagement");
}

// 重置用户密码
public ActionResult ResetPassword(string userId)
{
    // 根据用户ID查找用户对象
    var user = _userService.GetUserById(userId);

    // 检查用户对象的有效性

    // 执行重置密码逻辑
```

```
    _userService.ResetPassword(user);

    // 密码重置成功后，重定向到用户管理页面或其他适当的页面
    return RedirectToAction("UserManagement");
}

// 禁用或启用用户账户
public ActionResult ToggleAccountStatus(string userId)
{
    // 根据用户ID查找用户对象
    var user = _userService.GetUserById(userId);

    // 检查用户对象的有效性

    // 执行禁用或启用用户账户逻辑
    _userService.ToggleAccountStatus(user);

    // 账户状态切换成功后，重定向到用户管理页面或其他适当的页面
    return RedirectToAction("UserManagement");
}
```

上述示例代码中，提供了编辑用户信息、更新用户信息、重置用户密码和切换用户账户状态的功能。通过这些功能，管理员可以有效地管理用户的信息。

通过本节内容，我们已经了解了如何实现权限系统中的用户管理功能。用户注册、认证、角色分配和用户信息管理是权限系统的基础，对于确保系统的安全性和可靠性至关重要。

19.3　实现权限定义和分配

本节将探讨如何实现权限系统中的权限定义和分配功能。权限管理是一个关键的部分，它允许管理员定义和管理系统中的各种权限，并将这些权限分配给用户。通过灵活而精细的权限定义和分配，我们可以确保用户只能访问其所需的功能和资源。

19.3.1　权限管理

权限管理允许管理员定义和管理系统中的各种权限。权限可以包括读取、写入、删除等，用于限制用户对资源的访问。以下是一个示例，展示如何定义和管理权限，如代码清单19-4所示。

代码清单 19-4

```
// 权限定义
public class Permission
{
    public string Name { get; set; }
    public string Description { get; set; }
    // 其他权限属性
```

```
}

// 权限管理
public interface IPermissionService
{
    IEnumerable<Permission> GetAllPermissions();
    Permission GetPermissionById(string permissionId);
    void CreatePermission(Permission permission);
    void UpdatePermission(Permission permission);
    void DeletePermission(string permissionId);
}
```

在上述示例代码中,定义了一个权限类Permission,它包含权限的名称、描述以及其他属性。通过权限管理接口IPermissionService,提供了获取所有权限、根据权限ID获取权限、创建权限、更新权限和删除权限等功能。具体的实现可以根据业务需求进行调整。

19.3.2 角色管理

角色管理允许管理员创建、编辑和删除角色,并为每个角色分配相应的权限。通过角色的定义和管理,我们可以更好地组织和管理大量用户的权限。以下是一个示例,展示如何实现角色管理,如代码清单19-5所示。

代码清单 19-5

```
// 角色定义
public class Role
{
    public string Name { get; set; }
    public string Description { get; set; }
    public IEnumerable<Permission> Permissions { get; set; }
    // 其他角色属性
}

// 角色管理
public interface IRoleService
{
    IEnumerable<Role> GetAllRoles();
    Role GetRoleById(string roleId);
    void CreateRole(Role role);
    void UpdateRole(Role role);
    void DeleteRole(string roleId);
}
```

在上述示例代码中,定义了一个角色类Role,它包含角色的名称、描述以及与之关联的权限列表。通过角色管理接口IRoleService,提供了获取所有角色、根据角色ID获取角色、创建角色、更新角色和删除角色等功能。具体的实现可以根据业务需求进行调整。

19.3.3 用户权限分配

用户权限分配是权限系统中的关键部分。管理员应该能够将角色分配给用户，或直接为用户分配特定的权限。这样，可以根据组织内用户的职责和需求灵活地分配权限。以下是一个示例，展示如何实现用户权限分配，如代码清单19-6所示。

代码清单 19-6

```
// 用户权限分配
public interface IUserPermissionService
{
    IEnumerable<Permission> GetPermissionsForUser(string userId);
    void AssignRoleToUser(string userId, string roleId);
    void RevokeRoleFromUser(string userId, string roleId);
    void GrantPermissionToUser(string userId, string permissionId);
    void RevokePermissionFromUser(string userId, string permissionId);
}
```

在上述示例代码中，提供了一组用于用户权限分配的方法。通过这些方法，可以获取用户的权限列表、将角色分配给用户、从用户中撤销角色、为用户授予特定的权限以及从用户中撤销权限。具体的实现可以根据业务需求进行调整。

通过本节内容，我们已经了解了如何实现权限系统中的权限定义和分配功能。权限管理和角色管理允许管理员定义和管理系统的权限，并将这些权限与角色关联。通过用户权限分配，我们可以根据用户的职责和需求，灵活地分配权限。

19.4 实现组织架构管理

本节将介绍如何实现权限系统中的组织架构管理功能。通过组织架构管理，我们可以更好地组织和管理用户，为不同的部门分配权限，并进行灵活的员工管理。

19.4.1 部门管理

部门管理允许管理员创建、编辑和删除组织中的部门。通过建立部门层次结构，可以更好地组织和管理组织内的用户。以下是一个示例，展示如何实现部门管理，如代码清单19-7所示。

代码清单 19-7

```
// 部门定义
public class Department
{
    public string Name { get; set; }
    public string Description { get; set; }
    public Department ParentDepartment { get; set; }
    public IEnumerable<Department> ChildDepartments { get; set; }
```

```
    // 其他部门属性
}

// 部门管理
public interface IDepartmentService
{
    IEnumerable<Department> GetAllDepartments();
    Department GetDepartmentById(string departmentId);
    void CreateDepartment(Department department);
    void UpdateDepartment(Department department);
    void DeleteDepartment(string departmentId);
}
```

在上述示例代码中，定义了一个部门类Department，包含部门的名称、描述以及与之关联的上级部门和下级部门列表。通过部门管理接口IDepartmentService，提供了获取所有部门、根据部门ID获取部门、创建部门、更新部门和删除部门等功能。具体的实现可以根据业务需求进行调整。

19.4.2　部门权限

部门权限允许管理员为每个部门分配特定的权限，以控制部门内成员的功能访问。通过部门权限，每个部门可以根据职责和需求，限制成员的权限范围。以下是一个示例，展示如何实现部门权限，如代码清单19-8所示。

代码清单 19-8

```
// 部门权限分配
public interface IDepartmentPermissionService
{
    IEnumerable<Permission> GetPermissionsForDepartment(string departmentId);
    void AssignPermissionToDepartment(string departmentId, string permissionId);
    void RevokePermissionFromDepartment(string departmentId, string permissionId);
}
```

在上述示例代码中，提供了一组用于部门权限分配的方法。通过这些方法，可以获取部门的权限列表、将权限分配给部门以及从部门中撤销权限。具体的实现可以根据业务需求进行调整。

19.4.3　员工管理

员工管理允许管理员添加、删除和管理组织中的员工，并分配适当的角色和权限。通过员工管理，我们可以灵活地管理组织内的用户。以下是一个示例，展示如何实现员工管理，如代码清单19-9所示。

代码清单 19-9

```
// 员工定义
public class Employee
```

```
{
    public string Name { get; set; }
    public string Email { get; set; }
    public Department Department { get; set; }
    public IEnumerable<Role> Roles { get; set; }
    // 其他员工属性
}

// 员工管理
public interface IEmployeeService
{
    IEnumerable<Employee> GetAllEmployees();
    Employee GetEmployeeById(string employeeId);
    void CreateEmployee(Employee employee);
    void UpdateEmployee(Employee employee);
    void DeleteEmployee(string employeeId);
}
```

在上述示例代码中，定义了一个员工类Employee，它包含员工的姓名、邮箱以及与之关联的部门和角色列表。通过员工管理接口IEmployeeService，提供了获取所有员工、根据员工ID获取员工、创建员工、更新员工和删除员工等功能。具体的实现可以根据业务需求进行调整。

通过本节内容，我们已经了解了如何实现权限系统中的组织架构管理功能。部门管理、部门权限和员工管理是组织架构管理的关键部分，它们可以帮助我们更好地组织和管理用户，灵活地分配权限，并进行有效的员工管理。

19.5　实现访问控制

本节将介绍如何实现权限系统中的访问控制功能。访问控制是一个关键的功能，它允许我们对用户的访问进行细粒度的控制，包括资源访问控制、功能访问控制以及数据行级别的访问控制。

19.5.1　资源访问控制

资源访问控制允许系统根据用户的角色或权限定义，限制用户对特定资源（如文件、数据库、API等）的访问。只有经过授权的用户才能访问受保护的资源。以下是一个示例，展示如何实现资源访问控制，如代码清单19-10所示。

代码清单 19-10

```
// 资源访问控制
public interface IResourceAccessService
{
    bool CanAccessResource(string userId, string resourceId);
    IEnumerable<string> GetAccessibleResources(string userId);
}
```

在上述示例代码中，提供了一组用于资源访问控制的方法。CanAccessResource方法接收用户ID和资源ID作为参数，检查用户是否有权访问特定资源；GetAccessibleResources方法接收用户ID作为参数，返回用户有权访问的资源列表。具体的实现可以根据业务需求进行调整。

19.5.2　功能访问控制

功能访问控制允许系统根据用户的角色或权限定义，限制用户对特定功能或操作（如创建、编辑、删除等）的访问。只有具备相应权限的用户才能执行敏感操作。以下是一个示例，展示如何实现功能访问控制，如代码清单19-11所示。

代码清单 19-11

```
// 功能访问控制
public interface IFunctionAccessService
{
    bool CanAccessFunction(string userId, string functionId);
    IEnumerable<string> GetAccessibleFunctions(string userId);
}
```

在上述示例代码中，提供了一组用于功能访问控制的方法：CanAccessFunction方法接收用户ID和功能ID作为参数，检查用户是否有权访问特定功能；GetAccessibleFunctions方法接收用户ID作为参数，返回用户有权访问的功能列表。具体的实现可以根据业务需求进行调整。

19.5.3　数据行级别的访问控制

在某些情况下，我们需要对数据库中的特定数据行进行访问控制。系统应该能够基于用户角色或权限定义，限制用户对特定数据行的访问，以确保用户只能访问其所需的数据。以下是一个示例，展示如何实现数据行级别的访问控制，如代码清单19-12所示。

代码清单 19-12

```
// 数据行级别的访问控制
public interface IDataAccessService
{
    bool CanAccessData(string userId, string dataId);
    IEnumerable<string> GetAccessibleData(string userId);
}
```

在上述示例代码中，提供了一组用于数据行级别的访问控制的方法：CanAccessData方法接收用户ID和数据ID作为参数，检查用户是否有权访问特定数据行；GetAccessibleData方法接收用户ID作为参数，返回用户有权访问的数据行列表。具体的实现可以根据业务需求进行调整。

通过本节内容，我们已经了解了如何实现权限系统中的访问控制功能。资源访问控制、功能访问控制以及数据行级别的访问控制允许我们对用户的访问进行细粒度的控制，确保只有经过授权的用户才能访问受保护的资源和功能。

19.6　实现操作和审计日志记录

本节将介绍如何实现权限系统中的操作和审计日志记录功能。操作日志和审计日志是保证系统安全性和追溯性的关键部分，可以帮助我们追踪用户的活动，并进行故障排查、安全审计和分析。

19.6.1　操作日志

操作日志记录系统可以记录用户的操作日志，包括登录、权限变更和资源访问记录等。通过记录用户的操作，可以追踪用户的活动，了解他们对系统的使用情况，并进行故障排查和审计。以下是一个示例，展示如何实现操作日志记录，如代码清单19-13所示。

代码清单 19-13

```
// 操作日志记录
public interface IOperationLogService
{
    void LogOperation(string userId, string operationType, string operationDetails);
    IEnumerable<OperationLog> GetOperationLogs();
}
```

在上述示例代码中，提供了一组用于操作日志记录的方法：LogOperation方法用于记录用户的操作，它接收用户ID、操作类型和操作详情作为参数；GetOperationLogs方法用于获取所有操作日志记录。具体的实现可以根据业务需求进行调整。

19.6.2　审计日志

审计日志记录系统可以生成详细的审计日志，记录用户的权限变更、资源访问和敏感操作等。审计日志可以用于安全审计和分析，帮助我们发现潜在的安全威胁或违规行为。以下是一个示例，展示如何实现审计日志记录，如代码清单19-14所示。

代码清单 19-14

```
// 审计日志记录
public interface IAuditLogService
{
    void LogAudit(string userId, string actionType, string actionDetails);
    IEnumerable<AuditLog> GetAuditLogs();
}
```

在上述示例代码中，提供了一组用于审计日志记录的方法：LogAudit方法用于记录用户的审计事件，它接收用户ID、事件类型和事件详情作为参数；GetAuditLogs方法用于获取所有审计日志记录。具体的实现可以根据业务需求进行调整。

19.6.3 日志存储和可视化

在实际应用中，操作日志和审计日志的记录量可能非常大。为了管理和分析这些日志数据，我们可以使用专门的日志存储和可视化工具。常用的日志存储和可视化工具和技术如下：

- 日志存储：可以使用日志存储系统如Elasticsearch、Splunk或Graylog将日志数据进行集中存储，并提供高效的查询和分析能力。
- 日志可视化：可以使用数据可视化工具如Kibana、Grafana或Power BI创建仪表盘和图表，对日志数据进行可视化分析和展示。

通过适当的日志存储和可视化工具，我们可以更好地管理和分析操作日志和审计日志数据，发现潜在的安全威胁或违规行为。

通过本节内容，我们已经了解了如何实现权限系统中的操作和审计日志记录功能。操作日志和审计日志可以帮助我们追踪用户的活动，并进行故障排查、安全审计和分析。

19.7 小　　结

本章设计和实现一个强大的权限系统，满足复杂的权限管理需求。

在实际应用中，可以根据具体需求进一步优化和扩展权限系统。例如，可以添加其他功能，如密码策略管理、密码重置、多因素身份验证等，以增强系统的安全性。

第 20 章

案例：ERP 系统

企业资源计划（Enterprise Resource Planning，ERP）系统是一套集成的软件解决方案，旨在帮助企业有效地管理资源、流程和信息。本章将实现一个ERP系统。通过对一个ERP系统实现案例的分析，我们将了解它在不同业务功能中的使用，以及它如何为企业实现高效运营提供强有力的支持。

20.1 需求功能说明

本节将深入探讨ERP系统的需求功能。在选择和定制ERP系统时，了解企业特定的需求非常关键。

20.1.1 系统概述

首先，让我们了解ERP系统的基本要求和目标。ERP系统旨在为企业提供一个全面集成的解决方案，以优化资源、流程和信息的管理，如图20-1所示。

ERP系统将涵盖采购管理、销售管理、库存管理、财务管理和生产管理5个核心功能模块。

20.1.2 功能模块详解

1. 采购管理

在该模块中，需要实现以下功能：

（1）供应商管理：实现有效地管理供应商信息。了解供应商的基本信息、联系方式以及历史交易记录将有助于建立稳固的合作关系。

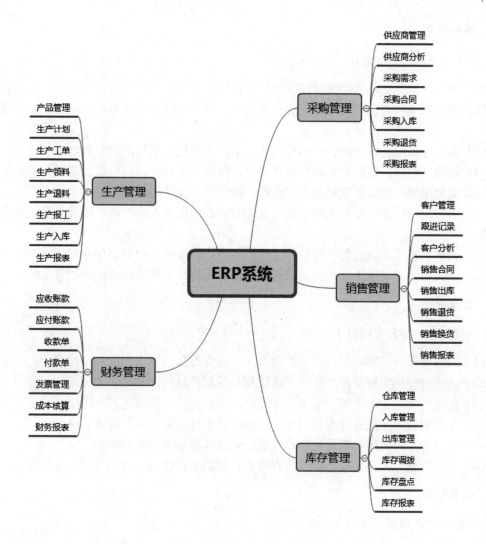

图 20-1　ERP 功能概况

（2）供应商分析：实现分析供应商的绩效和表现。这样可以帮助企业选择最可靠的供应商，确保物资的及时供应。

（3）采购需求：实现准确地识别和管理采购需求是保证企业能够按时交付产品和服务的重要一环。

（4）采购合同：实现建立有效的采购合同，确保交易双方的权益得到保障，同时降低风险。

（5）采购入库：实现有效地管理采购入库过程，确保物资不会因为误操作或者丢失而影响生产和销售。

（6）采购退货：实现处理采购退货，保证企业不会因为质量问题或者其他原因而承担不必要的损失。

（7）采购报表：实现生成和解读采购报表，从而帮助企业做出正确的决策，提升采购效率。

2. 销售管理

在该模块中，需要实现以下功能：

（1）客户管理：实现有效的管理客户信息是保证企业与客户保持良好关系的基础。

（2）跟进记录：实现记录与客户的交流情况，以便更好地了解客户的需求，提升销售效率。

（3）客户分析：实现分析客户的行为和需求，从而提供更精准的服务。

（4）销售合同：实现建立有效的销售合同，保障企业和客户的权益，避免发生纠纷。

（5）销售出库：实现管理销售出库过程，确保产品及时送达到客户手中。

（6）销售退货：实现处理销售退货是保证客户满意度的重要一环，同时也可以减少企业的损失。

（7）销售换货：实现处理销售换货，可以帮助企业保持客户的信任和忠诚度。

（8）销售报表：实现生成和解读销售报表，从而帮助企业做出正确的销售策略。

3. 库存管理

在该模块中，需要实现以下功能：

（1）仓库管理：了解如何有效地管理仓库，确保产品的安全存放和及时供应。

（2）入库管理：实现管理产品的入库过程，保证产品的准确记录和分类。

（3）出库管理：实现管理产品的出库过程，确保产品按时送达客户手中。

（4）库存调拨：实现进行库存调拨，帮助企业优化资源配置，提升效率。

（5）库存盘点：实现定期进行库存盘点，确保库存记录的准确性。

（6）库存报表：实现生成和解读库存报表，帮助企业做出合理的库存管理决策。

4. 财务管理

在该模块中，需要实现以下功能：

（1）应收账款：实现管理应收账款，确保企业能够及时收到应有的款项。

（2）应付账款：实现管理应付账款，保证企业按时支付供应商等各方的款项。

（3）收款单：实现生成和处理收款单，确保资金流动的准确记录。

（4）付款单：实现生成和处理付款单，确保资金的安全流转。

（5）发票管理：实现有效地管理发票，确保企业在税务方面合规运营。

（6）成本核算：实现成本核算，帮助企业合理控制成本，提升利润。

（7）财务报表：实现生成和解读财务报表，帮助企业做出正确的财务决策。

5. 生产管理

在该模块中，需要实现以下功能：

（1）产品管理：实现有效地管理产品信息，确保生产过程的顺利进行。

（2）生产计划：实现制定有效的生产计划，保证产品按时交付。

（3）生产工单：实现生成和处理生产工单，确保生产过程的有序进行。

（4）生产领料：实现进行生产领料，帮助企业保证生产所需材料的及时供应。

（5）生产退料：实现处理生产退料，减少企业的材料浪费，降低成本。

（6）生产报工：实现记录和处理生产报工信息，帮助企业掌握生产进度。

（7）生产入库：实现管理生产入库过程，确保产品妥善存放。

（8）生产报表：实现生成和解读生产报表，帮助企业做出正确的生产决策。

20.1.3　定制与配置

根据企业的特定情况和需求，务必合理定制和配置ERP系统，以确保最佳的运营效果。在每个模块中，我们都将提供灵活的定制选项，以满足不同企业的需求。

20.2　实现采购管理

采购管理是企业运营中至关重要的一环，它直接影响产品的质量和供应链的畅通。本节将介绍如何通过结合ASP.NET Core 7.0和Vue 3来实现高效的采购管理模块。限于篇幅，其他功能模块的实现不再列出，读者可参考本节内容自行实现。

20.2.1　供应商管理

1. 为何重要

供应商管理是保证采购过程顺利进行的基础。通过有效地管理供应商信息，可以确保企业及时获得高质量的物资和服务。

2. 如何实现

在采购管理模块中，创建一个供应商信息管理功能。用户可以在此功能中添加、编辑和删除供应商信息，同时可以查看供应商的联系方式和历史交易记录。

步骤 01　设计供应商管理的数据模型，以便在数据库中存储供应商的信息，如代码清单 20-1 所示。

代码清单 20-1

```
/// <summary>
/// 业务企业
/// </summary>
[Table("BusinessEnterprise")]
[Comment("业务企业")]
public partial class BusinessEnterprise : Entity
{
    /// <summary>
    /// 企业类型
    /// </summary>
    [Comment("企业类型")]
    public EnterpriseType EnterpriseType { get; set; }
```

```csharp
    /// <summary>
    /// 企业全称
    /// </summary>
    [StringLength(200)]
    [Comment("企业全称")]
    public string Name { get; set; } = null!;
    /// <summary>
    /// 企业简称
    /// </summary>
    [StringLength(200)]
    [Comment("企业简称")]
    public string ShortName { get; set; } = null!;
    /// <summary>
    /// 企业类别
    /// </summary>
    public BusinessEnterpriseCategory? Category { get; set; }
    [Comment("企业类别标识")]
    public Guid? CategoryId { get; set; }
    /// <summary>
    /// 联系人
    /// </summary>
    [StringLength(200)]
    [Comment("联系人")]
    public string? ContactPerson { get; set; }
    /// <summary>
    /// 联系电话
    /// </summary>
    [StringLength(200)]
    [Comment("联系电话")]
    public string? ContactTel { get; set; }
    /// <summary>
    /// 联系地址
    /// </summary>
    [StringLength(200)]
    [Comment("联系地址")]
    public string? ContactAddress { get; set; }
    /// <summary>
    /// 备注
    /// </summary>
    [StringLength(2000)]
    [Comment("备注")]
    public string? Remark { get; set; }
}

/// <summary>
/// 企业类型
/// </summary>
public enum EnterpriseType
{
    供应商,
    客户
```

```
}
```

在上述代码中，定义了供应商的一些常见属性，例如企业全称、联系人、联系电话等。我们在模型中定义了企业类型，作为扩展，便于在销售管理中的客户管理功能中可以共同使用一个业务企业模型。

步骤02 利用 ASP.NET Core 技术轻松创建一个供应商管理的后端服务，实现供应商信息的录入、编辑和查询功能，如代码清单 20-2 所示。

代码清单 20-2

```
/// <summary>
/// 业务企业
/// </summary>
[Area("Erp")]
public class BusinessEnterpriseController : AppControllerBase
{
    private readonly BusinessEnterpriseService _service;

    /// <summary>
    /// 构造函数
    /// </summary>
    /// <param name="serviceProvider"></param>
    /// <param name="service"></param>
    public BusinessEnterpriseController(IServiceProvider serviceProvider,
BusinessEnterpriseService service) :
        base(serviceProvider)
    {
        _service = service;
    }

    /// <summary>
    /// 新增
    /// </summary>
    /// <param name="input"></param>
    /// <returns></returns>
    [HttpPost]
    public async Task<ApiResult<Guid>> Create(BusinessEnterpriseCreateInDto input)
    {
        var result = await _service.Create(input);
        return Success(result);
    }

    /// <summary>
    /// 更新
    /// </summary>
    /// <param name="input"></param>
    /// <returns></returns>
    [HttpPost]
    public async Task<ApiResult<bool>> Update(BusinessEnterpriseUpdateInDto input)
    {
```

```
        var result = await _service.Update(input);
        return Success(result);
    }

    /// <summary>
    /// 删除
    /// </summary>
    /// <param name="input"></param>
    /// <returns></returns>
    [HttpPost]
    public async Task<ApiResult<bool>> Delete(BusinessEnterpriseDeleteInDto input)
    {
        var result = await _service.Delete(input);
        return Success(result);
    }

    /// <summary>
    /// 获取清单
    /// </summary>
    /// <param name="input"></param>
    /// <returns></returns>
    [HttpGet]
    public async Task<ApiResult<PagingOut<BusinessEnterpriseQueryOutDto>>>
Query([FromQuery] BusinessEnterpriseQueryInDto input)
    {
        var result = await _service.Query(input);
        return Success(result);
    }

    /// <summary>
    /// 获取详情
    /// </summary>
    /// <param name="input"></param>
    /// <returns></returns>
    [HttpGet]
    public async Task<ApiResult<BusinessEnterpriseGetOutDto>> Get([FromQuery]
BusinessEnterpriseGetInDto input)
    {
        var result = await _service.Get(input);
        return Success(result);
    }
}
```

在上述代码中，创建了录入、编辑和查询功能操作方法，并使用DTO参数来获取这些方法。此外，还引入服务类用于操作具体的业务逻辑。

步骤 03 一个 DTO 参数类，实现录入供应商信息所需要的数据，如代码清单 20-3 所示。

代码清单 20-3

```
/// <summary>
/// 业务企业
```

```
/// </summary>
public class BusinessEnterpriseCreateInDto : DtoBase
{
    /// <summary>
    /// 标识
    /// </summary>
    public Guid Id { get; set; }
    /// <summary>
    /// 企业类型
    /// </summary>
    public int EnterpriseType { get; set; }
    /// <summary>
    /// 企业全称
    /// </summary>
    public string Name { get; set; } = null!;
    /// <summary>
    /// 企业简称
    /// </summary>
    public string ShortName { get; set; } = null!;
    /// <summary>
    /// 企业类别标识
    /// </summary>
    public Guid? CategoryId { get; set; }
    /// <summary>
    /// 联系人
    /// </summary>
    public string? ContactPerson { get; set; }
    /// <summary>
    /// 联系电话
    /// </summary>
    public string? ContactTel { get; set; }
    /// <summary>
    /// 联系地址
    /// </summary>
    public string? ContactAddress { get; set; }
    /// <summary>
    /// 备注
    /// </summary>
    public string? Remark { get; set; }
}
```

在上述代码中，定义了录入的DTO参数，根据需要增加验证特性。

步骤 04 创建服务类，实现具体的业务逻辑，如代码清单 20-4 所示。

代码清单 20-4

```
/// <summary>
/// 供应商
/// </summary>
public class SupplierService : ServiceBase
{
```

```csharp
        private readonly ERPDbContext _dbContext;
        /// <summary>
        /// 构造函数
        /// </summary>
        /// <param name="serviceProvider"></param>
        public SupplierService(IServiceProvider serviceProvider) :
base(serviceProvider)
        {
            _dbContext = serviceProvider.GetRequiredService<ERPDbContext>();
        }

        /// <summary>
        /// 新增
        /// </summary>
        /// <param name="input"></param>
        /// <returns></returns>
        public async Task<Guid> Create(SupplierCreateInDto input)
        {
            var model = Mapper.Map<Supplier>(input);

            model.Id = NewId.NextSequentialGuid();

            await _dbContext.Suppliers.AddAsync(model);

            await _dbContext.SaveChangesAsync();

            return model.Id;
        }

        /// <summary>
        /// 更新
        /// </summary>
        /// <param name="input"></param>
        /// <returns></returns>
        public async Task<bool> Update(SupplierUpdateInDto input)
        {
            var model = await _dbContext.Suppliers.SingleAsync(x =>
x.Id.Equals(input.Id));

            Mapper.Map(input, model);

            model.LastModifyTime = DateTimeOffset.Now;

            await _dbContext.SaveChangesAsync();

            return true;
        }

        /// <summary>
        /// 删除
        /// </summary>
```

```
        /// <param name="input"></param>
        /// <returns></returns>
        public async Task<bool> Delete(SupplierDeleteInDto input)
        {
            var model = await _dbContext.Suppliers.SingleAsync(x =>
x.Id.Equals(input.Id));

            _dbContext.Suppliers.Remove(model);

            await _dbContext.SaveChangesAsync();

            return true;
        }


        /// <summary>
        /// 获取清单
        /// </summary>
        /// <param name="input"></param>
        /// <returns></returns>
        public async Task<PagingOut<SupplierQueryOutDto>> Query(SupplierQueryInDto
input)
        {
            var query = from a in _dbContext.Suppliers.AsNoTracking()
                        select a;

            #region filter
            if (!string.IsNullOrWhiteSpace(input.Name))
            {
                query = query.Where(w => w.Name!.Contains(input.Name));
            }
            #endregion

            var total = await query.CountAsync();

            var items = await query
                .OrderByDescending(x => x.LastModifyTime)
                .Skip((input.PageIndex - 1) * input.PageSize)
                .Take(input.PageSize)
                .ToListAsync();

            var itemDtos = Mapper.Map<IList<SupplierQueryOutDto>>(items);

            return new PagingOut<SupplierQueryOutDto>(total, itemDtos);
        }

        /// <summary>
        /// 获取详情
        /// </summary>
        /// <param name="input"></param>
        /// <returns></returns>
```

```
public async Task<SupplierGetOutDto> Get(SupplierGetInDto input)
{
    var query = from a in _dbContext.Suppliers.AsNoTracking()
                orderby a.Id
                where a.Id == input.Id
                select a;

    var items = await query.SingleAsync();

    return Mapper.Map<SupplierGetOutDto>(items);
}
}
```

在上述代码中，实现了具体的录入、编辑和查询功能操作方法。

步骤 05 利用 axios 第三方库轻松创建 HTTP 客户端类，与后台的 API 接口对应，如代码清单 20-5 所示。

代码清单 20-5

```
import { request, AppBaseURL } from "@/api"

/* 新增 */
export function createApi(data: any) {
    return request({
        url: AppBaseURL + "/Erp/businessEnterprise/Create",
        method: "post",
        data
    })
}

/* 更新 */
export function updateApi(data: any) {
    return request({
        url: AppBaseURL + "/Erp/businessEnterprise/Update",
        method: "post",
        data
    })
}

/* 删除 */
export function deleteApi(data: any) {
    return request({
        url: AppBaseURL + "/Erp/businessEnterprise/Delete",
        method: "post",
        data
    })
}

/* 获取清单 */
export function queryApi(params: any) {
    return request({
```

```
            url: AppBaseURL + "/Erp/businessEnterprise/Query",
            method: "get",
            params
    })
}

/* 获取详情 */
export function getApi(params: any) {
    return request({
        url: AppBaseURL + "/Erp/businessEnterprise/Get",
        method: "get",
        params
    })
}
```

在上述代码中，创建了HTTP客户端类，根据实际需要我们二次封装了axios。

步骤 06　利用 Vue 3 技术轻松创建一个供应商管理的前端界面，实现供应商信息查询功能，如代码清单 20-6 所示。

代码清单 20-6

```html
<template>
    <div class="app-container">
        <el-card v-loading="loading" shadow="never">
            <div class="search-wrapper">
                <el-form ref="searchFormRef" :inline="true" :model="searchData">
                    <el-form-item prop="name" label="名称">
                        <el-input v-model="searchData.name" placeholder="请输入"
/>
                    </el-form-item>
                    <el-form-item>
                        <el-button type="primary" :icon="Search"
@click="handleSearch">查询</el-button>
                        <el-button :icon="Refresh" @click="resetSearch">重置
</el-button>
                    </el-form-item>
                </el-form>
            </div>
            <div class="toolbar-wrapper">
                <div>
                    <el-button type="primary" :icon="CirclePlus"
@click="handleAdd">新增</el-button>
                    >
                </div>
                <div>
                    <el-tooltip content="刷新表格">
                        <el-button type="primary" :icon="RefreshRight" circle
@click="handleRefresh" />
                    </el-tooltip>
                </div>
            </div>
```

```html
            <div class="table-wrapper">
                <el-table :data="tableData" row-key="id"
@selection-change="selectionChange" border default-expand-all>
                    <el-table-column type="selection" width="50" align="center"
/>
                    <el-table-column prop="name" label="名称">
                        <template
#default="scope">{{ scope.row.name }}</template>
                    </el-table-column>
                    <el-table-column
prop="lastModifyTime" :formatter="dateFormat" label="最后更新时间" width="150"
align="center" />
                    <el-table-column fixed="right" label="操作" width="140"
align="center">
                        <template #default="scope">
                            <el-button type="primary" text bg size="small"
@click="handleEdit(scope.row)">修改</el-button>
                            <el-dropdown
                                @command="
                                        (command: string) => {
                                            handleCommand(command,
scope.row)
                                        }
                                    "
                                >
                                <el-button type="primary" text bg size="small"
style="margin-left: 5px"
                                    >更多<el-icon
class="el-icon--right"><arrow-down /></el-icon
                                    ></el-button>
                                <template #dropdown>
                                    <el-dropdown-menu>
                                        <el-dropdown-item command="delete">删
除</el-dropdown-item>
                                    </el-dropdown-menu>
                                </template>
                            </el-dropdown>
                        </template>
                    </el-table-column>
                </el-table>
            </div>
            <div class="pager-wrapper">
                <el-pagination
                    background
                    :layout="paginationData.layout"
                    :page-sizes="paginationData.pageSizes"
                    :total="paginationData.total"
                    :page-size="paginationData.pageSize"
                    :currentPage="paginationData.currentPage"
                    @size-change="handleSizeChange"
                    @current-change="handleCurrentChange"
```

```
                         />
                    </div>
                </el-card>
                <edit v-if="dialogVisible" ref="editRef"
@success="handleSaveSuccess"></edit>
            </div>
        </template>

    <script lang="ts" setup>
    import { useRouter, useRoute } from "vue-router"
    import { reactive, ref, watch, nextTick, onMounted } from "vue"
    import { deleteApi, batchDeleteApi, queryApi } from
"@/api/management/erp/businessEnterprise"
    import { type FormInstance, ElMessage, ElMessageBox } from "element-plus"
    import { Search, Refresh, Delete, CirclePlus, RefreshRight } from
"@element-plus/icons-vue"
    import { usePagination } from "@/hooks/usePagination"
    import moment from "moment"
    import edit from "./edit.vue"

    //#region 初始化
    const loading = ref<boolean>(false)
    const router = useRouter()
    const route = useRoute()

    onMounted(() => {
        queryTableData()
    })

    //日期格式化
    const dateFormat = (row: any, column: any) => {
        const date = row[column.property]
        if (date === undefined) {
            return ""
        }
        return moment(date).format("YYYY/MM/DD HH:mm")
    }
    //#endregion

    //#region 主体
    //查询
    const handleSearch = () => {
        queryTableData()
    }
    //查询重置
    const resetSearch = () => {
        searchFormRef.value?.resetFields()
        queryTableData()
    }
    //刷新
    const handleRefresh = () => {
```

```
        queryTableData()
    }
    //表格选择
    const selection = ref<any[]>([])
    const selectionChange = (items: any[]) => {
        selection.value = items
    }
    //获取清单
    const searchFormRef = ref<FormInstance | null>(null)
    const searchData = reactive({
        name: ""
    })
    const tableData = ref<any[]>([])
    const queryTableData = () => {
        loading.value = true
        queryApi({
            pageIndex: paginationData.currentPage,
            pageSize: paginationData.pageSize,
            name: searchData.name || undefined
        })
            .then((res: any) => {
                paginationData.total = res.data.total
                tableData.value = res.data.items
            })
            .catch(() => {
                tableData.value = []
            })
            .finally(() => {
                loading.value = false
            })
    }
    //分页
    const { paginationData, handleCurrentChange, handleSizeChange } = usePagination()
    watch([() => paginationData.currentPage, () => paginationData.pageSize],
queryTableData, { immediate: true })
    //添加
    const editRef = ref<FormInstance | null>(null)
    const dialogVisible = ref<boolean>(false)
    const handleAdd = () => {
        dialogVisible.value = true
        nextTick(() => {
            editRef.value?.handleUpdate(undefined)
        })
    }
    //编辑
    const handleEdit = (row: any) => {
        dialogVisible.value = true
        nextTick(() => {
            editRef.value?.handleUpdate(row.id)
        })
    }
```

```
//更多命令
const handleCommand = (command: string, row: any) => {
    //删除
    if (command == "delete") {
        handleDelete(row)
    }
}
//保存成功
const handleSaveSuccess = () => {
    queryTableData()
}
//删除
const handleDelete = (row: any) => {
    ElMessageBox.confirm(`正在删除：${row.name}，确认删除？`, "提示", {
        confirmButtonText: "确定",
        cancelButtonText: "取消",
        type: "warning"
    }).then(() => {
        deleteApi({
            id: row.id
        }).then(() => {
            ElMessage.success("删除成功")
            queryTableData()
        })
    })
}

<style lang="scss" scoped>
@import "../../index.scss";
</style>
```

在上述代码中，首先使用@/api/management/erp/supplier接口对接类来获取一个供应商给视图。然后，使用el-table组件显示供应商列表，并将每个供应商的名称和最后更新时间呈现为HTML元素。

步骤 07 实现供应商信息的录入和编辑功能，如代码清单 20-7 所示。

代码清单 20-7

```
<template>
    <!-- 新增/修改 -->
    <el-dialog v-model="dialogVisible" :title="currentUpdateId === undefined ? '
新增' : '修改'" @close="resetForm" width="50%">
        <el-form ref="formRef" :model="formData" :rules="formRules"
label-width="100px" label-position="right">
            <el-form-item prop="name" label="企业全称">
                <el-input v-model="formData.name" placeholder="请输入" />
            </el-form-item>
            <el-form-item prop="shortName" label="企业简称">
                <el-input v-model="formData.shortName" placeholder="请输入" />
            </el-form-item>
            <el-form-item prop="contactPerson" label="联系人">
```

```html
                <el-input v-model="formData.contactPerson" placeholder="请输入"
/>
            </el-form-item>
            <el-form-item prop="contactTel" label="联系电话">
                <el-input v-model="formData.contactTel" placeholder="请输入" />
            </el-form-item>
            <el-form-item prop="contactAddress" label="联系地址">
                <el-input v-model="formData.contactAddress" placeholder="请输入"
/>
            </el-form-item>
            <el-form-item prop="remark" label="备注">
                <el-input type="textarea" v-model="formData.remark"
placeholder="请输入" />
            </el-form-item>
            <el-form-item>
                <el-button type="primary" @click="handleCreate">保存</el-button>
                <el-button v-show="currentUpdateId !== undefined"
@click="handleSaveAs">另存为</el-button>
                <el-button @click="dialogVisible = false">取消</el-button>
            </el-form-item>
        </el-form>
    </el-dialog>
</template>

<script lang="ts" setup>
import { reactive, ref, defineExpose, onMounted } from "vue"
import { type FormInstance, type FormRules, ElMessage } from "element-plus"
import { getApi, createApi, updateApi } from
"@/api/management/erp/businessEnterprise"

//#region 初始化
const props = defineProps({
    bookId: String
})
const emit = defineEmits(["success"])

onMounted(() => {})
//#endregion

//#region 主体
//设置表单
const currentUpdateId = ref<undefined | string>(undefined)
const handleUpdate = (id: undefined | string) => {
    if (id === undefined) {
        resetForm()
    } else {
        currentUpdateId.value = id
        getApi({
            id: id
        })
            .then((res: any) => {
```

```
                    formData.enterpriseType = res.data.enterpriseType
                    formData.name = res.data.name
                    formData.shortName = res.data.shortName
                    formData.categoryId = res.data.categoryId
                    formData.contactPerson = res.data.contactPerson
                    formData.contactTel = res.data.contactTel
                    formData.contactAddress = res.data.contactAddress
                    formData.remark = res.data.remark
                })
                .catch(() => {
                    resetForm()
                })
                .finally(() => {})
        }
        dialogVisible.value = true
}
//重置表单
const resetForm = () => {
    currentUpdateId.value = undefined
    formData.name = ""
    formData.shortName = ""
    formData.categoryId = ""
    formData.contactPerson = ""
    formData.contactTel = ""
    formData.contactAddress = ""
    formData.remark = ""
}
//保存
const dialogVisible = ref<boolean>(false)
const formRef = ref<FormInstance | null>(null)
const formData = reactive({
    enterpriseType: 0,
    name: "",
    shortName: "",
    categoryId: "",
    contactPerson: "",
    contactTel: "",
    contactAddress: "",
    remark: ""
})
const formRules: FormRules = reactive({
    name: [{ required: true, trigger: "blur", message: "请输入企业全称" }],
    shortName: [{ required: true, trigger: "blur", message: "请输入企业简称" }]
})
const handleCreate = () => {
    formRef.value?.validate((valid: boolean) => {
        if (valid) {
            if (currentUpdateId.value === undefined) {
                createApi({
                    enterpriseType: formData.enterpriseType,
                    name: formData.name,
```

```
                    shortName: formData.shortName,
                    categoryId: formData.categoryId,
                    contactPerson: formData.contactPerson,
                    contactTel: formData.contactTel,
                    contactAddress: formData.contactAddress,
                    remark: formData.remark
                }).then(() => {
                    dialogVisible.value = false
                    emit("success")
                })
            } else {
                updateApi({
                    id: currentUpdateId.value,
                    enterpriseType: formData.enterpriseType,
                    name: formData.name,
                    shortName: formData.shortName,
                    categoryId: formData.categoryId,
                    contactPerson: formData.contactPerson,
                    contactTel: formData.contactTel,
                    contactAddress: formData.contactAddress,
                    remark: formData.remark
                }).then(() => {
                    ElMessage.success("修改成功")
                    dialogVisible.value = false
                    emit("success")
                })
            }
        } else {
            return false
        }
    })
}
//另存为
const handleSaveAs = () => {
    formRef.value?.validate((valid: boolean) => {
        if (valid) {
            createApi({
                enterpriseType: formData.enterpriseType,
                name: formData.name,
                shortName: formData.shortName,
                categoryId: formData.categoryId,
                contactPerson: formData.contactPerson,
                contactTel: formData.contactTel,
                contactAddress: formData.contactAddress,
                remark: formData.remark
            }).then(() => {
                dialogVisible.value = false
                emit("success")
            })
        } else {
            return false
```

```
        }
    })
}
//#endregion

defineExpose({
    handleUpdate
})
</script>
```

在上述代码中，通过@/api/management/erp/supplier接口中的getApi方法对formData进行赋值，使用formData来绑定视图和模型之间的数据。在本例中，当用户单击"保存"按钮时，通过@/api/management/erp/supplier接口自动将表单数据提交给后台接口。

20.2.2　供应商分析

1. 为何重要

通过分析供应商，企业可以评估不同供应商的绩效和表现，从而选择与最可靠的供应商合作，确保物资的及时供应。

2. 如何实现

在采购管理功能中，建立一个供应商分析功能。用户可以在此功能中查看供应商的交易历史、交货准时率等指标，以便做出明智的选择。

20.2.3　采购需求

1. 为何重要

准确地识别和管理采购需求是保证企业能够按时交付产品和服务的关键。

2. 如何实现

在采购管理模块中，创建一个采购需求管理功能。用户可以在此功能中提交采购需求，包括所需物资、数量、交付期限等信息。

步骤 01 设计采购需求的数据模型，以便在数据库中存储采购需求的信息，如代码清单 20-8 所示。

代码清单 20-8

```
/// <summary>
/// 采购需求
/// </summary>
[Table("PurchaseRequest")]
[Comment("采购需求")]
public partial class PurchaseRequest : Entity
{
    /// <summary>
```

```
    /// 需求编号
    /// </summary>
    [StringLength(50)]
    [Comment("需求编号")]
    public string? RequestNumber { get; set; }
    /// <summary>
    /// 需求日期
    /// </summary>
    [Comment("需求日期")]
    public DateTimeOffset RequestDate { get; set; }
    /// <summary>
    /// 采购标题
    /// </summary>
    [StringLength(200)]
    [Comment("采购标题")]
    public string PurchaseTitle { get; set; } = null!;
    /// <summary>
    /// 备注
    /// </summary>
    [StringLength(2000)]
    [Comment("备注")]
    public string? Remark { get; set; }
    /// <summary>
    /// 采购需求清单
    /// </summary>
    public ICollection<PurchaseRequestItem> Items { get; set; } = new
List<PurchaseRequestItem>();
}

/// <summary>
/// 采购需求清单
/// </summary>
[Table("PurchaseRequestItem")]
[Comment("采购需求清单")]
public partial class PurchaseRequestItem : Entity
{
    /// <summary>
    /// 采购需求
    /// </summary>
    public PurchaseRequest PurchaseRequest { get; set; } = null!;
    [Comment("采购需求标识")]
    public Guid PurchaseRequestId { get; set; }
    /// <summary>
    /// 物品
    /// </summary>
    public Goods Goods { get; set; } = null!;
    [Comment("物品标识")]
    public Guid GoodsId { get; set; }
    /// <summary>
    /// 数量
    /// </summary>
```

```
    [Comment("数量")]
    public int Quantity { get; set; }
    /// <summary>
    /// 单价
    /// </summary>
    [Comment("单价")]
    public decimal UnitPrice { get; set; }
    /// <summary>
    /// 总价
    /// </summary>
    [Comment("总价")]
    public decimal TotalPrice
    {
        get
        {
            return Quantity * UnitPrice;
        }
        set { }
    }
    /// <summary>
    /// 备注
    /// </summary>
    [StringLength(2000)]
    [Comment("备注")]
    public string? Remark { get; set; }
}


/// <summary>
/// 物品
/// </summary>
[Table("Goods")]
[Comment("物品")]
public partial class Goods : Entity
{
    /// <summary>
    /// 物品名称
    /// </summary>
    [StringLength(200)]
    [Comment("物品名称")]
    public string Name { get; set; } = null!;
    /// <summary>
    /// 物品类别
    /// </summary>
    public GoodsCategory? Category { get; set; }
    [Comment("物品类别标识")]
    public Guid? CategoryId { get; set; }
    /// <summary>
    /// 品牌型号
    /// </summary>
    [StringLength(200)]
```

```
    [Comment("品牌型号")]
    public string? BrandModel { get; set; }
    /// <summary>
    /// 备注
    /// </summary>
    [StringLength(2000)]
    [Comment("备注")]
    public string? Remark { get; set; }
}
```

在上述代码中，定义了采购需求的一些常见属性，例如需求编号、采购标题等。还独立定义了需求清单和物品类，采购需求与需求清单从类结构来说是一对多的关系。物品类在这里做了独立设计，保证后续业务中共享一个物品类。

步骤 02 利用 ASP.NET Core 技术能轻松创建一个采购需求的后端服务，实现采购需求信息的录入、编辑和查询功能，如代码清单 20-9 所示。

代码清单 20-9

```
/// <summary>
/// 采购需求
/// </summary>
[Area("Erp")]
public class PurchaseRequestController : AppControllerBase
{
    private readonly PurchaseRequestService _service;

    /// <summary>
    /// 构造函数
    /// </summary>
    /// <param name="serviceProvider"></param>
    /// <param name="service"></param>
    public PurchaseRequestController(IServiceProvider serviceProvider,
PurchaseRequestService service) :
        base(serviceProvider)
    {
        _service = service;
    }

    /// <summary>
    /// 新增
    /// </summary>
    /// <param name="input"></param>
    /// <returns></returns>
    [HttpPost]
    public async Task<ApiResult<Guid>> Create(PurchaseRequestCreateInDto input)
    {
        var result = await _service.Create(input);
        return Success(result);
    }
```

```
/// <summary>
/// 更新
/// </summary>
/// <param name="input"></param>
/// <returns></returns>
[HttpPost]
public async Task<ApiResult<bool>> Update(PurchaseRequestUpdateInDto input)
{
    var result = await _service.Update(input);
    return Success(result);
}


/// <summary>
/// 删除
/// </summary>
/// <param name="input"></param>
/// <returns></returns>
[HttpPost]
public async Task<ApiResult<bool>> Delete(PurchaseRequestDeleteInDto input)
{
    var result = await _service.Delete(input);
    return Success(result);
}


/// <summary>
/// 获取清单
/// </summary>
/// <param name="input"></param>
/// <returns></returns>
[HttpGet]
public async Task<ApiResult<PagingOut<PurchaseRequestQueryOutDto>>>
Query([FromQuery] PurchaseRequestQueryInDto input)
{
    var result = await _service.Query(input);
    return Success(result);
}


/// <summary>
/// 获取详情
/// </summary>
/// <param name="input"></param>
/// <returns></returns>
[HttpGet]
public async Task<ApiResult<PurchaseRequestGetOutDto>> Get([FromQuery]
PurchaseRequestGetInDto input)
{
    var result = await _service.Get(input);
    return Success(result);
}
}
```

在上述代码中，创建了录入、编辑和查询功能操作方法，并使用DTO类作输入输出的数据对象，引入服务类操作具体的业务逻辑。

步骤 03 创建一个 DTO 类，实现录入采购需求所需要的数据，如代码清单 20-10 所示。

代码清单 20-10

```
/// <summary>
/// 采购需求
/// </summary>
public class PurchaseRequestCreateInDto : DtoBase
{
    /// <summary>
    /// 标识
    /// </summary>
    public Guid Id { get; set; }
    /// <summary>
    /// 需求编号
    /// </summary>
    public string? RequestNumber { get; set; }
    /// <summary>
    /// 需求日期
    /// </summary>
    public System.DateTimeOffset RequestDate { get; set; }
    /// <summary>
    /// 采购标题
    /// </summary>
    public string PurchaseTitle { get; set; } = null!;
    /// <summary>
    /// 备注
    /// </summary>
    public string? Remark { get; set; }
    /// <summary>
    /// 需求清单
    /// </summary>
    public IList<PurchaseRequestItemModel> Items { get; set; } = new
List<PurchaseRequestItemModel>();
}
```

在上述代码中，定义了录入的DTO类。

步骤 04 创建服务类，实现具体的业务逻辑，如代码清单 20-11 所示。

代码清单 20-11

```
/// <summary>
/// 采购需求
/// </summary>
public class PurchaseRequestService : ServiceBase
{
    private readonly ERPDbContext _dbContext;
    /// <summary>
    /// 构造函数
    /// </summary>
```

```csharp
        /// <param name="serviceProvider"></param>
        public PurchaseRequestService(IServiceProvider serviceProvider) :
base(serviceProvider)
        {
            _dbContext = serviceProvider.GetRequiredService<ERPDbContext>();
        }


        /// <summary>
        /// 新增
        /// </summary>
        /// <param name="input"></param>
        /// <returns></returns>
        public async Task<Guid> Create(PurchaseRequestCreateInDto input)
        {
            var model = Mapper.Map<PurchaseRequest>(input);

            model.Id = NewId.NextSequentialGuid();

            await CreateItems(input, model);

            await _dbContext.PurchaseRequests.AddAsync(model);

            await _dbContext.SaveChangesAsync();

            return model.Id;
        }


        /// <summary>
        /// 更新
        /// </summary>
        /// <param name="input"></param>
        /// <returns></returns>
        public async Task<bool> Update(PurchaseRequestUpdateInDto input)
        {
            var model = await _dbContext.PurchaseRequests.Include(x =>
x.Items).SingleAsync(x => x.Id.Equals(input.Id));

            Mapper.Map(input, model);

            await UpdateItems(input, model);

            model.LastModifyTime = DateTimeOffset.Now;

            await _dbContext.SaveChangesAsync();

            return true;
        }


    private async Task CreateItems(PurchaseRequestCreateInDto input,
PurchaseRequest model)
    {
```

```
        model.Items.Clear();

        foreach (var item in input.Items)
        {
            var goods = await _dbContext.Goods.FirstOrDefaultAsync(x =>
x.Name.Equals(item.Name) && x.BrandModel.Equals(item.BrandModel));
            if (goods == null)
            {
                goods = new Goods
                {
                    Id = NewId.NextSequentialGuid(),
                    Name = item.Name,
                    BrandModel = item.BrandModel
                };

                await _dbContext.Goods.AddAsync(goods);
            }
            var purchaseRequestItem = new PurchaseRequestItem
            {
                Id = NewId.NextSequentialGuid(),
                GoodsId = goods.Id,
                Goods = goods,
                PurchaseRequestId = model.Id,
                PurchaseRequest = model,
                Quantity = item.Quantity,
                UnitPrice = item.UnitPrice
            };

            model.Items.Add(purchaseRequestItem);
        }
    }

    private async Task UpdateItems(PurchaseRequestUpdateInDto input,
PurchaseRequest model)
    {
        model.Items.Clear();

        foreach (var item in input.Items)
        {
            var goods = await _dbContext.Goods.FirstOrDefaultAsync(x =>
x.Name.Equals(item.Name) && x.BrandModel.Equals(item.BrandModel));
            if (goods == null)
            {
                goods = new Goods
                {
                    Id = NewId.NextSequentialGuid(),
                    Name = item.Name,
                    BrandModel = item.BrandModel
                };

                await _dbContext.Goods.AddAsync(goods);
```

```
            }

            var purchaseRequestItem = new PurchaseRequestItem
            {
                Id = NewId.NextSequentialGuid(),
                Goods = goods,
                GoodsId = goods.Id,
                PurchaseRequestId = model.Id,
                PurchaseRequest = model,
                Quantity = item.Quantity,
                UnitPrice = item.UnitPrice
            };

            model.Items.Add(purchaseRequestItem);
        }
    }


    /// <summary>
    /// 删除
    /// </summary>
    /// <param name="input"></param>
    /// <returns></returns>
    public async Task<bool> Delete(PurchaseRequestDeleteInDto input)
    {
        var model = await _dbContext.PurchaseRequests.SingleAsync(x =>
x.Id.Equals(input.Id));

        _dbContext.PurchaseRequests.Remove(model);

        await _dbContext.SaveChangesAsync();

        return true;
    }


    /// <summary>
    /// 获取清单
    /// </summary>
    /// <param name="input"></param>
    /// <returns></returns>
    public async Task<PagingOut<PurchaseRequestQueryOutDto>>
Query(PurchaseRequestQueryInDto input)
    {
        var query = from a in _dbContext.PurchaseRequests.AsNoTracking()
                select a;

        #region filter
        #endregion

        var total = await query.CountAsync();

        var items = await query
```

```
            .OrderByDescending(x=>x.LastModifyTime)
            .Skip((input.PageIndex - 1) * input.PageSize)
            .Take(input.PageSize)
            .ToListAsync();

        var itemDtos = Mapper.Map<IList<PurchaseRequestQueryOutDto>>(items);

        return new PagingOut<PurchaseRequestQueryOutDto>(total, itemDtos);
    }


    /// <summary>
    /// 获取详情
    /// </summary>
    /// <param name="input"></param>
    /// <returns></returns>
    public async Task<PurchaseRequestGetOutDto> Get(PurchaseRequestGetInDto input)
    {
        var query = from a in
_dbContext.PurchaseRequests.Include(x=>x.Items).ThenInclude(x=>x.Goods).AsNoTracking()
                    where a.Id == input.Id
                    select a;

        var items = await query.SingleAsync();

        return Mapper.Map<PurchaseRequestGetOutDto>(items);
    }
}
```

在上述代码中，实现了具体的录入、编辑和查询功能操作方法，这里重点介绍CreateItems和UpdateItems，它们用于对子记录进行添加、更新、删除操作。

步骤 **05** 创建 HTTP 客户端类，与后台的 API 接口对应，如代码清单 20-12 所示。

代码清单 20-12

```
import { request, AppBaseURL } from "@/api"

/* 新增 */
export function createApi(data: any) {
    return request({
        url: AppBaseURL + "/Erp/purchaseRequest/Create",
        method: "post",
        data
    })
}

/* 更新 */
export function updateApi(data: any) {
    return request({
        url: AppBaseURL + "/Erp/purchaseRequest/Update",
        method: "post",
```

```
            data
        })
    }

    /* 删除 */
    export function deleteApi(data: any) {
        return request({
            url: AppBaseURL + "/Erp/purchaseRequest/Delete",
            method: "post",
            data
        })
    }

    /* 获取清单 */
    export function queryApi(params: any) {
        return request({
            url: AppBaseURL + "/Erp/purchaseRequest/Query",
            method: "get",
            params
        })
    }

    /* 获取详情 */
    export function getApi(params: any) {
        return request({
            url: AppBaseURL + "/Erp/purchaseRequest/Get",
            method: "get",
            params
        })
    }
```

在上述代码中，创建了HTTP客户端类。

步骤 **06** 利用 Vue 3 技术能轻松创建一个采购需求的前端界面，实现采购需求信息查询功能，如代码清单 20-13 所示。

代码清单 20-13

```html
<template>
    <div class="app-container">
        <el-card v-loading="loading" shadow="never">
            <div class="search-wrapper">
                <el-form ref="searchFormRef" :inline="true" :model="searchData">
                    <el-form-item prop="purchaseTitle" label="采购标题">
                        <el-input v-model="searchData.purchaseTitle"
placeholder="请输入" />
                    </el-form-item>
                    <el-form-item>
                        <el-button type="primary" :icon="Search"
@click="handleSearch">查询</el-button>
                        <el-button :icon="Refresh" @click="resetSearch">重置
</el-button>
```

```
                            </el-form-item>
                        </el-form>
                </div>
                <div class="toolbar-wrapper">
                    <div>
                        <el-button type="primary" :icon="CirclePlus"
@click="handleAdd">新增</el-button>
                    </div>
                    <div>
                        <el-tooltip content="刷新表格">
                            <el-button type="primary" :icon="RefreshRight" circle
@click="handleRefresh" />
                        </el-tooltip>
                    </div>
                </div>
                <div class="table-wrapper">
                    <el-table :data="tableData" row-key="id"
@selection-change="selectionChange" border default-expand-all>
                        <el-table-column type="selection" width="50" align="center"
/>
                        <el-table-column prop="requestNumber" label="需求编号"
width="150" align="center" />
                        <el-table-column prop="purchaseTitle" label="采购标题">
                            <template
#default="scope">{{ scope.row.purchaseTitle }}</template>
                        </el-table-column>
                        <el-table-column prop="requestDate" :formatter="dateFormat"
label="需求日期" width="150" align="center" />
                        <el-table-column fixed="right" label="操作" width="140"
align="center">
                            <template #default="scope">
                                <el-button type="primary" text bg size="small"
@click="handleEdit(scope.row)">修改</el-button>
                                <el-dropdown
                                    @command="
                                        (command: string) => {
                                            handleCommand(command,
scope.row)
                                        }
                                    "
                                >
                                    <el-button type="primary" text bg size="small"
style="margin-left: 5px"
                                        >更多<el-icon
class="el-icon--right"><arrow-down /></el-icon
                                    ></el-button>
                                    <template #dropdown>
                                        <el-dropdown-menu>
                                            <el-dropdown-item command="delete">删
除</el-dropdown-item>
                                        </el-dropdown-menu>
```

```
                                        </template>
                                    </el-dropdown>
                                </template>
                            </el-table-column>
                        </el-table>
                    </div>
                    <div class="pager-wrapper">
                        <el-pagination
                            background
                            :layout="paginationData.layout"
                            :page-sizes="paginationData.pageSizes"
                            :total="paginationData.total"
                            :page-size="paginationData.pageSize"
                            :currentPage="paginationData.currentPage"
                            @size-change="handleSizeChange"
                            @current-change="handleCurrentChange"
                        />
                    </div>
                </el-card>
                <edit v-if="dialogVisible" ref="editRef"
@success="handleSaveSuccess"></edit>
            </div>
        </template>


    <script lang="ts" setup>
    import { useRouter, useRoute } from "vue-router"
    import { reactive, ref, watch, nextTick, onMounted } from "vue"
    import { deleteApi, batchDeleteApi, queryApi } from
"@/api/management/erp/purchaseRequest"
    import { type FormInstance, ElMessage, ElMessageBox } from "element-plus"
    import { Search, Refresh, Delete, CirclePlus, RefreshRight } from
"@element-plus/icons-vue"
    import { usePagination } from "@/hooks/usePagination"
    import moment from "moment"
    import edit from "./edit.vue"

    //#region 初始化
    const loading = ref<boolean>(false)
    const router = useRouter()
    const route = useRoute()

    onMounted(() => {
        queryTableData()
    })

    //日期格式化
    const dateFormat = (row: any, column: any) => {
        const date = row[column.property]
        if (date === undefined) {
            return ""
        }
```

```
            return moment(date).format("YYYY/MM/DD")
    }
    //#endregion


    //#region 主体
    //查询
    const handleSearch = () => {
        queryTableData()
    }
    //查询重置
    const resetSearch = () => {
        searchFormRef.value?.resetFields()
        queryTableData()
    }
    //刷新
    const handleRefresh = () => {
        queryTableData()
    }
    //表格选择
    const selection = ref<any[]>([])
    const selectionChange = (items: any[]) => {
        selection.value = items
    }
    //获取清单
    const searchFormRef = ref<FormInstance | null>(null)
    const searchData = reactive({
        purchaseTitle: ""
    })
    const tableData = ref<any[]>([])
    const queryTableData = () => {
        loading.value = true
        queryApi({
            pageIndex: paginationData.currentPage,
            pageSize: paginationData.pageSize,
            purchaseTitle: searchData.purchaseTitle || undefined
        })
            .then((res: any) => {
                paginationData.total = res.data.total
                tableData.value = res.data.items
            })
            .catch(() => {
                tableData.value = []
            })
            .finally(() => {
                loading.value = false
            })
    }
    //分页
    const { paginationData, handleCurrentChange, handleSizeChange } = usePagination()
    watch([() => paginationData.currentPage, () => paginationData.pageSize],
queryTableData, { immediate: true })
```

```
//添加
const editRef = ref<FormInstance | null>(null)
const dialogVisible = ref<boolean>(false)
const handleAdd = () => {
    dialogVisible.value = true
    nextTick(() => {
        editRef.value?.handleUpdate(undefined)
    })
}
//编辑
const handleEdit = (row: any) => {
    dialogVisible.value = true
    nextTick(() => {
        editRef.value?.handleUpdate(row.id)
    })
}
//更多命令
const handleCommand = (command: string, row: any) => {
    //删除
    if (command == "delete") {
        handleDelete(row)
    }
}
//保存成功
const handleSaveSuccess = () => {
    queryTableData()
}
//删除
const handleDelete = (row: any) => {
    ElMessageBox.confirm(`正在删除: ${row.name}，确认删除? `, "提示", {
        confirmButtonText: "确定",
        cancelButtonText: "取消",
        type: "warning"
    }).then(() => {
        deleteApi({
            id: row.id
        }).then(() => {
            ElMessage.success("删除成功")
            queryTableData()
        })
    })
}

//#endregion
</script>

<style lang="scss" scoped>
@import "../../index.scss";
</style>
```

在上述代码中，首先使用@/api/management/erp/purchaseRequest接口对接类来获取一个采购需求给视图。然后，使用el-table显示采购需求列表，并将每个采购需求的采购标题、需求编号和需求日期呈现为HTML元素。

步骤 07 实现采购需求信息的录入和编辑功能，如代码清单 20-14 所示。

代码清单 20-14

```
<template>
    <!-- 新增/修改 -->
    <el-dialog v-model="dialogVisible" :title="currentUpdateId === undefined ? '
新增' : '修改'" @close="resetForm" width="50%">
        <el-form ref="formRef" :model="formData" :rules="formRules"
label-width="100px" label-position="right">
            <el-form-item prop="requestNumber" label="需求编号">
                <el-input v-model="formData.requestNumber" placeholder="请输入"
/>
            </el-form-item>
            <el-form-item prop="requestDate" label="需求日期">
                <el-date-picker v-model="formData.requestDate" type="date"
placeholder="请输入" />
            </el-form-item>
            <el-form-item prop="purchaseTitle" label="采购标题">
                <el-input v-model="formData.purchaseTitle" placeholder="请输入"
/>
            </el-form-item>
            <el-form-item prop="remark" label="备注">
                <el-input type="textarea" v-model="formData.remark"
placeholder="请输入" />
            </el-form-item>
            <el-form-item label="需求清单">
                <el-table :data="formData.items" style="width: 100%">
                    <el-table-column :prop="item.prop" :label="item.label"
v-for="item in tableHeader" :key="item.prop">
                        <template #default="scope">
                            <div v-show="item.editable || scope.row.editable"
class="editable-row">
                                <template v-if="item.type === 'input'">
                                    <el-input size="small"
v-model="scope.row[item.prop]" />
                                </template>
                                <template v-if="item.type === 'date'">
                                    <el-date-picker
v-model="scope.row[item.prop]" type="date" value-format="YYYY-MM-DD" />
                                </template>
                            </div>
                            <div v-show="!item.editable && !scope.row.editable"
class="editable-row">
                                <span
class="editable-row-span">{{ scope.row[item.prop] }}</span>
                            </div>
                        </template>
                    </el-table-column>
```

```
                    <el-table-column fixed="right" label="操作" width="160"
align="center">
                        <template #default="scope">
                            <el-button v-show="!scope.row.editable"
size="small" @click="scope.row.editable = true">编辑</el-button>
                            <el-button v-show="scope.row.editable" size="small"
type="success" @click="scope.row.editable = false"
                                >确定</el-button
                            >
                            <el-button size="small" type="danger"
@click="handleDeleteRow(scope.$index)">删除</el-button>
                        </template>
                    </el-table-column>
                </el-table>
            </el-form-item>
            <el-form-item>
                <el-button type="primary" @click="handleCreate">保存</el-button>
                <el-button @click="handleCreateRow">新增清单</el-button>
                <el-button v-show="currentUpdateId !== undefined"
@click="handleSaveAs">另存为</el-button>
                <el-button @click="dialogVisible = false">取消</el-button>
            </el-form-item>
        </el-form>
    </el-dialog>
</template>

<script lang="ts" setup>
import { reactive, ref, defineExpose, onMounted } from "vue"
import { type FormInstance, type FormRules, ElMessage } from "element-plus"
import { getApi, createApi, updateApi } from "@/api/management/erp/purchaseRequest"

//#region 初始化
const emit = defineEmits(["success"])

const tableHeader = ref([
    {
        prop: "name",
        label: "物品名称",
        editable: false,
        type: "input"
    },
    {
        prop: "brandModel",
        label: "品牌型号",
        editable: false,
        type: "input"
    },
    {
        prop: "quantity",
        label: "数量",
        editable: false,
```

```
                type: "input"
            },
            {
                prop: "unitPrice",
                label: "单价",
                editable: false,
                type: "input"
            },
            {
                prop: "totalPrice",
                label: "总价",
                editable: false,
                type: "input"
            }
    ])

    onMounted(() => {})
    //#endregion

    //#region 主体
    //设置表单
    const currentUpdateId = ref<undefined | string>(undefined)
    const handleUpdate = (id: undefined | string) => {
        if (id === undefined) {
            resetForm()
        } else {
            currentUpdateId.value = id
            getApi({
                id: id
            })
                .then((res: any) => {
                    formData.requestNumber = res.data.requestNumber
                    formData.requestDate = res.data.requestDate
                    formData.purchaseTitle = res.data.purchaseTitle
                    formData.remark = res.data.remark
                    formData.items = res.data.items
                })
                .catch(() => {
                    resetForm()
                })
                .finally(() => {})
        }
        dialogVisible.value = true
    }
    //重置表单
    const resetForm = () => {
        currentUpdateId.value = undefined
        formData.requestNumber = ""
        formData.requestDate = ""
        formData.purchaseTitle = ""
        formData.remark = ""
```

```
}
//保存
const dialogVisible = ref<boolean>(false)
const formRef = ref<FormInstance | null>(null)
const formData = reactive({
    requestNumber: "",
    requestDate: "",
    purchaseTitle: "",
    remark: "",
    items: []
})
const formRules: FormRules = reactive({
    requestDate: [{ required: true, trigger: "blur", message: "请输入需求日期" }],
    purchaseTitle: [{ required: true, trigger: "blur", message: "请输入采购标题" }]
})
const handleCreate = () => {
    formRef.value?.validate((valid: boolean) => {
        if (valid) {
            if (currentUpdateId.value === undefined) {
                createApi({
                    requestNumber: formData.requestNumber,
                    requestDate: formData.requestDate,
                    purchaseTitle: formData.purchaseTitle,
                    remark: formData.remark,
                    items: formData.items
                }).then(() => {
                    dialogVisible.value = false
                    emit("success")
                })
            } else {
                updateApi({
                    id: currentUpdateId.value,
                    requestNumber: formData.requestNumber,
                    requestDate: formData.requestDate,
                    purchaseTitle: formData.purchaseTitle,
                    remark: formData.remark,
                    items: formData.items
                }).then(() => {
                    ElMessage.success("修改成功")
                    dialogVisible.value = false
                    emit("success")
                })
            }
        } else {
            return false
        }
    })
}
const handleCreateRow = () => {
    formData.items.push({
        name: "",
```

```
        brandModel: "",
        quantity: "",
        unitPrice: "",
        totalPrice: "",
        editable: true
    })
}
const handleDeleteRow = (index: number) => {
    formData.items.splice(index, 1)
}
//另存为
const handleSaveAs = () => {
    formRef.value?.validate((valid: boolean) => {
        if (valid) {
            createApi({
                requestNumber: formData.requestNumber,
                requestDate: formData.requestDate,
                purchaseTitle: formData.purchaseTitle,
                remark: formData.remark,
                items: formData.items
            }).then(() => {
                dialogVisible.value = false
                emit("success")
            })
        } else {
            return false
        }
    })
}
//#endregion

defineExpose({
    handleUpdate
})
</script>
```

在上述代码中，呈现了前端主从表的保存方式，采购需求作为主记录，需求清单作为子记录，通过表单与表格的结合，需求清单表格组件使用getApi接收用户输入，当用户单击"新增清单"按钮时，会触发handleCreateRow方法，并通过push将数据添加到formData.items数组中，然后传递给需求清单表格组件，显示在表格中。

20.2.4 采购合同

1. 为何重要

建立有效的采购合同可以保障交易双方的权益，同时降低风险。

2. 如何实现

在采购管理模块中，建立一个采购合同管理功能。用户可以在此功能中创建新的采购合同, 包括物资详情、交货日期、价格等条款。

步骤 01 设计采购合同的数据模型, 以便在数据库中存储采购需求的信息, 如代码清单 20-15 所示。

代码清单 20-15

```csharp
/// <summary>
/// 合同
/// </summary>
[Table("Contract")]
[Comment("合同")]
public partial class Contract : Entity
{
    /// <summary>
    /// 合同类型
    /// </summary>
    [Comment("合同类型")]
    public ContractType ContractType { get; set; }
    /// <summary>
    /// 合同编号
    /// </summary>
    [StringLength(50)]
    [Comment("合同编号")]
    public string? ContractNumber { get; set; }
    /// <summary>
    /// 合同日期
    /// </summary>
    [Comment("合同日期")]
    public DateTimeOffset ContractDate { get; set; }
    /// <summary>
    /// 合同标题
    /// </summary>
    [StringLength(200)]
    [Comment("合同标题")]
    public string ContractTitle { get; set; } = null!;
    /// <summary>
    /// 甲方
    /// </summary>
    [StringLength(200)]
    [Comment("甲方")]
    public string PartyA { get; set; } = null!;
    /// <summary>
    /// 乙方
    /// </summary>
    [StringLength(200)]
    [Comment("乙方")]
    public string PartyB { get; set; } = null!;
    /// <summary>
    /// 备注
    /// </summary>
    [StringLength(2000)]
```

```csharp
    [Comment("备注")]
    public string? Remark { get; set; }
    /// <summary>
    /// 合同清单
    /// </summary>
    public ICollection<ContractItem> Items { get; set; } = new List<ContractItem>();
}


/// <summary>
/// 合同清单
/// </summary>
[Table("ContractItem")]
[Comment("合同清单")]
public partial class ContractItem : Entity
{
    /// <summary>
    /// 合同
    /// </summary>
    public Contract Contract { get; set; } = null!;
    [Comment("合同标识")]
    public Guid ContractId { get; set; }
    /// <summary>
    /// 物品
    /// </summary>
    public Goods Goods { get; set; } = null!;
    [Comment("物品标识")]
    public Guid GoodsId { get; set; }
    /// <summary>
    /// 数量
    /// </summary>
    [Comment("数量")]
    public int Quantity { get; set; }
    /// <summary>
    /// 单价
    /// </summary>
    [Comment("单价")]
    public decimal UnitPrice { get; set; }
    /// <summary>
    /// 总价
    /// </summary>
    [Comment("总价")]
    public decimal TotalPrice
    {
        get
        {
            return Quantity * UnitPrice;
        }
        set { }
    }
    /// <summary>
    /// 备注
```

```
    /// </summary>
    [StringLength(2000)]
    [Comment("备注")]
    public string? Remark { get; set; }
}


/// <summary>
/// 合同类型
/// </summary>
public enum ContractType
{
    采购,
    销售
}
```

在上述代码中，定义了合同的一些常见属性，例如合同编号、合同日期、甲方、乙方等。
我们在模型中定义了合同类型作为扩展，便于在销售管理中的销售合同功能中共同使用一个合
同模型。

步骤 02 利用 ASP.NET Core 技术轻松创建一个采购合同的后端服务，实现合同信息的录入、编辑
和查询功能，如代码清单 20-16 所示。

代码清单 20-16

```
/// <summary>
/// 合同
/// </summary>
[Area("Erp")]
public class ContractController : AppControllerBase
{
    private readonly ContractService _service;

    /// <summary>
    /// 构造函数
    /// </summary>
    /// <param name="serviceProvider"></param>
    /// <param name="service"></param>
    public ContractController(IServiceProvider serviceProvider, ContractService
service) :
        base(serviceProvider)
    {
        _service = service;
    }

    /// <summary>
    /// 新增
    /// </summary>
    /// <param name="input"></param>
    /// <returns></returns>
    [HttpPost]
    public async Task<ApiResult<Guid>> Create(ContractCreateInDto input)
```

```csharp
    {
        var result = await _service.Create(input);
        return Success(result);
    }

    /// <summary>
    /// 更新
    /// </summary>
    /// <param name="input"></param>
    /// <returns></returns>
    [HttpPost]
    public async Task<ApiResult<bool>> Update(ContractUpdateInDto input)
    {
        var result = await _service.Update(input);
        return Success(result);
    }

    /// <summary>
    /// 删除
    /// </summary>
    /// <param name="input"></param>
    /// <returns></returns>
    [HttpPost]
    public async Task<ApiResult<bool>> Delete(ContractDeleteInDto input)
    {
        var result = await _service.Delete(input);
        return Success(result);
    }

    /// <summary>
    /// 获取清单
    /// </summary>
    /// <param name="input"></param>
    /// <returns></returns>
    [HttpGet]
    public async Task<ApiResult<PagingOut<ContractQueryOutDto>>> Query([FromQuery]
ContractQueryInDto input)
    {
        var result = await _service.Query(input);
        return Success(result);
    }

    /// <summary>
    /// 获取详情
    /// </summary>
    /// <param name="input"></param>
    /// <returns></returns>
    [HttpGet]
    public async Task<ApiResult<ContractGetOutDto>> Get([FromQuery]
ContractGetInDto input)
    {
```

```
        var result = await _service.Get(input);
        return Success(result);
    }
}
```

在上述代码中，创建了录入、编辑和查询功能操作方法，并使用DTO参数来获取；引入服务类操作具体的业务逻辑。

步骤 03 创建一个 DTO 参数类，实现录入合同信息所需要的数据，如代码清单 20-17 所示。

代码清单 20-17

```
/// <summary>
/// 合同
/// </summary>
public class ContractCreateInDto : DtoBase
{
    /// <summary>
    /// 标识
    /// </summary>
    public Guid Id { get; set; }
    /// <summary>
    /// 合同类型
    /// </summary>
    public ContractType ContractType { get; set; }
    /// <summary>
    /// 合同编号
    /// </summary>
    public string? ContractNumber { get; set; }
    /// <summary>
    /// 合同日期
    /// </summary>
    public System.DateTimeOffset ContractDate { get; set; }
    /// <summary>
    /// 合同标题
    /// </summary>
    public string ContractTitle { get; set; } = null!;
    /// <summary>
    /// 备注
    /// </summary>
    public string? Remark { get; set; }
    /// <summary>
    /// 甲方
    /// </summary>
    public string PartyA { get; set; } = null!;
    /// <summary>
    /// 乙方
    /// </summary>
    public string PartyB { get; set; } = null!;
    /// <summary>
    /// 合同清单
    /// </summary>
```

```
    public IList<ContractItemModel> Items { get; set; } = new
List<ContractItemModel>();
    }
```

在上述代码中，定义了录入的DTO参数，根据需要增加验证特性。

步骤04 创建服务类，实现具体的业务逻辑，如代码清单 20-18 所示。

代码清单 20-18

```
/// <summary>
/// 合同
/// </summary>
public class ContractService : ServiceBase
{
    private readonly ERPDbContext _dbContext;
    /// <summary>
    /// 构造函数
    /// </summary>
    /// <param name="serviceProvider"></param>
    public ContractService(IServiceProvider serviceProvider) :
base(serviceProvider)
    {
        _dbContext = serviceProvider.GetRequiredService<ERPDbContext>();
    }

    /// <summary>
    /// 新增
    /// </summary>
    /// <param name="input"></param>
    /// <returns></returns>
    public async Task<Guid> Create(ContractCreateInDto input)
    {
        var model = Mapper.Map<Contract>(input);

        model.Id = NewId.NextSequentialGuid();

        await CreateItems(input, model);

        await _dbContext.Contracts.AddAsync(model);

        await _dbContext.SaveChangesAsync();

        return model.Id;
    }

    /// <summary>
    /// 更新
    /// </summary>
    /// <param name="input"></param>
    /// <returns></returns>
    public async Task<bool> Update(ContractUpdateInDto input)
```

```
    {
        var model = await _dbContext.Contracts.Include(x => x.Items).SingleAsync(x
=> x.Id.Equals(input.Id));

        Mapper.Map(input, model);

        await UpdateItems(input, model);

        model.LastModifyTime = DateTimeOffset.Now;

        await _dbContext.SaveChangesAsync();

        return true;
    }

    private async Task CreateItems(ContractCreateInDto input, Contract model)
    {
        model.Items.Clear();

        foreach (var item in input.Items)
        {
            var goods = await _dbContext.Goods.FirstOrDefaultAsync(x =>
x.Name.Equals(item.Name) && x.BrandModel.Equals(item.BrandModel));
            if (goods == null)
            {
                goods = new Goods
                {
                    Id = NewId.NextSequentialGuid(),
                    Name = item.Name,
                    BrandModel = item.BrandModel
                };

                await _dbContext.Goods.AddAsync(goods);
            }
            var contractItem = new ContractItem
            {
                Id = NewId.NextSequentialGuid(),
                GoodsId = goods.Id,
                Goods = goods,
                ContractId = model.Id,
                Contract = model,
                Quantity = item.Quantity,
                UnitPrice = item.UnitPrice
            };

            model.Items.Add(contractItem);
        }
    }

    private async Task UpdateItems(ContractUpdateInDto input, Contract model)
    {
```

```
            model.Items.Clear();

        foreach (var item in input.Items)
        {
            var goods = await _dbContext.Goods.FirstOrDefaultAsync(x =>
x.Name.Equals(item.Name) && x.BrandModel.Equals(item.BrandModel));
            if (goods == null)
            {
                goods = new Goods
                {
                    Id = NewId.NextSequentialGuid(),
                    Name = item.Name,
                    BrandModel = item.BrandModel
                };

                await _dbContext.Goods.AddAsync(goods);
            }

            var contractItem = new ContractItem
            {
                Id = NewId.NextSequentialGuid(),
                Goods = goods,
                GoodsId = goods.Id,
                ContractId = model.Id,
                Contract = model,
                Quantity = item.Quantity,
                UnitPrice = item.UnitPrice
            };

            model.Items.Add(contractItem);
        }
    }

    /// <summary>
    /// 删除
    /// </summary>
    /// <param name="input"></param>
    /// <returns></returns>
    public async Task<bool> Delete(ContractDeleteInDto input)
    {
        var model = await _dbContext.Contracts.SingleAsync(x =>
x.Id.Equals(input.Id));

        _dbContext.Contracts.Remove(model);

        await _dbContext.SaveChangesAsync();

        return true;
    }

    /// <summary>
```

```
/// 获取清单
/// </summary>
/// <param name="input"></param>
/// <returns></returns>
public async Task<PagingOut<ContractQueryOutDto>> Query(ContractQueryInDto
input)
{
    var query = from a in _dbContext.Contracts.AsNoTracking()
                select a;

    #region filter
    #endregion

    var total = await query.CountAsync();

    var items = await query
        .OrderByDescending(x => x.LastModifyTime)
        .Skip((input.PageIndex - 1) * input.PageSize)
        .Take(input.PageSize)
        .ToListAsync();

    var itemDtos = Mapper.Map<IList<ContractQueryOutDto>>(items);

    return new PagingOut<ContractQueryOutDto>(total, itemDtos);
}

/// <summary>
/// 获取详情
/// </summary>
/// <param name="input"></param>
/// <returns></returns>
public async Task<ContractGetOutDto> Get(ContractGetInDto input)
{
    var query = from a in _dbContext.Contracts.Include(x =>
x.Items).ThenInclude(x => x.Goods).AsNoTracking()
                where a.Id == input.Id
                select a;

    var items = await query.SingleAsync();

    return Mapper.Map<ContractGetOutDto>(items);
}
}
```

在上述代码中，实现了具体的录入、编辑和查询功能操作方法，这里重点介绍CreateItems 和UpdateItems，它们用于对子记录进行添加、更新、删除操作。

步骤 05 利用axios第三方库能轻松创建HTTP客户端类，与后台的API接口对应，如代码清单20-19 所示。

代码清单 20-19

```
import { request, AppBaseURL } from "@/api"

/* 新增 */
export function createApi(data: any) {
    return request({
        url: AppBaseURL + "/Erp/contract/Create",
        method: "post",
        data
    })
}

/* 更新 */
export function updateApi(data: any) {
    return request({
        url: AppBaseURL + "/Erp/contract/Update",
        method: "post",
        data
    })
}

/* 删除 */
export function deleteApi(data: any) {
    return request({
        url: AppBaseURL + "/Erp/contract/Delete",
        method: "post",
        data
    })
}

/* 获取清单 */
export function queryApi(params: any) {
    return request({
        url: AppBaseURL + "/Erp/contract/Query",
        method: "get",
        params
    })
}

/* 获取详情 */
export function getApi(params: any) {
    return request({
        url: AppBaseURL + "/Erp/contract/Get",
        method: "get",
        params
    })
}
```

在上述代码中，创建了HTTP客户端类。

步骤 **06** 利用 Vue 3 技术能轻松创建一个采购合同的前端界面，实现合同信息查询功能，如代码清单 20-20 所示。

代码清单 20-20

```
<template>
    <div class="app-container">
        <el-card v-loading="loading" shadow="never">
            <div class="search-wrapper">
                <el-form ref="searchFormRef" :inline="true" :model="searchData">
                    <el-form-item prop="contractTitle" label="合同标题">
                        <el-input v-model="searchData.contractTitle"
placeholder="请输入" />
                    </el-form-item>
                    <el-form-item>
                        <el-button type="primary" :icon="Search"
@click="handleSearch">查询</el-button>
                        <el-button :icon="Refresh" @click="resetSearch">重置
</el-button>
                    </el-form-item>
                </el-form>
            </div>
            <div class="toolbar-wrapper">
                <div>
                    <el-button type="primary" :icon="CirclePlus"
@click="handleAdd">新增</el-button>
                </div>
                <div>
                    <el-tooltip content="刷新表格">
                        <el-button type="primary" :icon="RefreshRight" circle
                        @click="handleRefresh" />
                    </el-tooltip>
                </div>
            </div>
            <div class="table-wrapper">
                <el-table :data="tableData" row-key="id"
@selection-change="selectionChange" border default-expand-all>
                    <el-table-column type="selection" width="50" align="center"
/>
                    <el-table-column prop="contractNumber" label="合同编号"
width="150" align="center" />
                    <el-table-column prop="contractTitle" label="合同标题">
                        <template
#default="scope">{{ scope.row.contractTitle }}</template>
                    </el-table-column>
                    <el-table-column
prop="lastModifyTime" :formatter="dateFormat" label="最后更新时间" width="150"
align="center" />
                    <el-table-column fixed="right" label="操作" width="140"
align="center">
                        <template #default="scope">
                            <el-button type="primary" text bg size="small"
@click="handleEdit(scope.row)">修改</el-button>
```

```html
                              <el-dropdown
                                  @command="
                                              (command: string) => {
                                                  handleCommand(command,
scope.row)
                                              }
                                          "
                                  >
                                  <el-button type="primary" text bg size="small"
style="margin-left: 5px"
                                      >更多<el-icon
class="el-icon--right"><arrow-down /></el-icon
                                      ></el-button>
                                  <template #dropdown>
                                      <el-dropdown-menu>
                                          <el-dropdown-item command="delete">删
除</el-dropdown-item>
                                      </el-dropdown-menu>
                                  </template>
                              </el-dropdown>
                          </template>
                      </el-table-column>
                  </el-table>
              </div>
              <div class="pager-wrapper">
                  <el-pagination
                      background
                      :layout="paginationData.layout"
                      :page-sizes="paginationData.pageSizes"
                      :total="paginationData.total"
                      :page-size="paginationData.pageSize"
                      :currentPage="paginationData.currentPage"
                      @size-change="handleSizeChange"
                      @current-change="handleCurrentChange"
                  />
              </div>
          </el-card>
          <edit v-if="dialogVisible" ref="editRef"
@success="handleSaveSuccess"></edit>
      </div>
  </template>

  <script lang="ts" setup>
  import { useRouter, useRoute } from "vue-router"
  import { reactive, ref, watch, nextTick, onMounted } from "vue"
  import { deleteApi, batchDeleteApi, queryApi } from "@/api/management/erp/contract"
  import { type FormInstance, ElMessage, ElMessageBox } from "element-plus"
  import { Search, Refresh, Delete, CirclePlus, RefreshRight } from
  "@element-plus/icons-vue"
  import { usePagination } from "@/hooks/usePagination"
  import moment from "moment"
```

```
import edit from "./edit.vue"

//#region 初始化
const loading = ref<boolean>(false)
const router = useRouter()
const route = useRoute()

onMounted(() => {
    queryTableData()
})

//日期格式化
const dateFormat = (row: any, column: any) => {
    const date = row[column.property]
    if (date === undefined) {
        return ""
    }
    return moment(date).format("YYYY/MM/DD")
}
//#endregion

//#region 主体
//查询
const handleSearch = () => {
    queryTableData()
}
//查询重置
const resetSearch = () => {
    searchFormRef.value?.resetFields()
    queryTableData()
}
//刷新
const handleRefresh = () => {
    queryTableData()
}
//表格选择
const selection = ref<any[]>([])
const selectionChange = (items: any[]) => {
    selection.value = items
}
//获取清单
const searchFormRef = ref<FormInstance | null>(null)
const searchData = reactive({
    contractTitle: ""
})
const tableData = ref<any[]>([])
const queryTableData = () => {
    loading.value = true
    queryApi({
        pageIndex: paginationData.currentPage,
        pageSize: paginationData.pageSize,
```

```
                contractTitle: searchData.contractTitle || undefined
        })
            .then((res: any) => {
                paginationData.total = res.data.total
                tableData.value = res.data.items
            })
            .catch(() => {
                tableData.value = []
            })
            .finally(() => {
                loading.value = false
            })
    }
    //分页
    const { paginationData, handleCurrentChange, handleSizeChange } = usePagination()
    watch([() => paginationData.currentPage, () => paginationData.pageSize],
queryTableData, { immediate: true })
    //添加
    const editRef = ref<FormInstance | null>(null)
    const dialogVisible = ref<boolean>(false)
    const handleAdd = () => {
        dialogVisible.value = true
        nextTick(() => {
            editRef.value?.handleUpdate(undefined)
        })
    }
    //编辑
    const handleEdit = (row: any) => {
        dialogVisible.value = true
        nextTick(() => {
            editRef.value?.handleUpdate(row.id)
        })
    }
    //更多命令
    const handleCommand = (command: string, row: any) => {
        //删除
        if (command == "delete") {
            handleDelete(row)
        }
    }
    //保存成功
    const handleSaveSuccess = () => {
        queryTableData()
    }
    //删除
    const handleDelete = (row: any) => {
        ElMessageBox.confirm(`正在删除：${row.name}，确认删除？`, "提示", {
            confirmButtonText: "确定",
            cancelButtonText: "取消",
            type: "warning"
        }).then(() => {
```

```
            deleteApi({
                id: row.id
            }).then(() => {
                ElMessage.success("删除成功")
                queryTableData()
            })
        })
    }
    //#endregion
</script>

<style lang="scss" scoped>
@import "../../index.scss";
</style>
```

在上述代码中，先使用@/api/management/erp/contract接口对接类来获取一个合同给视图。然后，使用el-table显示合同列表，并将每个合同的编号、标题和最后更新时间呈现为HTML元素。

步骤 07 实现合同信息的录入和编辑功能，如代码清单 20-21 所示。

代码清单 20-21

```
<template>
    <!-- 新增/修改 -->
    <el-dialog v-model="dialogVisible" :title="currentUpdateId === undefined ? '
新增' : '修改'" @close="resetForm" width="50%">
        <el-form ref="formRef" :model="formData" :rules="formRules"
label-width="100px" label-position="right">
            <el-form-item prop="contractNumber" label="合同编号">
                <el-input v-model="formData.contractNumber" placeholder="请输入"
/>
            </el-form-item>
            <el-form-item prop="contractDate" label="合同日期">
                <el-date-picker v-model="formData.contractDate" type="date"
placeholder="请输入" />
            </el-form-item>
            <el-form-item prop="contractTitle" label="合同标题">
                <el-input v-model="formData.contractTitle" placeholder="请输入"
/>
            </el-form-item>
            <el-form-item prop="partyA" label="甲方">
                <el-input v-model="formData.partyA" placeholder="请输入" />
            </el-form-item>
            <el-form-item prop="partyB" label="乙方">
                <el-input v-model="formData.partyB" placeholder="请输入" />
            </el-form-item>
            <el-form-item prop="remark" label="备注">
                <el-input v-model="formData.remark" placeholder="请输入" />
            </el-form-item>
            <el-form-item label="合同清单">
                <el-table :data="formData.items" style="width: 100%">
```

```html
                                <el-table-column :prop="item.prop" :label="item.label"
v-for="item in tableHeader" :key="item.prop">
                                    <template #default="scope">
                                        <div v-show="item.editable || scope.row.editable"
class="editable-row">
                                            <template v-if="item.type === 'input'">
                                                <el-input size="small"
v-model="scope.row[item.prop]" />
                                            </template>
                                            <template v-if="item.type === 'date'">
                                                <el-date-picker
v-model="scope.row[item.prop]" type="date" value-format="YYYY-MM-DD" />
                                            </template>
                                        </div>
                                        <div v-show="!item.editable && !scope.row.editable"
class="editable-row">
                                            <span
class="editable-row-span">{{ scope.row[item.prop] }}</span>
                                        </div>
                                    </template>
                                </el-table-column>
                                <el-table-column fixed="right" label="操作" width="160"
align="center">
                                    <template #default="scope">
                                        <el-button v-show="!scope.row.editable"
size="small" @click="scope.row.editable = true">编辑</el-button>
                                        <el-button v-show="scope.row.editable" size="small"
type="success" @click="scope.row.editable = false"
                                            >确定</el-button
                                        >
                                        <el-button size="small" type="danger"
@click="handleDeleteRow(scope.$index)">删除</el-button>
                                    </template>
                                </el-table-column>
                            </el-table>
                        </el-form-item>
                        <el-form-item>
                            <el-button type="primary" @click="handleCreate">保存</el-button>
                            <el-button @click="handleCreateRow">新增清单</el-button>
                            <el-button v-show="currentUpdateId !== undefined"
@click="handleSaveAs">另存为</el-button>
                            <el-button @click="dialogVisible = false">取消</el-button>
                        </el-form-item>
                    </el-form>
            </el-dialog>
        </template>

<script lang="ts" setup>
import { reactive, ref, defineExpose, onMounted } from "vue"
import { type FormInstance, type FormRules, ElMessage } from "element-plus"
import { getApi, createApi, updateApi } from "@/api/management/erp/contract"
```

```
//#region 初始化
const emit = defineEmits(["success"])

const tableHeader = ref([
    {
        prop: "name",
        label: "物品名称",
        editable: false,
        type: "input"
    },
        label: "总价",
        editable: false,
        type: "input"
    }
])


onMounted(() => {})
//#endregion

//#region 主体
//设置表单
const currentUpdateId = ref<undefined | string>(undefined)
const handleUpdate = (id: undefined | string) => {
    if (id === undefined) {
        resetForm()
    } else {
        currentUpdateId.value = id
        getApi({
            id: id
        })
            .then((res: any) => {
                formData.contractType = res.data.contractType
                formData.contractNumber = res.data.contractNumber
                formData.contractDate = res.data.contractDate
                formData.contractTitle = res.data.contractTitle
                formData.remark = res.data.remark
                formData.partyA = res.data.partyA
                formData.partyB = res.data.partyB
                formData.items = res.data.items
            })
            .catch(() => {
                resetForm()
            })
            .finally(() => {})
    }
    dialogVisible.value = true
}
//重置表单
const resetForm = () => {
    currentUpdateId.value = undefined
```

```
    formData.contractNumber = ""
    formData.contractDate = ""
    formData.contractTitle = ""
    formData.remark = ""
    formData.partyA = ""
    formData.partyB = ""
}
//保存
const dialogVisible = ref<boolean>(false)
const formRef = ref<FormInstance | null>(null)
const formData = reactive({
    contractType: 0,
    contractNumber: "",
    contractDate: "",
    contractTitle: "",
    remark: "",
    partyA: "",
    partyB: "",
    items: []
})
const formRules: FormRules = reactive({
    contractDate: [{ required: true, trigger: "blur", message: "请输入合同日期" }],
    contractTitle: [{ required: true, trigger: "blur", message: "请输入合同标题" }],
    partyA: [{ required: true, trigger: "blur", message: "请输入甲方" }],
    partyB: [{ required: true, trigger: "blur", message: "请输入乙方" }]
})
const handleCreate = () => {
    formRef.value?.validate((valid: boolean) => {
        if (valid) {
            if (currentUpdateId.value === undefined) {
                createApi({
                    contractType: formData.contractType,
                    contractNumber: formData.contractNumber,
                    contractDate: formData.contractDate,
                    contractTitle: formData.contractTitle,
                    remark: formData.remark,
                    partyA: formData.partyA,
                    partyB: formData.partyB,
                    items: formData.items
                }).then(() => {
                    dialogVisible.value = false
                    emit("success")
                })
            } else {
                updateApi({
                    id: currentUpdateId.value,
                    contractType: formData.contractType,
                    contractNumber: formData.contractNumber,
                    contractDate: formData.contractDate,
                    contractTitle: formData.contractTitle,
                    remark: formData.remark,
```

```
                        partyA: formData.partyA,
                        partyB: formData.partyB,
                        items: formData.items
                    }).then(() => {
                        ElMessage.success("修改成功")
                        dialogVisible.value = false
                        emit("success")
                    })
                }
            } else {
                return false
            }
        })
}
const handleCreateRow = () => {
    formData.items.push({
        name: "",
        brandModel: "",
        quantity: "",
        unitPrice: "",
        totalPrice: "",
        editable: true
    })
}
const handleDeleteRow = (index: number) => {
    formData.items.splice(index, 1)
}
//另存为
const handleSaveAs = () => {
    formRef.value?.validate((valid: boolean) => {
        if (valid) {
            createApi({
                contractType: formData.contractType,
                contractNumber: formData.contractNumber,
                contractDate: formData.contractDate,
                contractTitle: formData.contractTitle,
                remark: formData.remark,
                partyA: formData.partyA,
                partyB: formData.partyB,
                items: formData.items
            }).then(() => {
                dialogVisible.value = false
                emit("success")
            })
        } else {
            return false
        }
    })
}
//#endregion
```

```
defineExpose({
    handleUpdate
})
</script>
```

在上述代码中，呈现了前端主从表的保存方式，合同主体作为主记录，合同清单作为从记录，通过表单与表格的结合，当用户单击"保存"按钮时，通过@/api/management/erp/contract接口自动将合同及合同清单数据统一提交给后台接口。

20.2.5 采购入库

1. 为何重要

有效地管理采购入库过程可以确保物资不会因为误操作或者丢失而影响生产和销售。

2. 如何实现

在采购管理模块中，建立一个采购入库功能。用户可以在此功能中记录入库操作，包括入库数量、货物状态等信息。

步骤01 设计采购入库的数据模型，以便在数据库中存储库存信息，如代码清单 20-22 所示。

代码清单 20-22

```csharp
/// <summary>
/// 库存
/// </summary>
[Table("Stock")]
[Comment("库存")]
public partial class Stock : Entity
{
    /// <summary>
    /// 库存类型
    /// </summary>
    [Comment("库存类型")]
    public StockType StockType { get; set; }
    /// <summary>
    /// 库存编号
    /// </summary>
    [StringLength(50)]
    [Comment("库存编号")]
    public string? StockNumber { get; set; }
    /// <summary>
    /// 库存日期
    /// </summary>
    [Comment("库存日期")]
    public DateTimeOffset StockDate { get; set; }
    /// <summary>
    /// 库存标题
    /// </summary>
```

```
    [StringLength(200)]
    [Comment("库存标题")]
    public string StockTitle { get; set; } = null!;
    /// <summary>
    /// 备注
    /// </summary>
    [StringLength(2000)]
    [Comment("备注")]
    public string? Remark { get; set; }
    /// <summary>
    /// 库存清单
    /// </summary>
    public ICollection<StockItem> Items { get; set; } = new List<StockItem>();
}


/// <summary>
/// 库存清单
/// </summary>
[Table("StockItem")]
[Comment("库存清单")]
public partial class StockItem : Entity
{
    /// <summary>
    /// 库存
    /// </summary>
    public Stock Stock { get; set; } = null!;
    [Comment("库存标识")]
    public Guid StockId { get; set; }
    /// <summary>
    /// 物品
    /// </summary>
    public Goods Goods { get; set; } = null!;
    [Comment("物品标识")]
    public Guid GoodsId { get; set; }
    /// <summary>
    /// 数量
    /// </summary>
    [Comment("数量")]
    public int Quantity { get; set; }
    /// <summary>
    /// 单价
    /// </summary>
    [Comment("单价")]
    public decimal UnitPrice { get; set; }
    /// <summary>
    /// 总价
    /// </summary>
    [Comment("总价")]
    public decimal TotalPrice
    {
        get
```

```
        {
            return Quantity * UnitPrice;
        }
        set { }
    }
    /// <summary>
    /// 备注
    /// </summary>
    [StringLength(2000)]
    [Comment("备注")]
    public string? Remark { get; set; }
}


/// <summary>
/// 库存类型
/// </summary>
public enum StockType
{
    入库,
    出库
}
```

在上述代码中，定义了库存的一些常见属性，例如库存类型、库存标题、库存日期等。我们在模型中定义了库存类型作为扩展，便于在销售管理中的销售出库、库存出库等功能中可以共同使用一个库存模型。

步骤 02 利用 ASP.NET Core 技术轻松创建一个采购入库的后端服务，实现库存信息的录入、编辑和查询功能，如代码清单 20-23 所示。

代码清单 20-23

```
/// <summary>
/// 库存
/// </summary>
[Area("Erp")]
public class StockController : AppControllerBase
{
    private readonly StockService _service;

    /// <summary>
    /// 构造函数
    /// </summary>
    /// <param name="serviceProvider"></param>
    /// <param name="service"></param>
    public StockController(IServiceProvider serviceProvider, StockService
service) :
        base(serviceProvider)
    {
        _service = service;
    }
```

```csharp
/// <summary>
/// 新增
/// </summary>
/// <param name="input"></param>
/// <returns></returns>
[HttpPost]
public async Task<ApiResult<Guid>> Create(StockCreateInDto input)
{
    var result = await _service.Create(input);
    return Success(result);
}


/// <summary>
/// 更新
/// </summary>
/// <param name="input"></param>
/// <returns></returns>
[HttpPost]
public async Task<ApiResult<bool>> Update(StockUpdateInDto input)
{
    var result = await _service.Update(input);
    return Success(result);
}


/// <summary>
/// 删除
/// </summary>
/// <param name="input"></param>
/// <returns></returns>
[HttpPost]
public async Task<ApiResult<bool>> Delete(StockDeleteInDto input)
{
    var result = await _service.Delete(input);
    return Success(result);
}


/// <summary>
/// 获取清单
/// </summary>
/// <param name="input"></param>
/// <returns></returns>
[HttpGet]
public async Task<ApiResult<PagingOut<StockQueryOutDto>>> Query([FromQuery]
StockQueryInDto input)
{
    var result = await _service.Query(input);
    return Success(result);
}


/// <summary>
/// 获取详情
```

```
    /// </summary>
    /// <param name="input"></param>
    /// <returns></returns>
    [HttpGet]
    public async Task<ApiResult<StockGetOutDto>> Get([FromQuery] StockGetInDto
input)
    {
        var result = await _service.Get(input);
        return Success(result);
    }
}
```

在上述代码中，创建了录入、编辑和查询功能操作方法，并使用DTO参数来获取；引入了服务类操作具体的业务逻辑。

步骤 03 创建一个 DTO 参数类，实现录入库存信息所需要的数据，如代码清单 20-24 所示。

代码清单 20-24

```
/// <summary>
/// 库存
/// </summary>
public class StockCreateInDto : DtoBase
{
    /// <summary>
    /// 标识
    /// </summary>
    public Guid Id { get; set; }
    /// <summary>
    /// 库存类型
    /// </summary>
    public int StockType { get; set; }
    /// <summary>
    /// 库存编号
    /// </summary>
    public string? StockNumber { get; set; }
    /// <summary>
    /// 库存日期
    /// </summary>
    public System.DateTimeOffset StockDate { get; set; }
    /// <summary>
    /// 库存标题
    /// </summary>
    public string StockTitle { get; set; } = null!;
    /// <summary>
    /// 备注
    /// </summary>
    public string? Remark { get; set; }
    /// <summary>
    /// 库存清单
    /// </summary>
    public IList<StockItemModel> Items { get; set; } = new List<StockItemModel>();
```

```
}
```

在上述代码中，定义了录入的**DTO**参数，根据需要增加验证特性。

步骤 04 创建服务类，实现具体的业务逻辑，如代码清单 20-25 所示。

代码清单 20-25

```
/// <summary>
/// 库存
/// </summary>
public class StockService : ServiceBase
{
    private readonly ERPDbContext _dbContext;
    /// <summary>
    /// 构造函数
    /// </summary>
    /// <param name="serviceProvider"></param>
    public StockService(IServiceProvider serviceProvider) : base(serviceProvider)
    {
        _dbContext = serviceProvider.GetRequiredService<ERPDbContext>();
    }


    /// <summary>
    /// 新增
    /// </summary>
    /// <param name="input"></param>
    /// <returns></returns>
    public async Task<Guid> Create(StockCreateInDto input)
    {
        var model = Mapper.Map<Stock>(input);

        model.Id = NewId.NextSequentialGuid();

        await CreateItems(input, model);

        await _dbContext.Stocks.AddAsync(model);

        await _dbContext.SaveChangesAsync();

        return model.Id;
    }

    /// <summary>
    /// 更新
    /// </summary>
    /// <param name="input"></param>
    /// <returns></returns>
    public async Task<bool> Update(StockUpdateInDto input)
    {
        var model = await _dbContext.Stocks.Include(x => x.Items).SingleAsync(x =>
x.Id.Equals(input.Id));
```

```csharp
            Mapper.Map(input, model);

            await UpdateItems(input, model);

            model.LastModifyTime = DateTimeOffset.Now;

            await _dbContext.SaveChangesAsync();

            return true;
        }

        private async Task CreateItems(StockCreateInDto input, Stock model)
        {
            model.Items.Clear();

            foreach (var item in input.Items)
            {
                var goods = await _dbContext.Goods.FirstOrDefaultAsync(x =>
x.Name.Equals(item.Name) && x.BrandModel.Equals(item.BrandModel));
                if (goods == null)
                {
                    goods = new Goods
                    {
                        Id = NewId.NextSequentialGuid(),
                        Name = item.Name,
                        BrandModel = item.BrandModel
                    };

                    await _dbContext.Goods.AddAsync(goods);
                }
                var stockItem = new StockItem
                {
                    Id = NewId.NextSequentialGuid(),
                    GoodsId = goods.Id,
                    Goods = goods,
                    StockId = model.Id,
                    Stock = model,
                    Quantity = item.Quantity,
                    UnitPrice = item.UnitPrice
                };

                model.Items.Add(stockItem);
            }
        }

        private async Task UpdateItems(StockUpdateInDto input, Stock model)
        {
            model.Items.Clear();

            foreach (var item in input.Items)
```

```
        {
            var goods = await _dbContext.Goods.FirstOrDefaultAsync(x =>
x.Name.Equals(item.Name) && x.BrandModel.Equals(item.BrandModel));
            if (goods == null)
            {
                goods = new Goods
                {
                    Id = NewId.NextSequentialGuid(),
                    Name = item.Name,
                    BrandModel = item.BrandModel
                };

                await _dbContext.Goods.AddAsync(goods);
            }

            var stockItem = new StockItem
            {
                Id = NewId.NextSequentialGuid(),
                Goods = goods,
                GoodsId = goods.Id,
                StockId = model.Id,
                Stock = model,
                Quantity = item.Quantity,
                UnitPrice = item.UnitPrice
            };

            model.Items.Add(stockItem);
        }
    }


/// <summary>
/// 删除
/// </summary>
/// <param name="input"></param>
/// <returns></returns>
public async Task<bool> Delete(StockDeleteInDto input)
{
    var model = await _dbContext.Stocks.SingleAsync(x => x.Id.Equals(input.Id));

    _dbContext.Stocks.Remove(model);

    await _dbContext.SaveChangesAsync();

    return true;
}


/// <summary>
/// 获取清单
/// </summary>
/// <param name="input"></param>
/// <returns></returns>
```

```
        public async Task<PagingOut<StockQueryOutDto>> Query(StockQueryInDto input)
        {
            var query = from a in _dbContext.Stocks.AsNoTracking()
                    select a;

            #region filter
            #endregion

            var total = await query.CountAsync();

            var items = await query
                .OrderByDescending(x => x.LastModifyTime)
                .Skip((input.PageIndex - 1) * input.PageSize)
                .Take(input.PageSize)
                .ToListAsync();

            var itemDtos = Mapper.Map<IList<StockQueryOutDto>>(items);

            return new PagingOut<StockQueryOutDto>(total, itemDtos);
        }

        /// <summary>
        /// 获取详情
        /// </summary>
        /// <param name="input"></param>
        /// <returns></returns>
        public async Task<StockGetOutDto> Get(StockGetInDto input)
        {
            var query = from a in _dbContext.Stocks.Include(x => x.Items).ThenInclude(x
=> x.Goods).AsNoTracking()
                    where a.Id == input.Id
                    select a;

            var items = await query.SingleAsync();

            return Mapper.Map<StockGetOutDto>(items);
        }
    }
```

在上述代码中，实现了具体的录入、编辑和查询功能操作方法。

步骤 05 利用 axios 第三方库轻松创建 HTTP 客户端类，与后台的 API 接口对应，如代码清单 20-26 所示。

代码清单 20-26

```
import { request, AppBaseURL } from "@/api"

/* 新增 */
export function createApi(data: any) {
  return request({
      url: AppBaseURL + "/Erp/stock/Create",
```

```
            method: "post",
            data
        })
    }

    /* 更新 */
    export function updateApi(data: any) {
        return request({
            url: AppBaseURL + "/Erp/stock/Update",
            method: "post",
            data
        })
    }

    /* 删除 */
    export function deleteApi(data: any) {
        return request({
            url: AppBaseURL + "/Erp/stock/Delete",
            method: "post",
            data
        })
    }

    /* 获取清单 */
    export function queryApi(params: any) {
        return request({
            url: AppBaseURL + "/Erp/stock/Query",
            method: "get",
            params
        })
    }

    /* 获取详情 */
    export function getApi(params: any) {
        return request({
            url: AppBaseURL + "/Erp/stock/Get",
            method: "get",
            params
        })
    }
```

在上述代码中，创建了HTTP客户端类，根据实际需要二次封装了axios。

步骤 06 利用 Vue 3 技术轻松创建一个采购入库的前端界面，实现库存信息查询功能，如代码清单
20-27 所示。

代码清单 20-27

```
<template>
    <div class="app-container">
        <el-card v-loading="loading" shadow="never">
            <div class="search-wrapper">
```

```
            <el-form ref="searchFormRef" :inline="true" :model="searchData">
                <el-form-item prop="stockTitle" label="库存标题">
                    <el-input v-model="searchData.stockTitle" placeholder="
请输入" />
                </el-form-item>
                <el-form-item>
                    <el-button type="primary" :icon="Search"
@click="handleSearch">查询</el-button>
                    <el-button :icon="Refresh" @click="resetSearch">重置
</el-button>
                </el-form-item>
            </el-form>
        </div>
        <div class="toolbar-wrapper">
            <div>
                <el-button type="primary" :icon="CirclePlus"
@click="handleAdd">新增</el-button>
                >
            </div>
            <div>
                <el-tooltip content="刷新表格">
                    <el-button type="primary" :icon="RefreshRight" circle
@click="handleRefresh" />
                </el-tooltip>
            </div>
        </div>
        <div class="table-wrapper">
            <el-table :data="tableData" row-key="id"
@selection-change="selectionChange" border default-expand-all>
                <el-table-column type="selection" width="50" align="center"
/>
                <el-table-column prop="stockNumber" label="库存编号"
width="150" align="center" />
                <el-table-column prop="stockTitle" label="库存标题">
                    <template
#default="scope">{{ scope.row.stockTitle }}</template>
                </el-table-column>
                <el-table-column prop="stockDate" :formatter="dateFormat"
label="库存日期" width="150" align="center" />
                <el-table-column fixed="right" label="操作" width="140"
align="center">
                    <template #default="scope">
                        <el-button type="primary" text bg size="small"
@click="handleEdit(scope.row)">修改</el-button>
                        <el-dropdown
                            @command="
                                (command: string) => {
                                    handleCommand(command,
scope.row)
                                }
                            "
```

```
                                        >
                                    <el-button type="primary" text bg size="small"
style="margin-left: 5px"
                                            >更多<el-icon
class="el-icon--right"><arrow-down /></el-icon
                                        ></el-button>
                                    <template #dropdown>
                                        <el-dropdown-menu>
                                            <el-dropdown-item command="delete">删
除</el-dropdown-item>
                                        </el-dropdown-menu>
                                    </template>
                                </el-dropdown>
                            </template>
                        </el-table-column>
                    </el-table>
                </div>
                <div class="pager-wrapper">
                    <el-pagination
                        background
                        :layout="paginationData.layout"
                        :page-sizes="paginationData.pageSizes"
                        :total="paginationData.total"
                        :page-size="paginationData.pageSize"
                        :currentPage="paginationData.currentPage"
                        @size-change="handleSizeChange"
                        @current-change="handleCurrentChange"
                    />
                </div>
            </el-card>
            <edit v-if="dialogVisible" ref="editRef"
@success="handleSaveSuccess"></edit>
        </div>
    </template>

    <script lang="ts" setup>
    import { useRouter, useRoute } from "vue-router"
    import { reactive, ref, watch, nextTick, onMounted } from "vue"
    import { deleteApi, batchDeleteApi, queryApi } from "@/api/management/erp/stock"
    import { type FormInstance, ElMessage, ElMessageBox } from "element-plus"
    import { Search, Refresh, Delete, CirclePlus, RefreshRight } from
"@element-plus/icons-vue"
    import { usePagination } from "@/hooks/usePagination"
    import moment from "moment"
    import edit from "./edit.vue"

    //#region 初始化
    const loading = ref<boolean>(false)
    const router = useRouter()
    const route = useRoute()
```

```
onMounted(() => {
    queryTableData()
})


//日期格式化
const dateFormat = (row: any, column: any) => {
    const date = row[column.property]
    if (date === undefined) {
        return ""
    }
    return moment(date).format("YYYY/MM/DD")
}
//#endregion


//#region 主体
//查询
const handleSearch = () => {
    queryTableData()
}
//查询重置
const resetSearch = () => {
    searchFormRef.value?.resetFields()
    queryTableData()
}
//刷新
const handleRefresh = () => {
    queryTableData()
}
//表格选择
const selection = ref<any[]>([])
const selectionChange = (items: any[]) => {
    selection.value = items
}
//获取清单
const searchFormRef = ref<FormInstance | null>(null)
const searchData = reactive({
    name: ""
})
const tableData = ref<any[]>([])
const queryTableData = () => {
    loading.value = true
    queryApi({
        pageIndex: paginationData.currentPage,
        pageSize: paginationData.pageSize,
        name: searchData.name || undefined
    })
        .then((res: any) => {
            paginationData.total = res.data.total
            tableData.value = res.data.items
        })
        .catch(() => {
```

```
                tableData.value = []
            })
            .finally(() => {
                loading.value = false
            })
    }
    //分页
    const { paginationData, handleCurrentChange, handleSizeChange } = usePagination()
    watch([() => paginationData.currentPage, () => paginationData.pageSize],
queryTableData, { immediate: true })
    //添加
    const editRef = ref<FormInstance | null>(null)
    const dialogVisible = ref<boolean>(false)
    const handleAdd = () => {
        dialogVisible.value = true
        nextTick(() => {
            editRef.value?.handleUpdate(undefined)
        })
    }
    //编辑
    const handleEdit = (row: any) => {
        dialogVisible.value = true
        nextTick(() => {
            editRef.value?.handleUpdate(row.id)
        })
    }
    //更多命令
    const handleCommand = (command: string, row: any) => {
        //删除
        if (command == "delete") {
            handleDelete(row)
        }
    }
    //保存成功
    const handleSaveSuccess = () => {
        queryTableData()
    }
    //删除
    const handleDelete = (row: any) => {
        ElMessageBox.confirm(`正在删除：${row.name}，确认删除？`, "提示", {
            confirmButtonText: "确定",
            cancelButtonText: "取消",
            type: "warning"
        }).then(() => {
            deleteApi({
                id: row.id
            }).then(() => {
                ElMessage.success("删除成功")
                queryTableData()
            })
        })
```

```
    }
    //#endregion
</script>

<style lang="scss" scoped>
@import "../../index.scss";
</style>
```

在上述代码中，先使用@/api/management/erp/stock接口对接类来获取一个库存给视图。然后，使用el-table显示库存列表，并将每个库存的标题、编号和日期呈现为HTML元素。

步骤 07 实现库存信息的录入和编辑功能，如代码清单 20-28 所示。

代码清单 20-28

```
<template>
    <!-- 新增/修改 -->
    <el-dialog v-model="dialogVisible" :title="currentUpdateId === undefined ? '
新增' : '修改'" @close="resetForm" width="50%">
        <el-form ref="formRef" :model="formData" :rules="formRules"
label-width="100px" label-position="right">
            <el-form-item prop="stockNumber" label="库存编号">
                <el-input v-model="formData.stockNumber" placeholder="请输入" />
            </el-form-item>
            <el-form-item prop="stockDate" label="库存日期">
                <el-date-picker v-model="formData.stockDate" type="date"
placeholder="请输入" />
            </el-form-item>
            <el-form-item prop="stockTitle" label="库存标题">
                <el-input v-model="formData.stockTitle" placeholder="请输入" />
            </el-form-item>
            <el-form-item prop="remark" label="备注">
                <el-input v-model="formData.remark" placeholder="请输入" />
            </el-form-item>
            <el-form-item label="库存清单">
                <el-table :data="formData.items" style="width: 100%">
                    <el-table-column :prop="item.prop" :label="item.label"
v-for="item in tableHeader" :key="item.prop">
                        <template #default="scope">
                            <div v-show="item.editable || scope.row.editable"
class="editable-row">
                                <template v-if="item.type === 'input'">
                                    <el-input size="small"
v-model="scope.row[item.prop]" />
                                </template>
                                <template v-if="item.type === 'date'">
                                    <el-date-picker
v-model="scope.row[item.prop]" type="date" value-format="YYYY-MM-DD" />
                                </template>
                            </div>
                            <div v-show="!item.editable && !scope.row.editable"
class="editable-row">
```

```
                                      <span
class="editable-row-span">{{ scope.row[item.prop] }}</span>
                              </div>
                          </template>
                      </el-table-column>
                      <el-table-column fixed="right" label="操作" width="160"
align="center">
                          <template #default="scope">
                              <el-button v-show="!scope.row.editable"
size="small" @click="scope.row.editable = true">编辑</el-button>
                              <el-button v-show="scope.row.editable" size="small"
type="success" @click="scope.row.editable = false"
                                  >确定</el-button
                              >
                              <el-button size="small" type="danger"
@click="handleDeleteRow(scope.$index)">删除</el-button>
                          </template>
                      </el-table-column>
                  </el-table>
              </el-form-item>
              <el-form-item>
                  <el-button type="primary" @click="handleCreate">保存</el-button>
                  <el-button @click="handleCreateRow">新增清单</el-button>
                  <el-button v-show="currentUpdateId !== undefined"
@click="handleSaveAs">另存为</el-button>
                  <el-button @click="dialogVisible = false">取消</el-button>
              </el-form-item>
          </el-form>
      </el-dialog>
  </template>

  <script lang="ts" setup>
  import { reactive, ref, defineExpose, onMounted } from "vue"
  import { type FormInstance, type FormRules, ElMessage } from "element-plus"
  import { getApi, createApi, updateApi } from "@/api/management/erp/stock"

  //#region 初始化
  const emit = defineEmits(["success"])

  const tableHeader = ref([
      {
          prop: "name",
          label: "物品名称",
          editable: false,
          type: "input"
      },
      {
          prop: "brandModel",
          label: "品牌型号",
          editable: false,
          type: "input"
```

```
        },
        {
            prop: "quantity",
            label: "数量",
            editable: false,
            type: "input"
        },
        {
            prop: "unitPrice",
            label: "单价",
            editable: false,
            type: "input"
        },
        {
            prop: "totalPrice",
            label: "总价",
            editable: false,
            type: "input"
        }
    ])

onMounted(() => {})
//#endregion


//#region 主体
//设置表单
const currentUpdateId = ref<undefined | string>(undefined)
const handleUpdate = (id: undefined | string) => {
    if (id === undefined) {
        resetForm()
    } else {
        currentUpdateId.value = id
        getApi({
            id: id
        })
            .then((res: any) => {
                formData.stockType = res.data.stockType
                formData.stockNumber = res.data.stockNumber
                formData.stockDate = res.data.stockDate
                formData.stockTitle = res.data.stockTitle
                formData.remark = res.data.remark
            })
            .catch(() => {
                resetForm()
            })
            .finally(() => {})
    }
    dialogVisible.value = true
}
//重置表单
const resetForm = () => {
```

```
        currentUpdateId.value = undefined
        formData.stockNumber = ""
        formData.stockDate = ""
        formData.stockTitle = ""
        formData.remark = ""
}
//保存
const dialogVisible = ref<boolean>(false)
const formRef = ref<FormInstance | null>(null)
const formData = reactive({
    stockType: 0,
    stockNumber: "",
    stockDate: "",
    stockTitle: "",
    remark: "",
    items: []
})
const formRules: FormRules = reactive({
    stockType: [{ required: true, trigger: "blur", message: "请输入库存类型" }],
    stockDate: [{ required: true, trigger: "blur", message: "请输入库存日期" }],
    stockTitle: [{ required: true, trigger: "blur", message: "请输入库存标题" }]
})
const handleCreate = () => {
    formRef.value?.validate((valid: boolean) => {
        if (valid) {
            if (currentUpdateId.value === undefined) {
                createApi({
                    stockType: formData.stockType,
                    stockNumber: formData.stockNumber,
                    stockDate: formData.stockDate,
                    stockTitle: formData.stockTitle,
                    remark: formData.remark,
                    items: formData.items
                }).then(() => {
                    dialogVisible.value = false
                    emit("success")
                })
            } else {
                updateApi({
                    id: currentUpdateId.value,
                    stockType: formData.stockType,
                    stockNumber: formData.stockNumber,
                    stockDate: formData.stockDate,
                    stockTitle: formData.stockTitle,
                    remark: formData.remark,
                    items: formData.items
                }).then(() => {
                    ElMessage.success("修改成功")
                    dialogVisible.value = false
                    emit("success")
                })
```

```
            }
        } else {
            return false
        }
    })
}
const handleCreateRow = () => {
    formData.items.push({
        name: "",
        brandModel: "",
        quantity: "",
        unitPrice: "",
        totalPrice: "",
        editable: true
    })
}
const handleDeleteRow = (index: number) => {
    formData.items.splice(index, 1)
}
//另存为
const handleSaveAs = () => {
    formRef.value?.validate((valid: boolean) => {
        if (valid) {
            createApi({
                stockType: formData.stockType,
                stockNumber: formData.stockNumber,
                stockDate: formData.stockDate,
                stockTitle: formData.stockTitle,
                remark: formData.remark,
                items: formData.items
            }).then(() => {
                dialogVisible.value = false
                emit("success")
            })
        } else {
            return false
        }
    })
}
//#endregion

defineExpose({
    handleUpdate
})
</script>
```

在上述代码中，通过@/api/management/erp/stock接口中的getApi方法对formData进行赋值，使用formData来绑定视图和模型之间的数据。在本例中，当用户单击"保存"按钮时，通过@/api/management/erp/stock接口自动将表单数据提交给后台接口。

20.2.6 采购退货

1. 为何重要

处理采购退货是保证企业不会因为质量问题或者其他原因而承担不必要的损失的关键一环。

2. 如何实现

在采购管理模块中,建立一个采购退货功能。用户可以在此功能中提交退货请求,包括退货原因、数量等信息。

步骤 01 设计采购退货的数据模型,以便在数据库中存储退货的信息,如代码清单 20-29 所示。

代码清单 20-29

```
/// <summary>
/// 退货
/// </summary>
[Table("ReturnGoods")]
[Comment("退货")]
public partial class ReturnGoods : Entity
{
    /// <summary>
    /// 退货类型
    /// </summary>
    [Comment("退货类型")]
    public ReturnGoodsType ReturnGoodsType { get; set; }
    /// <summary>
    /// 退货编号
    /// </summary>
    [StringLength(50)]
    [Comment("退货编号")]
    public string? ReturnGoodsNumber { get; set; }
    /// <summary>
    /// 退货日期
    /// </summary>
    [Comment("退货日期")]
    public DateTimeOffset ReturnGoodsDate { get; set; }
    /// <summary>
    /// 退货标题
    /// </summary>
    [StringLength(200)]
    [Comment("退货标题")]
    public string ReturnGoodsTitle { get; set; } = null!;
    /// <summary>
    /// 备注
    /// </summary>
    [StringLength(2000)]
    [Comment("备注")]
```

```csharp
        public string? Remark { get; set; }
        /// <summary>
        /// 退货清单
        /// </summary>
        public ICollection<ReturnGoodsItem> Items { get; set; } = new
List<ReturnGoodsItem>();
    }

    /// <summary>
    /// 退货清单
    /// </summary>
    [Table("ReturnGoodsItem")]
    [Comment("退货清单")]
    public partial class ReturnGoodsItem : Entity
    {
        /// <summary>
        /// 退货
        /// </summary>
        public ReturnGoods ReturnGoods { get; set; } = null!;
        [Comment("退货标识")]
        public Guid ReturnGoodsId { get; set; }
        /// <summary>
        /// 物品
        /// </summary>
        public Goods Goods { get; set; } = null!;
        [Comment("物品标识")]
        public Guid GoodsId { get; set; }
        /// <summary>
        /// 数量
        /// </summary>
        [Comment("数量")]
        public int Quantity { get; set; }
        /// <summary>
        /// 单价
        /// </summary>
        [Comment("单价")]
        public decimal UnitPrice { get; set; }
        /// <summary>
        /// 总价
        /// </summary>
        [Comment("总价")]
        public decimal TotalPrice
        {
            get
            {
                return Quantity * UnitPrice;
            }
            set { }
        }
        /// <summary>
        /// 备注
```

```
    /// </summary>
    [StringLength(2000)]
    [Comment("备注")]
    public string? Remark { get; set; }
}


/// <summary>
/// 退货类型
/// </summary>
public enum ReturnGoodsType
{
    采购,
    销售
}
```

在上述代码中,定义了退货的一些常见属性,例如退货类型、退货标题、退货日期等。

步骤 02 利用 ASP.NET Core 技术轻松创建一个采购退货的后端服务,实现退货信息的录入、编辑和查询功能,如代码清单 20-30 所示。

代码清单 20-30

```
/// <summary>
/// 退货
/// </summary>
[Area("Erp")]
public class ReturnGoodsController : AppControllerBase
{
    private readonly ReturnGoodsService _service;

    /// <summary>
    /// 构造函数
    /// </summary>
    /// <param name="serviceProvider"></param>
    /// <param name="service"></param>
    public ReturnGoodsController(IServiceProvider serviceProvider,
ReturnGoodsService service) :
        base(serviceProvider)
    {
        _service = service;
    }


    /// <summary>
    /// 新增
    /// </summary>
    /// <param name="input"></param>
    /// <returns></returns>
    [HttpPost]
    public async Task<ApiResult<Guid>> Create(ReturnGoodsCreateInDto input)
    {
        var result = await _service.Create(input);
        return Success(result);
```

```
        }

        /// <summary>
        /// 更新
        /// </summary>
        /// <param name="input"></param>
        /// <returns></returns>
        [HttpPost]
        public async Task<ApiResult<bool>> Update(ReturnGoodsUpdateInDto input)
        {
            var result = await _service.Update(input);
            return Success(result);
        }

        /// <summary>
        /// 删除
        /// </summary>
        /// <param name="input"></param>
        /// <returns></returns>
        [HttpPost]
        public async Task<ApiResult<bool>> Delete(ReturnGoodsDeleteInDto input)
        {
            var result = await _service.Delete(input);
            return Success(result);
        }

        /// <summary>
        /// 获取清单
        /// </summary>
        /// <param name="input"></param>
        /// <returns></returns>
        [HttpGet]
        public async Task<ApiResult<PagingOut<ReturnGoodsQueryOutDto>>>
Query([FromQuery] ReturnGoodsQueryInDto input)
        {
            var result = await _service.Query(input);
            return Success(result);
        }

        /// <summary>
        /// 获取详情
        /// </summary>
        /// <param name="input"></param>
        /// <returns></returns>
        [HttpGet]
        public async Task<ApiResult<ReturnGoodsGetOutDto>> Get([FromQuery]
ReturnGoodsGetInDto input)
        {
            var result = await _service.Get(input);
            return Success(result);
        }
```

```
}
```

在上述代码中，创建了录入、编辑和查询功能操作方法，并使用DTO参数来获取；引入了服务类操作具体的业务逻辑。

步骤 03 创建一个 DTO 参数类，实现录入退货信息所需要的数据，如代码清单 20-31 所示。

代码清单 20-31

```
/// <summary>
/// 退货
/// </summary>
public class ReturnGoodsCreateInDto : DtoBase
{
    /// <summary>
    /// 标识
    /// </summary>
    public Guid Id { get; set; }
    /// <summary>
    /// 退货类型
    /// </summary>
    public int ReturnGoodsType { get; set; }
    /// <summary>
    /// 退货编号
    /// </summary>
    public string? ReturnGoodsNumber { get; set; }
    /// <summary>
    /// 退货日期
    /// </summary>
    public System.DateTimeOffset ReturnGoodsDate { get; set; }
    /// <summary>
    /// 退货标题
    /// </summary>
    public string ReturnGoodsTitle { get; set; } = null!;
    /// <summary>
    /// 备注
    /// </summary>
    public string? Remark { get; set; }
    /// <summary>
    /// 退货清单
    /// </summary>
    public IList<ReturnGoodsItemModel> Items { get; set; } = new
List<ReturnGoodsItemModel>();
}
```

在上述代码中，定义了录入的DTO参数，根据需要增加验证特性。

步骤 04 创建服务类，实现具体的业务逻辑，如代码清单 20-32 所示。

代码清单 20-32

```
/// <summary>
/// 退货
```

```csharp
    /// </summary>
    public class ReturnGoodsService : ServiceBase
    {
        private readonly ERPDbContext _dbContext;
        /// <summary>
        /// 构造函数
        /// </summary>
        /// <param name="serviceProvider"></param>
        public ReturnGoodsService(IServiceProvider serviceProvider) :
base(serviceProvider)
        {
            _dbContext = serviceProvider.GetRequiredService<ERPDbContext>();
        }


        /// <summary>
        /// 新增
        /// </summary>
        /// <param name="input"></param>
        /// <returns></returns>
        public async Task<Guid> Create(ReturnGoodsCreateInDto input)
        {
            var model = Mapper.Map<ReturnGoods>(input);

            model.Id = NewId.NextSequentialGuid();

            await CreateItems(input, model);

            await _dbContext.ReturnGoods.AddAsync(model);

            await _dbContext.SaveChangesAsync();

            return model.Id;
        }

        /// <summary>
        /// 更新
        /// </summary>
        /// <param name="input"></param>
        /// <returns></returns>
        public async Task<bool> Update(ReturnGoodsUpdateInDto input)
        {
            var model = await _dbContext.ReturnGoods.Include(x => x.Items).ThenInclude(x
=> x.Goods).SingleAsync(x => x.Id.Equals(input.Id));

            Mapper.Map(input, model);

            await UpdateItems(input, model);

            model.LastModifyTime = DateTimeOffset.Now;

            await _dbContext.SaveChangesAsync();
```

```csharp
            return true;
        }



    private async Task CreateItems(ReturnGoodsCreateInDto input, ReturnGoods model)
    {
        model.Items.Clear();

        foreach (var item in input.Items)
        {
            var goods = await _dbContext.Goods.FirstOrDefaultAsync(x =>
x.Name.Equals(item.Name) && x.BrandModel.Equals(item.BrandModel));
            if (goods == null)
            {
                goods = new Goods
                {
                    Id = NewId.NextSequentialGuid(),
                    Name = item.Name,
                    BrandModel = item.BrandModel
                };

                await _dbContext.Goods.AddAsync(goods);
            }
            var returnGoodsItem = new ReturnGoodsItem
            {
                Id = NewId.NextSequentialGuid(),
                GoodsId = goods.Id,
                Goods = goods,
                ReturnGoodsId = model.Id,
                ReturnGoods = model,
                Quantity = item.Quantity,
                UnitPrice = item.UnitPrice
            };

            model.Items.Add(returnGoodsItem);
        }
    }

    private async Task UpdateItems(ReturnGoodsUpdateInDto input, ReturnGoods model)
    {
        model.Items.Clear();

        foreach (var item in input.Items)
        {
            var goods = await _dbContext.Goods.FirstOrDefaultAsync(x =>
x.Name.Equals(item.Name) && x.BrandModel.Equals(item.BrandModel));
            if (goods == null)
            {
                goods = new Goods
```

```
                    {
                        Id = NewId.NextSequentialGuid(),
                        Name = item.Name,
                        BrandModel = item.BrandModel
                    };

                    await _dbContext.Goods.AddAsync(goods);
                }

                var returnGoodsItem = new ReturnGoodsItem
                {
                    Id = NewId.NextSequentialGuid(),
                    Goods = goods,
                    GoodsId = goods.Id,
                    ReturnGoodsId = model.Id,
                    ReturnGoods = model,
                    Quantity = item.Quantity,
                    UnitPrice = item.UnitPrice
                };

                model.Items.Add(returnGoodsItem);
            }
        }

        /// <summary>
        /// 删除
        /// </summary>
        /// <param name="input"></param>
        /// <returns></returns>
        public async Task<bool> Delete(ReturnGoodsDeleteInDto input)
        {
            var model = await _dbContext.ReturnGoods.SingleAsync(x =>
x.Id.Equals(input.Id));

            _dbContext.ReturnGoods.Remove(model);

            await _dbContext.SaveChangesAsync();

            return true;
        }

        /// <summary>
        /// 获取清单
        /// </summary>
        /// <param name="input"></param>
        /// <returns></returns>
        public async Task<PagingOut<ReturnGoodsQueryOutDto>>
Query(ReturnGoodsQueryInDto input)
        {
            var query = from a in _dbContext.ReturnGoods.AsNoTracking()
                        select a;
```

```
        #region filter
        #endregion

        var total = await query.CountAsync();

        var items = await query
            .OrderByDescending(x => x.LastModifyTime)
            .Skip((input.PageIndex - 1) * input.PageSize)
            .Take(input.PageSize)
            .ToListAsync();

        var itemDtos = Mapper.Map<IList<ReturnGoodsQueryOutDto>>(items);

        return new PagingOut<ReturnGoodsQueryOutDto>(total, itemDtos);
    }


    /// <summary>
    /// 获取详情
    /// </summary>
    /// <param name="input"></param>
    /// <returns></returns>
    public async Task<ReturnGoodsGetOutDto> Get(ReturnGoodsGetInDto input)
    {
        var query = from a in _dbContext.ReturnGoods.Include(x =>
x.Items).ThenInclude(x => x.Goods).AsNoTracking()
                    where a.Id == input.Id
                    select a;

        var items = await query.SingleAsync();

        return Mapper.Map<ReturnGoodsGetOutDto>(items);
    }
}
```

在上述代码中，实现了具体的录入、编辑和查询功能操作方法。

步骤 05 创建 HTTP 客户端类，与后台的 API 接口对应，如代码清单 20-33 所示。

代码清单 20-33

```
import { request, AppBaseURL } from "@/api"

/* 新增 */
export function createApi(data: any) {
    return request({
        url: AppBaseURL + "/Erp/returnGoods/Create",
        method: "post",
        data
    })
}
```

```
/* 更新 */
export function updateApi(data: any) {
    return request({
        url: AppBaseURL + "/Erp/returnGoods/Update",
        method: "post",
        data
    })
}

/* 删除 */
export function deleteApi(data: any) {
    return request({
        url: AppBaseURL + "/Erp/returnGoods/Delete",
        method: "post",
        data
    })
}

/* 获取清单 */
export function queryApi(params: any) {
    return request({
        url: AppBaseURL + "/Erp/returnGoods/Query",
        method: "get",
        params
    })
}

/* 获取详情 */
export function getApi(params: any) {
    return request({
        url: AppBaseURL + "/Erp/returnGoods/Get",
        method: "get",
        params
    })
}
```

在上述代码中，创建了HTTP客户端类。

步骤 06 利用 Vue 3 技术轻松创建一个采购退货的前端界面，实现退货信息查询功能，如代码清单
20-34 所示。

代码清单 20-34

```
<template>
    <div class="app-container">
        <el-card v-loading="loading" shadow="never">
            <div class="search-wrapper">
                <el-form ref="searchFormRef" :inline="true" :model="searchData">
                    <el-form-item prop="returnGoodsTitle" label="退货标题">
                        <el-input v-model="searchData.returnGoodsTitle"
placeholder="请输入" />
                    </el-form-item>
```

```
                                    <el-form-item>
                                        <el-button type="primary" :icon="Search"
@click="handleSearch">查询</el-button>
                                        <el-button :icon="Refresh" @click="resetSearch">重置
</el-button>
                                    </el-form-item>
                                </el-form>
                        </div>
                        <div class="toolbar-wrapper">
                            <div>
                                <el-button type="primary" :icon="CirclePlus"
@click="handleAdd">新增</el-button>
                            </div>
                            <div>
                                <el-tooltip content="刷新表格">
                                    <el-button type="primary" :icon="RefreshRight" circle
@click="handleRefresh" />
                                </el-tooltip>
                            </div>
                        </div>
                        <div class="table-wrapper">
                            <el-table :data="tableData" row-key="id"
@selection-change="selectionChange" border default-expand-all>
                                <el-table-column type="selection" width="50" align="center"
/>
                                <el-table-column prop="returnGoodsNumber" label="退货编号"
width="150" align="center" />
                                <el-table-column prop="returnGoodsTitle" label="退货标题">
                                    <template
#default="scope">{{ scope.row.returnGoodsTitle }}</template>
                                </el-table-column>
                                <el-table-column
prop="returnGoodsDate" :formatter="dateFormat" label="最后更新时间" width="150"
align="center" />
                                <el-table-column fixed="right" label="操作" width="140"
align="center">
                                    <template #default="scope">
                                        <el-button type="primary" text bg size="small"
@click="handleEdit(scope.row)">修改</el-button>
                                        <el-dropdown
                                            @command="
                                                (command: string) => {
                                                    handleCommand(command,
scope.row)
                                                }
                                            "
                                        >
                                            <el-button type="primary" text bg size="small"
style="margin-left: 5px"
                                                >更多<el-icon
class="el-icon--right"><arrow-down /></el-icon
```

```
                                ></el-button>
                                <template #dropdown>
                                    <el-dropdown-menu>
                                        <el-dropdown-item command="delete">删
除</el-dropdown-item>
                                    </el-dropdown-menu>
                                </template>
                            </el-dropdown>
                        </template>
                    </el-table-column>
                </el-table>
            </div>
            <div class="pager-wrapper">
                <el-pagination
                    background
                    :layout="paginationData.layout"
                    :page-sizes="paginationData.pageSizes"
                    :total="paginationData.total"
                    :page-size="paginationData.pageSize"
                    :currentPage="paginationData.currentPage"
                    @size-change="handleSizeChange"
                    @current-change="handleCurrentChange"
                />
            </div>
        </el-card>
        <edit v-if="dialogVisible" ref="editRef"
@success="handleSaveSuccess"></edit>
    </div>
</template>

<script lang="ts" setup>
import { useRouter, useRoute } from "vue-router"
import { reactive, ref, watch, nextTick, onMounted } from "vue"
import { deleteApi, batchDeleteApi, queryApi } from
"@/api/management/erp/returnGoods"
import { type FormInstance, ElMessage, ElMessageBox } from "element-plus"
import { Search, Refresh, Delete, CirclePlus, RefreshRight } from
"@element-plus/icons-vue"
import { usePagination } from "@/hooks/usePagination"
import moment from "moment"
import edit from "./edit.vue"

//#region 初始化
const loading = ref<boolean>(false)
const router = useRouter()
const route = useRoute()

onMounted(() => {
    queryTableData()
})
```

```
//日期格式化
const dateFormat = (row: any, column: any) => {
    const date = row[column.property]
    if (date === undefined) {
        return ""
    }
    return moment(date).format("YYYY/MM/DD")
}
//#endregion

//#region 主体
//查询
const handleSearch = () => {
    queryTableData()
}
//查询重置
const resetSearch = () => {
    searchFormRef.value?.resetFields()
    queryTableData()
}
//刷新
const handleRefresh = () => {
    queryTableData()
}
//表格选择
const selection = ref<any[]>([])
const selectionChange = (items: any[]) => {
    selection.value = items
}
//获取清单
const searchFormRef = ref<FormInstance | null>(null)
const searchData = reactive({
    returnGoodsTitle: ""
})
const tableData = ref<any[]>([])
const queryTableData = () => {
    loading.value = true
    queryApi({
        pageIndex: paginationData.currentPage,
        pageSize: paginationData.pageSize,
        returnGoodsTitle: searchData.returnGoodsTitle || undefined
    })
        .then((res: any) => {
            paginationData.total = res.data.total
            tableData.value = res.data.items
        })
        .catch(() => {
            tableData.value = []
        })
        .finally(() => {
            loading.value = false
```

```
        })
    }
    //分页
    const { paginationData, handleCurrentChange, handleSizeChange } = usePagination()
    watch([() => paginationData.currentPage, () => paginationData.pageSize],
queryTableData, { immediate: true })
    //添加
    const editRef = ref<FormInstance | null>(null)
    const dialogVisible = ref<boolean>(false)
    const handleAdd = () => {
        dialogVisible.value = true
        nextTick(() => {
            editRef.value?.handleUpdate(undefined)
        })
    }
    //编辑
    const handleEdit = (row: any) => {
        dialogVisible.value = true
        nextTick(() => {
            editRef.value?.handleUpdate(row.id)
        })
    }
    //更多命令
    const handleCommand = (command: string, row: any) => {
        //删除
        if (command == "delete") {
            handleDelete(row)
        }
    }
    //保存成功
    const handleSaveSuccess = () => {
        queryTableData()
    }
    //删除
    const handleDelete = (row: any) => {
        ElMessageBox.confirm(`正在删除: ${row.name}，确认删除？`, "提示", {
            confirmButtonText: "确定",
            cancelButtonText: "取消",
            type: "warning"
        }).then(() => {
            deleteApi({
                id: row.id
            }).then(() => {
                ElMessage.success("删除成功")
                queryTableData()
            })
        })
    }
    //#endregion
</script>
```

```
<style lang="scss" scoped>
@import "../../index.scss";
</style>
```

在上述代码中，先使用@/api/management/erp/returnGoods接口对接类来获取一个退货给视图。然后，使用el-table显示退货列表，并将每个退货的名称和最后更新时间呈现为HTML元素。

步骤 07 实现退货信息的录入和编辑功能，如代码清单 20-35 所示。

代码清单 20-35

```
<template>
    <!-- 新增/修改 -->
    <el-dialog v-model="dialogVisible" :title="currentUpdateId === undefined ? '
新增' : '修改'" @close="resetForm" width="50%">
        <el-form ref="formRef" :model="formData" :rules="formRules"
label-width="100px" label-position="right">
            <el-form-item prop="returnGoodsNumber" label="退货编号">
                <el-input v-model="formData.returnGoodsNumber" placeholder="请输
入" />
            </el-form-item>
            <el-form-item prop="returnGoodsDate" label="退货日期">
                <el-date-picker v-model="formData.returnGoodsDate" type="date"
placeholder="请输入" />
            </el-form-item>
            <el-form-item prop="returnGoodsTitle" label="退货标题">
                <el-input v-model="formData.returnGoodsTitle" placeholder="请输
入" />
            </el-form-item>
            <el-form-item prop="remark" label="备注">
                <el-input v-model="formData.remark" placeholder="请输入" />
            </el-form-item>
            <el-form-item label="退货清单">
                <el-table :data="formData.items" style="width: 100%">
                    <el-table-column :prop="item.prop" :label="item.label"
v-for="item in tableHeader" :key="item.prop">
                        <template #default="scope">
                            <div v-show="item.editable || scope.row.editable"
class="editable-row">
                                <template v-if="item.type === 'input'">
                                    <el-input size="small"
v-model="scope.row[item.prop]" />
                                </template>
                                <template v-if="item.type === 'date'">
                                    <el-date-picker
v-model="scope.row[item.prop]" type="date" value-format="YYYY-MM-DD" />
                                </template>
                            </div>
                            <div v-show="!item.editable && !scope.row.editable"
class="editable-row">
                                <span
class="editable-row-span">{{ scope.row[item.prop] }}</span>
```

```
                                    </div>
                                </template>
                            </el-table-column>
                            <el-table-column fixed="right" label="操作" width="160"
align="center">
                                <template #default="scope">
                                    <el-button v-show="!scope.row.editable"
size="small" @click="scope.row.editable = true">编辑</el-button>
                                    <el-button v-show="scope.row.editable" size="small"
type="success" @click="scope.row.editable = false"
                                            >确定</el-button
                                    >
                                    <el-button size="small" type="danger"
@click="handleDeleteRow(scope.$index)">删除</el-button>
                                </template>
                            </el-table-column>
                        </el-table>
                    </el-form-item>
                    <el-form-item>
                        <el-button type="primary" @click="handleCreate">保存</el-button>
                        <el-button @click="handleCreateRow">新增清单</el-button>
                        <el-button v-show="currentUpdateId !== undefined"
@click="handleSaveAs">另存为</el-button>
                        <el-button @click="dialogVisible = false">取消</el-button>
                    </el-form-item>
                </el-form>
            </el-dialog>
        </template>

        <script lang="ts" setup>
        import { reactive, ref, defineExpose, onMounted } from "vue"
        import { type FormInstance, type FormRules, ElMessage } from "element-plus"
        import { getApi, createApi, updateApi } from "@/api/management/erp/returnGoods"

        //#region 初始化
        const emit = defineEmits(["success"])

        const tableHeader = ref([
            {
                prop: "name",
                label: "物品名称",
                editable: false,
                type: "input"
            },
            {
                prop: "brandModel",
                label: "品牌型号",
                editable: false,
                type: "input"
            },
                prop: "quantity",
```

```
                    label: "数量",
                    editable: false,
                    type: "input"
            },
            {
                    prop: "unitPrice",
                    label: "单价",
                    editable: false,
                    type: "input"
            },
            {
                    prop: "totalPrice",
                    label: "总价",
                    editable: false,
                    type: "input"
            }
    ])


onMounted(() => {})
//#endregion

//#region 主体
//设置表单
const currentUpdateId = ref<undefined | string>(undefined)
const handleUpdate = (id: undefined | string) => {
    if (id === undefined) {
        resetForm()
    } else {
        currentUpdateId.value = id
        getApi({
            id: id
        })
            .then((res: any) => {
                formData.returnGoodsType = res.data.returnGoodsType
                formData.returnGoodsNumber = res.data.returnGoodsNumber
                formData.returnGoodsDate = res.data.returnGoodsDate
                formData.returnGoodsTitle = res.data.returnGoodsTitle
                formData.remark = res.data.remark
                formData.items = res.data.items
            })
            .catch(() => {
                resetForm()
            })
            .finally(() => {})
    }
    dialogVisible.value = true
}
//重置表单
const resetForm = () => {
    currentUpdateId.value = undefined
    formData.returnGoodsNumber = ""
```

```
                formData.returnGoodsDate = ""
                formData.returnGoodsTitle = ""
                formData.remark = ""
        }
        //保存
    const dialogVisible = ref<boolean>(false)
    const formRef = ref<FormInstance | null>(null)
    const formData = reactive({
        returnGoodsType: 0,
        returnGoodsNumber: "",
        returnGoodsDate: "",
        returnGoodsTitle: "",
        remark: "",
        items: []
    })
    const formRules: FormRules = reactive({
        returnGoodsType: [{ required: true, trigger: "blur", message: "请输入退货类型" }],
        returnGoodsDate: [{ required: true, trigger: "blur", message: "请输入退货日期" }],
        returnGoodsTitle: [{ required: true, trigger: "blur", message: "请输入退货标题
" }]
    })
    const handleCreate = () => {
        formRef.value?.validate((valid: boolean) => {
            if (valid) {
                if (currentUpdateId.value === undefined) {
                    createApi({
                        returnGoodsType: formData.returnGoodsType,
                        returnGoodsNumber: formData.returnGoodsNumber,
                        returnGoodsDate: formData.returnGoodsDate,
                        returnGoodsTitle: formData.returnGoodsTitle,
                        remark: formData.remark,
                        items: formData.items
                    }).then(() => {
                        dialogVisible.value = false
                        emit("success")
                    })
                } else {
                    updateApi({
                        id: currentUpdateId.value,
                        returnGoodsType: formData.returnGoodsType,
                        returnGoodsNumber: formData.returnGoodsNumber,
                        returnGoodsDate: formData.returnGoodsDate,
                        returnGoodsTitle: formData.returnGoodsTitle,
                        remark: formData.remark,
                        items: formData.items
                    }).then(() => {
                        ElMessage.success("修改成功")
                        dialogVisible.value = false
                        emit("success")
                    })
                }
```

```
        } else {
            return false
        }
    })
}
const handleCreateRow = () => {
    formData.items.push({
        name: "",
        brandModel: "",
        quantity: "",
        unitPrice: "",
        totalPrice: "",
        editable: true
    })
}
const handleDeleteRow = (index: number) => {
    formData.items.splice(index, 1)
}
//另存为
const handleSaveAs = () => {
    formRef.value?.validate((valid: boolean) => {
        if (valid) {
            createApi({
                returnGoodsType: formData.returnGoodsType,
                returnGoodsNumber: formData.returnGoodsNumber,
                returnGoodsDate: formData.returnGoodsDate,
                returnGoodsTitle: formData.returnGoodsTitle,
                remark: formData.remark,
                items: formData.items
            }).then(() => {
                dialogVisible.value = false
                emit("success")
            })
        } else {
            return false
        }
    })
}
//#endregion

defineExpose({
    handleUpdate
})
</script>
```

在上述代码中，通过@/api/management/ erp/returnGoods接口中的getApi方法对formData进行赋值，并使用formData来绑定视图和模型之间的数据。在本例中，当用户单击"保存"按钮时，通过@/api/management/erp/returnGoods接口自动将表单数据提交给后台接口。

20.2.7 采购报表

1. 为何重要

通过生成和解读采购报表，可以帮助企业做出正确的决策，提升采购效率。

2. 如何实现

在采购管理模块中，建立一个采购报表功能。用户可以在此功能中选择不同的时间段和维度来生成报表，包括采购总额、供应商表现等数据。

20.3 小 结

一个完善的ERP系统主要包括采购管理、销售管理、库存管理、财务管理和生产管理5个模块，本章以采购管理为例，重点介绍了如何管理供应商信息、采购需求、采购合同、采购入库、采购退货业务，从而保证了采购流程的顺畅进行。实现过程中主要采用了前后端分离方式构建代码，大致分为实体模型、业务服务类、API接口类、HTTP客户端类、前端界面5部分，它们分别承担各自的职责。读者可以根据本章内容，继续完善销售管理、库存管理、财务管理和生产管理模块，为企业提供一个全面、高效的ERP系统，为企业的发展提供有力支持。